Günter Dinort

Richtig Kalkulieren im Hochbau

Richtig kalkulieren im Hochbau

2., überarbeitete Auflage

Dr.-Ing. Günter Dinort

Die Deutsche Bibliothek – CIP-Einheitsaufnahme

Dinort, Günter:
Richtig kalkulieren im Hochbau /
Günter Dinort. –
2., überarb. Aufl. –
Köln : R. Müller, 1997

ISBN 3-481-01298-5

Seite 52 des Standardleistungsbuchs LB 012 ist wiedergegeben mit Erlaubnis des DIN Deutsches Institut für Normung e.V. Maßgebend für das Anwenden ist die jeweils neueste Ausgabe des Leistungsbereichs des StLB, die bei der Beuth Verlag GmbH, Burggrafenstraße 6, 10787 Berlin, erhältlich ist.

ISBN 3-481-01298-5

© Verlagsgesellschaft Rudolf Müller
   Bau-Fachinformationen GmbH, Köln 1997
Alle Rechte vorbehalten
Satz: Satzstudio Widdig, Köln
Druck: Druckerei A. Hellendoorn KG, Bad Bentheim
Printed in Germany

Die vorliegende Broschur wurde auf umweltfreundlichem Papier aus chlorfrei gebleichtem Zellstoff gedruckt.

Vorwort

Die Bauunternehmungen erhalten ihre Aufträge auf Grund von Angeboten. Ausschlaggebend sind die ermittelten Angebotspreise. Und diese weisen oft enorme Unterschiede auf, die auf verschiedene Ursachen zurückgeführt werden können. Derzeit verschärfen besonders Billigstlöhne und ausländische Bewerber mit niedrigen Lohnzusatzkosten den Wettbewerb. Wie soll sich der Bauunternehmer in dieser Situation verhalten? Wie soll er den »richtigen« Angebotspreis bilden?

Jeder junge Ingenieur, Techniker und Meister, der eine Angebotskalkulation durchzuführen hat, ist dankbar für aufgezeigte Verfahren, erläutert an Beispielen. Oft helfen ältere Kollegen mit Angaben über Zeitaufwand und Gerätekosten, über deren Ursprung und Zustandekommen sie aber selten Auskunft geben können.

Während meiner über dreißigjährigen Lehrtätigkeit an Meisterschulen und an der Fachhochschule machte ich die Erfahrung, daß das Verständnis für die Kalkulation bei den meisten Schülern und Studenten sehr gering war. Nur wenn der Lehrstoff übersichtlich aufgebaut wurde, vor allem mit Beispielen erläutert und durch Übungen gefestigt, so waren bald gute Kenntnisse und Fertigkeiten festzustellen.

Als Vorsitzender mehrerer Meisterprüfungsausschüsse in verschiedenen Bauberufen mußte ich immer wieder feststellen, daß einfache Zusammenhänge nicht bekannt waren, daß viele Grundkenntnisse fehlten.

Junge Meister, Techniker und Ingenieure müssen in der Lage sein, sich kurzfristig in das im jeweiligen Betrieb benutzte Kalkulationsverfahren einarbeiten zu können. Der Einsatz von EDV-Programmen ist fast schon üblich. Der Umgang mit ihnen setzt Kenntnisse über die verschiedenen Kalkulationsverfahren voraus.

Das vorliegende Buch stellt die üblichen Kalkulationsverfahren dar und erläutert sie mit zahlreichen Beispielen so, daß danach selbständig Angebotskalkulationen durchgeführt werden können. Auch der Einsatz der EDV wird in den Grundlagen gezeigt und mit Beispielen erläutert.

Erfolgskontrolle ist für den Baubetrieb unerläßlich. Die dafür geeigneten Möglichkeiten werden dargestellt und mit Beispielen verständlich gemacht.

Jetzt ist der Unternehmer in der Lage, seine Angebots- und Nachkalkulationen bei »normalen« Marktverhältnissen durchzuführen. Auch Schwankungen, verschiedene Einflüsse wie die Witterung, Baustellenorganisation und die Entwicklung von Baustoff- und Gerätekosten, kann er berücksichtigen. Aber wie soll er auf die Wirklichkeit des heutigen Marktes reagieren, auf das kaum noch durchschaubare Verhalten der Konkurrenz? Manch ein Bauunternehmer stellt sich die Frage, ob er überhaupt noch kalkulieren soll. Nach reiflicher Überlegung muß er aber zu dem Ergebnis kommen, daß er sein betriebliches Rechnungswesen so in Ordnung halten muß, daß er Spielräume erkennt, daß er Preisuntergrenzen ermitteln kann. Dann ist es ihm möglich, seine Angebotsstrategien in Anpassung an die Marktsituation so zu entwickeln, daß er nicht in den Bereich von Verlusten und von Gefahren für den Bestand der Unternehmung gerät.

Unter den aufgezeigten Gesichtspunkten wurden in dieser 2. Auflage die Kalkulationsverfahren erweitert. Die neuesten Werte aus den Tarifverträgen und den Sozialversicherungen wurden aufgenommen. Möglichkeiten und Auswirkungen etwa der Flexibilisierung der Arbeitszeit und der Gestaltung des 13. Monatseinkommens wurden eingearbeitet. Dagegen wurden die Baustoffe, außer Bindemittel entsprechend neuer Norm, mit ihren Preisen belassen, weil diese für die Übungen genau genug sind. Die durch Änderung der ATV DIN 18330 bedingten Abrechnungsgrundlagen wurden berücksichtigt.

Für Anerkennungen und für kritische Anmerkungen zur 1. Auflage war ich dankbar. Besonders wertvoll waren Anregungen, die Herr Dipl.-Ing. Dietrich Hageböck aus seiner Unterrichtsarbeit mit diesem Buch geben konnte und für die ich ihm hiermit danken möchte. Für die Unterstützung bei der Darstellung des EDV-Einsatzes danke ich den Bauunternehmern Francavilla und Dipl.-Ing. Hans Stiglocher.

Konstanz, im Juni 1997   Günter Dinort

Inhaltsverzeichnis

1	**Grundkenntnisse im kaufmännischen Rechnen**	10
1.1	Grundrechenarten	10
1.2	Anwendung des Taschenrechners	15
1.3	Dreisatz	18
1.4	Prozentrechnen	19
1.5	Zinsrechnung	20
1.6	Formeln, Gleichungen	21
1.7	Verhältnisrechnung	23
1.8	Gewichte	26
2	**Grundlagen der Kalkulation**	27
2.1	Rechtsgrundlagen	28
2.2	VOB Teil A	31
3	**Leistungsbeschreibung und Leistungsverzeichnis**	32
3.1	Leistungsbeschreibung	32
3.2	Leistungsverzeichnis	33
3.3	Grundlagen für das Leistungsverzeichnis	34
3.4	Leistungsprogramm	38
3.5	LV-Rationalisierung	38
3.6	Vom Leistungsverzeichnis zum Angebot	40
4	**Betriebliches Rechnungswesen**	42
4.1	Aufgaben des Rechnungswesens	42
4.2	Mittel und Wege der Kostenrechnung	45
5	**Materialkosten**	47
5.1	Materialpreise	47
5.2	Lager-Bauhof	48
5.3	Materialarten und ihre Preise	49
5.3.1	Mauersteine	49
5.3.2	Mörtel	59
5.3.3	Beton	63
5.3.4	Stahl	67
5.3.5	Entwässerung	71

5.3.6	Dämmstoffe	74
5.3.7	Dichtungsstoffe	75
5.3.8	Holz	76
5.3.9	Sonstiges	77
6	**Geräte- und Maschinenkosten**	**78**
6.1	Grundlagen der Berechnung	78
6.2	Berechnungsbeispiele für Maschinenkosten	83
7	**Lohnkosten**	**118**
7.1	Entlohnungsarten	118
7.2	Lohnzusatzkosten	122
7.3	Lohnnebenkosten	124
7.4	Lohnberechnung	125
7.5	Mittellohn	127
7.6	Produktive Löhne – Unproduktive Löhne	136
7.7	Zeitwerte	137
7.7.1	Baustelleneinrichtung	138
7.7.2	Erdarbeiten	138
7.7.3	Entwässerungsleitungen	141
7.7.4	Mauerarbeiten	143
7.7.5	Schalarbeiten	150
7.7.6	Bewehrungsarbeiten	154
7.7.7	Betonierarbeiten	156
7.7.8	Gerüstarbeiten	158
7.7.9	Estricharbeiten	159
7.7.10	Abbrucharbeiten	160
8	**Kalkulation**	**161**
8.1	Kalkulationsarten	161
8.1.1	Arten nach der zeitlichen Lage	161
8.1.2	Kalkulationsverfahren und -methoden	162
8.2	Die Angebotskalkulation als Vollkostenrechnung	163
8.2.1	Zuschlagskalkulation	164
8.2.2	Zuschlagskalkulation im Maurerhandwerk	169
8.2.3	Das Umlageverfahren	172
8.2.4	Direkte Vollkostenrechnung (Stundenverrechnungssatz direkt über die Kosten)	176
8.3	Baustelleneinrichtung	179
8.4	Gemeinkosten in der Zuschlagskalkulation	179
8.4.1	Unproduktiver Lohn	179
8.4.2	Lohnabhängige Gemeinkosten	181
8.4.3	Betriebs- und Verwaltungskosten	181
8.5	Ermittlung des Zuschlagssatzes	184

8.6	Betriebsvergleich über die Gemeinkosten	197
8.7	Abhängigkeit des Zuschlagssatzes von Betriebsveränderungen	197
8.8	Zuschlagssatz für Wagnis und Gewinn	198
8.9	Mehrwertsteuer	204
8.10	Beispiele für Zuschlagskalkulation	205
8.11	Beispiel zum Umlageverfahren	263
9	**Preisgestaltung in Abhängigkeit von der Marktlage**	**275**
9.1	Markt und Preise	275
9.2	Angebotsverhalten der Unternehmer	276
9.3	Preisuntergrenze	279
10	**Erfolgskontrolle/Nachkalkulation**	**282**
10.1	Jahresabschluß	282
10.2	Kurzfristige Erfolgsrechnung	282
10.3	Objektbezogene Nachkalkulation	284
10.4	Das Betriebsergebnis	289
10.5	Betriebsvergleich	291
11	**Kalkulation mit EDV-Systemen**	**295**
11.1	Erwartungen und Anforderungen	295
11.2	Begriffe	295
11.3	Programmierbare Taschenrechner	296
11.4	Personalcomputer	299
11.5	Kalkulationsprogramm	300
11.6	Verknüpftes Maurerprogramm	305
11.7	Beispiel VISI-BAU	307
11.8	ipF-Branchenpaket	323
11.9	Beispiel Plümecke	328
12	**Stichwortverzeichnis**	**337**
	Quellennachweis	341

1 Grundkenntnisse im kaufmännischen Rechnen

Der Leser dieses Buches wird sich vorgenommen haben, das Wesen der Kalkulation kennenzulernen, vorhandene Kenntnisse zu erweitern oder einfach nachzusehen, was andere zum ganzen Problemkreis des Kalkulierens zu sagen haben. Immer wieder wird man dabei auf Berechnungen verschiedener Art stoßen. Und vielleicht ist der Umgang mit vielen Berechnungen inzwischen, bei der jahrelangen praktischen Tätigkeit, außer Übung geraten. Deshalb sollen zunächst einige Grundkenntnisse aufgefrischt und ergänzt werden.

1.1 Grundrechenarten

Wir wollen hier an Beispielen aus der Baupraxis das für uns Interessante und Wesentliche betrachten.

Wenn man beispielsweise gemauerte Gesimse aufmessen will, so wird man die einzelnen Längen abmessen und zusammenzählen. So könnte Geselle Hans folgende Maße ermitteln:

2 m; 55 cm; 1,35 m; 14 cm; 5 mm; ¾ m.

Wäre es richtig, wenn er diese Zahlen untereinanderschreiben würde, um sie zusammenzuzählen?

```
     2 m
    55 cm
  1,35 m
    14 cm
     5 mm
    ¾ m
  ────────
     ?  (m; cm; mm)
```

Sicher geht das so nicht. Man kann nur Gleiches zusammenzählen (addieren), also nur m oder cm oder mm. Eine Umwandlung aller Längen in m oder cm oder mm ist erforderlich.

Beispiel:

```
      124,15 m            12,05 m
   +   12,05 m         +   2,50 m
   +    2,50 m         + 124,15 m
   ──────────          ──────────
      138,70 m            138,70 m
```

Die Höhen in einem Haus werden meistens auf eine Ausgangsebene, ± 0,00 bezeichnet, bezogen. Alle über ihr liegenden Höhen werden mit (+) bezeichnet (positive Zahlen), die darunter liegenden Höhen mit (−) versehen (negative Zahlen).

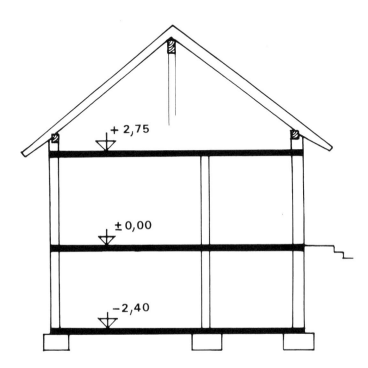

Positive und negative Zahlen für die Höhenangaben

Wenn man von der Höhe + 2,75 um 1,75 nach unten messen muß, so erhält man eine neue Höhe:

+ 2,75 − 1,75 = + 1,00

Wenn man um 3,00 nach unten messen müßte, wäre die neue Höhe:

+ 2,75 − 3,00 = − 0,25

Wenn wir vom Kellerboden (− 2,40) um 0,25 nach unten müßten, ergäbe das die Höhe:

− 2,40 − 0,25 = − 2,65

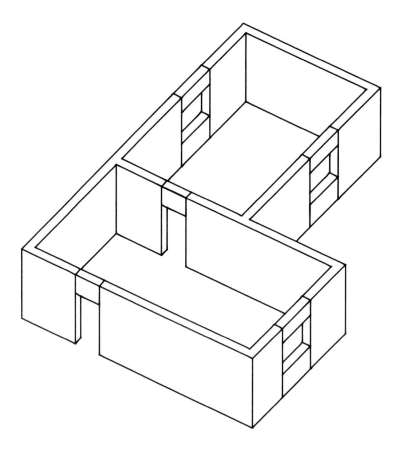

Mauerwerk und Decken, deren Mengen berechnet werden sollen

Die Grundrechenarten Addieren, Subtrahieren, Multiplizieren und Dividieren sind bekannt und sollen hier nur ergänzt werden.

Klammerrechnen Durch Klammerrechnen kann man die Rechenarbeit vereinfachen. Es ist leicht zu erkennen, daß man alle einzelnen Längen der Wand addiert und dann mit der Höhe multipliziert.

$(2{,}75 + 2{,}25 + 0{,}75 + 1{,}115) \cdot 1{,}80 = 6{,}865 \cdot 1{,}80 = 12{,}357$

Die Klammer bedeutet, daß zuerst der Inhalt der Klammer berechnet wird. Erst dann folgen die anderen Rechengänge.

1.1 Grundrechenarten

Die Klammer hat auch beim Rechnen mit negativen Zahlen Bedeutung. Dabei gibt es »Vorzeichenregeln«.

Vorzeichen	ergibt	Beispiel
$(+) \cdot (+)$	$= (+)$	$(+5{,}00) \cdot (+3{,}40) = +17{,}00$
$(+) \cdot (-)$	$= (-)$	$(-3{,}60) \cdot (+2{,}00) = -7{,}20$
$(-) \cdot (-)$	$= (+)$	$(-2{,}50) \cdot (-3{,}00) = +7{,}50$

Bruchrechnen

Für die Zubereitung eines Spezialmörtels sind auf der Verpackung die Mengen des Zements, der Kunstharzvergütung und des Wassers angegeben. Wenn man aber nur eine kleinere Menge, einen kleinen Teil, einen Bruchteil der Gesamtmenge benötigt, z. B. die Hälfte oder ein Viertel, so haben wir es schon mit Brüchen $\frac{1}{2}$ oder $\frac{1}{4}$ zu tun.

Der Bruch $\frac{3}{4} = 3 : 4$ besteht aus dem Zähler 3 und dem Nenner 4.

Gemischte Zahlen sind z. B. $3\frac{1}{4}$ oder $2\frac{1}{2}$.

Gleichnamige Brüche wie $\frac{1}{8}$; $\frac{5}{8}$; $\frac{6}{8}$ haben gleiche Nenner.

Das Rechnen mit Brüchen verlangt die Kenntnis einiger Regeln:

Erweitern	$\dfrac{\text{Zähler mal gleiche Zahl}}{\text{Nenner mal gleiche Zahl}}$
	$\dfrac{2}{6}$ erweitern mit $2 = \dfrac{2 \cdot 2}{6 \cdot 2} = \dfrac{4}{12}$

Kürzen	$\dfrac{\text{Zähler teilen durch gleiche Zahl}}{\text{Nenner teilen durch gleiche Zahl}}$
	$\dfrac{2}{6}$ kürzen mit $2 = \dfrac{2 : 2}{6 : 2} = \dfrac{1}{3}$

Addieren und Subtrahieren	Brüche gleichnamig machen und die Zähler addieren bzw. subtrahieren
	$1\frac{2}{6} + \frac{1}{3} - \frac{5}{12} = \frac{16}{12} + \frac{4}{12} - \frac{5}{12} = \frac{15}{12}$ $= 1\frac{3}{12} = 1\frac{1}{4}$

Multiplizieren	Zähler mal Zähler
	Nenner mal Nenner
	$\frac{3}{4} \cdot \frac{2}{3} = \frac{6}{12} = \frac{1}{2}$

Ganze Zahlen und gemischte Zahlen sind in Brüche zu verwandeln. Wenn möglich, sollte man kürzen.

Dividieren	Zähler 1 mal Nenner 2
	Nenner 1 mal Zähler 2
	$\frac{3}{4} : \frac{2}{3} = \frac{3 \cdot 3}{4 \cdot 2} = \frac{9}{8} = 1\frac{1}{8}$

Beispiel Bruchrechnen

Die Mischung eines Spezialmörtels ergibt laut Mischanleitung:

Zement	24,0 kg
Kunstharzvergütung	4,5 kg
Wasser	4,5 kg (l)
	33,0 kg

Es werden aber nur ca. 11 kg benötigt. Wie groß ist jeder Anteil?

Wir sehen, daß 11 kg von der Gesamtmenge, also 11 von $33 = \frac{11}{33} = \frac{1}{3}$ benötigt werden.

Wenn von der Gesamtmenge $\frac{1}{3}$ benötigt wird, wird auch von jeder Teilmenge $\frac{1}{3}$ benötigt.

Zement	$24{,}0 \cdot \frac{1}{3}$	=	$\frac{24 \cdot 1}{1 \cdot 3}$	=	8,0 kg
Kunstharzvergütung	$4{,}5 \cdot \frac{1}{3}$	=	$\frac{4{,}5 \cdot 1}{1 \cdot 3}$	=	1,5 kg
Wasser	$4{,}5 \cdot \frac{1}{3}$	=	$\frac{4{,}5 \cdot 1}{1 \cdot 3}$	=	1,5 kg (l)

1.2 Anwendung des Taschenrechners

Es besteht ein großes Angebot an Taschenrechnern, zu denen wir auch die Tischrechner zählen können. Und Sie haben sicherlich festgestellt, daß sie sich teilweise hinsichtlich ihrer Anwendungsmöglichkeiten, Art der Eingabe oder Art der Anzeige unterscheiden.

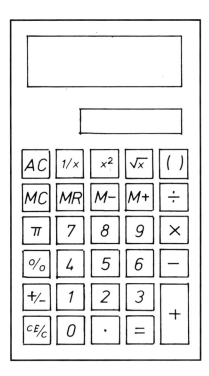

Diese Art von Taschenrechner genügt fast immer den Anforderungen der Kalkulation

Alle Rechner haben

- Daten-Eingabetasten

  Ziffern 0 bis 9

  Dezimalpunkttaste · (statt Komma)

  Sondertasten, z. B. π

- Funktions-Tasten (= Operationszeichen)

  erteilen dem Rechner die Befehle

  zur Addition +

  zur Subtraktion − , usw.

In den folgenden Beispielen geben wir die Ziffern im Gegensatz zu den Funktionen + ohne Hervorhebung an, z. B. 2.55.

Viele Rechner haben Doppelfunktions-Tasten. Somit können Sie über eine Taste zwei verschiedene Befehle geben. Der erste Befehl (Funktion) ist auf der Taste selbst, die zweite Funktion darüber angegeben. Mit der Taste 2nd schaltet man auf die zweite Funktion um.

- Löschen

  Gesamt-Löschtaste AC oder C

  Einzel-Löschtaste CE oder auch C löscht die zuletzt eingegebene Zahl.

Rechnersysteme

Häufig erzielt man mit verschiedenen Rechnern verschiedene Ergebnisse, obwohl man ganz gleich eingibt. Das kann daran liegen, daß es drei verschiedene Rechnersysteme gibt.

1. Die arithmetische Logik

   Beispiel: $5 - 3 = ?$

   Eingabe: 5 += 3 -= 2

2. Die Umgekehrte Polnische Notation (UPN)

   Beispiel: $5 - 3 = ?$

   Eingabe: 5 ↑ 3 − 2

3. Die algebraische Logik

   Beispiel: $5 - 3 = ?$

   Eingabe: 5 − 3 = 2

Wir wollen hier nur Rechner mit algebraischer Logik (algebraischer Eingabe) betrachten, da die meisten Rechner danach arbeiten. Man gibt bei ihnen Zahlen und Funktionen so ein, wie man sie liest oder spricht.

Grundrechenarten

Nach Einschalten des Rechners können wir beginnen.

- Addition
- Subtraktion
- Multiplikation
- Division

Diese Rechenarten dürften jedem Maurer bekannt sein.

- Potenzieren

  Beispiel: $2^2 = 2 \cdot 2 = 4$

  Eingabe: 2 x^2 4

1.2 Anwendung des Taschenrechners

Beispiel: $2^3 = 2 \cdot 2 \cdot 2 = 8$

Eingabe: 2 y^x 3 = 8

- Wurzel ziehen

   Beispiel: $\sqrt{4} = 2$

   Eingabe: 4 $\sqrt{x}$ 2

   Beispiel: $\sqrt[3]{8} = 2$

   Eingabe: 8 $\sqrt[3]{x}$ 2

   Beispiel: $\sqrt{18} = ?$ ist ohne Rechner nur annäherungsweise bestimmbar

   Eingabe: 18 $\sqrt{x}$ 4.2426406

Winkelfunktionen

Zur Berechnung vieler Längen muß der Maurer die Winkelfunktionen verwenden. Mit etwas erweiterten Taschenrechnern geht das recht einfach.

Beispiel: $\sin 25° = ?$

Eingabe: 25 sin 0.4226182

Beispiel: $\tan 48° = ?$

Eingabe: 48 tan 1.1106125

Rechnen mit Speichern

Die meisten Rechner besitzen einen oder mehrere Speicher, in denen man Zwischenergebnisse speichern kann. Rechner, die nur Ketten von Produkten berechnen können, berechnen die Produkte von Summen mittels Speicher.

Beispiel: $(9 + 3) \cdot 3 = 36$

$+ (9 + 4) \cdot 4 = 52$

$+ (9 + 5) \cdot 5 = \underline{70}$

$= 158$

Eingabe: 9 + 3 = x 3 = STO 1 36 in Speicher 1

9 + 4 = x 4 = SUM 1 52 zum Inhalt Speicher 1 addiert

9 + 5 = x 5 = SUM 1

RCL 1 Abruf Speicher 1, in Anzeige erscheint 158

Andere Rechner können mit einem Speicher viele Rechengänge vollziehen. Bei Betätigung der Taste M+ wird zum Speicherinhalt addiert, bei M− subtrahiert.

Beispiel:
$$(5 \cdot 3 + 6) \cdot 3 = 63{,}00$$
$$+ (72 - 17) : 2 = 27{,}50$$
$$- 0{,}60 \cdot 0{,}25 = \underline{0{,}15}$$
$$= 90{,}35$$

Eingabe: 5 x 3 + 6 x 3 M+

72 − 17 : 2 M+

.6 x .25 M− MR 90.35

Programmierbare Taschenrechner

Wenn Berechnungen durchzuführen sind, die nach gleichen Rechenwegen verlaufen, so ist es zeitsparend und auch fehlerfreier, einen programmierbaren Taschenrechner zu benutzen. Man kann sich dabei auch viele Werte, die immer wieder zu verwenden sind, wie etwa Materialpreise oder Zeitrichtwerte, abspeichern und bei Bedarf in den Rechenablauf abrufen.

Jeder programmierbare Rechner wird mit einer besonderen Bedienungsanleitung geliefert, so daß wir hier auf die Handhabung nicht weiter eingehen wollen.

1.3 Dreisatz

Woher kommt die Bezeichnung Dreisatz? Wenn wir uns die Frage nach dem Preis von 6 kg Dichtungsmaterial, dessen 25-kg-Gebinde 21,60 DM kostet, stellen, so sehen wir folgendes:

Drei Angaben sind vorhanden. Daraus soll die Beantwortung der Frage berechnet werden. Die Lösung erfolgt in drei Sätzen, also im Dreisatz.

1. Satz (nennt, was bekannt ist)

= Bedingungssatz   25 kg kosten 21,60 DM

2. Satz (bringt die bekannte Größe – hier kg – auf die Einheit »1«)

= Mittelsatz   1 kg kostet $\dfrac{21{,}60}{25}$ DM

3. Satz (schließt von der Einheit »1« auf die neue Mehrheit – hier 6 kg)

= Schlußsatz   6 kg kosten $\dfrac{21{,}60 \cdot 6}{25}$ DM

$$= 5{,}18 \text{ DM}$$

Übung

Von einem Betonwerk werden 5,5 t Platten geholt und direkt auf die Baustellen gebracht. Ein Fahrer (32,- DM/Std.) und ein Helfer (26,- DM/Std.) sind 12 Stunden unterwegs, einschließlich Be- und Entladen.

Für den Lkw sind 0,90 DM/km zu berechnen. Insgesamt wurden 450 km gefahren.

Was kostet der Transport von 1 m² Platten (24 kg/m²)?

Kosten für 5,5 t = 5500 kg:

12 Stunden mal 32,- DM/Std.	= 384,00 DM
12 Stunden mal 26,- DM/Std.	= 312,00 DM
450 km mal 0,90 DM/km	= 405,00 DM
	1.101,00 DM

$$\frac{1.101 \text{ DM} \cdot 24 \text{ kg}}{5.500 \text{ kg}} = 4,80 \text{ DM}$$

1.4 Prozentrechnen

Wenn von Skonto, Rabatt, Verschnitt oder Zuschlagssätzen gesprochen wird, so werden deren Größen in Prozent angegeben.

Was bedeutet es, wenn auf einer Rechnung über 2.650,00 DM vermerkt ist: »3% Skonto bei Zahlung innerhalb von acht Tagen«?

Prozent (%) kommt vom Lateinischen »pro centum«, von Hundert. 3% bedeutet also 3 von (pro) Hundert, also 3 DM Skonto pro 100 DM.

In unserem Fall wären das

$$1\% = \frac{1}{100} \text{ bei } 2.650 \text{ DM} = \frac{2.650}{100} = 26,50$$

$$3\% = \frac{3}{100} \text{ bei } 2.650 \text{ DM} = \frac{2.650 \cdot 3}{100} = 79,50 \text{ DM}$$

Zu zahlen wären 2.650 − 79,50 = 2.570,50 DM

Je nach Taschenrechner:

Eingabe: 2650 − 3 % 2570.5 oder

2650 − 3 % = 2570.5

Etwas anders ist der Rechengang, wenn man auf den Grundwert (100%) schließen will.

Ein Maurer stellt beispielsweise fest, daß 8% der angelieferten Klinker, hier 22 Stück, zerbrochen bzw. verschnitten wurden. Wieviel Klinker wurden angeliefert?

$$8\% = 22 \text{ St}$$
$$1\% = \frac{22}{8}$$
$$100\% = \frac{22 \cdot 100}{8} = \underline{\underline{275 \text{ St}}}$$

Von jeder Rechnung, die ein Maurermeister stellt, muß er nach Erhalt des Geldbetrages Mehrwertsteuer abführen. Die vom Betrieb errechneten Kosten stellen den Grundwert (100 %) für die Berechnung dieser Steuer dar. Von diesem Betrag werden die z. Zt. gültigen 15 % ermittelt, beispielsweise

Kosten ($\triangleq$ Nettobetrag) 1.350,00 DM

Mehrwertsteuer = 15% von 1.350,00 DM = $\underline{\underline{202{,}50 \text{ DM}}}$

Der Gesamtrechnungsbetrag (brutto) würde dann
1.350,00 DM + 202,50 DM = 1.552,50 DM betragen.

Gelegentlich erhält man Rechnungen, z. B. über Werkzeug, in denen nur der Gesamtpreis angegeben ist. Es interessiert dann, wieviel MwSt. darin enthalten ist, beispielsweise bei einem Rechnungsbetrag (brutto) von 765,80 DM.

Wir müssen jetzt folgende Beziehung zugrunde legen:

Nettobetrag (ohne MwSt.)	= 100 %
+ MwSt.	15 %
Bruttobetrag (inkl. MwSt.)	= 115 %

Mittels Dreisatz ergibt das:

$$115\% \; - \; 765{,}80 \text{ DM}$$
$$1\% \; - \; \frac{765{,}80}{115}$$
$$15\% \; - \; \frac{765{,}80 \cdot 15}{115} \qquad = \underline{\underline{99{,}89 \text{ DM}}}$$

1.5 Zinsrechnung

Wenn sich jemand (Schuldner) Geld leiht, so hat er dem Gläubiger eine Vergütung, die Zinsen, dafür zu entrichten.

Die Höhe der Zinsen (Z) hängt vom Geldbetrag (Kapital = K), dem Zinssatz (Zinsfuß = p) und der Dauer (n Jahre) ab und wird berechnet nach der Zinsformel.

| Jährliche Zinsberechnung | $Z = \dfrac{K \cdot p \cdot n}{100}$ |

Beispiel: Meister Flex erhält von der Bank ein Darlehen über 25.000,00 DM. Wie hoch sind die jährlichen Zinsen bei einem Zinsfuß von 9 %?

$$Z = \frac{25.000 \cdot 9 \cdot 1}{100} = \underline{\underline{2.250,00 \text{ DM}}}$$

| Monatliche Zinsberechnung | $Z = \dfrac{K \cdot p \cdot \text{Monate}}{100 \cdot 12}$ |

Beispiel: Wie hoch sind die Zinsen für ein Darlehen über 8.000,00 DM mit 8 Monaten Laufzeit bei einem Zinsfuß von 7 %?

$$Z = \frac{8.000 \cdot 7 \cdot 8}{100 \cdot 12} = \underline{\underline{373,33 \text{ DM}}}$$

| Tägliche Zinsberechnung | $Z = \dfrac{K \cdot p \cdot \text{Tage}}{100 \cdot 360}$ |

Beispiel: Wie hoch sind die Verzugszinsen für einen Betrag von 5.430,00 DM für 25 Tage bei einem Zinsfuß von 6,5 %?

$$Z = \frac{5.430 \cdot 6,5 \cdot 25}{100 \cdot 360} = \underline{\underline{24,51 \text{ DM}}}$$

1.6 Formeln, Gleichungen

Man kann sich die Grundformeln zur Berechnung vieler Flächen, Körper oder physikalischer Vorgänge merken oder in Formelsammlungen nachschlagen. Wenn jedoch nach einem Teil, etwa einer Grundlänge, gefragt wird, so findet man diese selten. Dann muß man die Grundformel umstellen.

Wir wissen, daß der Flächeninhalt eines Rechtecks folgendermaßen berechnet wird:

Formel

$$\boxed{A = l \cdot b}$$

Wir sprechen hierbei von der Formel zur Berechnung des Flächeninhalts.

Flächeninhalt A   <u>ist gleich</u>   Länge l mal Breite b.

Man könnte dabei auch von einer Gleichung sprechen. Der gesuchte, also unbekannte Wert wird dabei meist mit x bezeichnet. Die anderen Werte stellen dann Zahlen oder Buchstaben dar.

Gleichung

$$x = 12 \cdot 5$$

Im Grunde genommen wäre diese Gleichung nichts anderes als die Formel $A = 12 \text{ m} \cdot 5 \text{ m} = 60 \text{ m}^2$.

Eine Balkenwaage sollte sich im Gleichgewicht befinden. Das ist immer dann der Fall, wenn man beide Seiten der Waage gleich behandelt.

Man kann folgende Fälle unterscheiden:

> Sie bleibt im Gleichgewicht, wenn man die Waagschalen beider Seiten vertauscht.

z. B. $5 + 3 = 8$

$8 = 5 + 3$

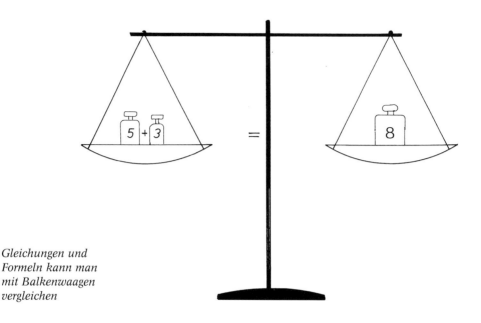

Gleichungen und Formeln kann man mit Balkenwaagen vergleichen

> Wenn man auf der einen Seite etwas hinzufügt (addiert) oder wegnimmt (subtrahiert), so muß man das auf der anderen Seite auch machen.

z. B. $(5 + 3) = 8$
          $(5 + 3) + 2 = 8 + 2$
          $10 = 10$

> Die Waage bleibt auch im Gleichgewicht, wenn der Inhalt der beiden Seiten mit der gleichen Größe multipliziert oder dividiert wird.

z. B. $(5 + 3) \cdot 5 = 8 \cdot 5$
          $40 = 40$
oder $(5 + 3) : 2 = 8 : 2$
          $4 = 4$

Mit diesen grundsätzlichen Erkenntnissen lassen sich sehr viele Formeln bzw. Gleichungen umstellen und berechnen.

1.7 Verhältnisrechnung

Überall, wo man vergleicht, wo man Anteile zueinander in einen Bezug bringen will, setzt man diese Dinge in ein gegenseitiges Verhältnis. Das Verhältnis der Anzahl von männlichen Arbeitnehmern zur Anzahl der weiblichen Arbeitnehmer könnte folgendermaßen dargestellt werden.

männl. AN zu weibl. AN verhalten sich wie 95 zu 5

oder

männl. AN : weibl. AN = 95 : 5

oder

$$\frac{\text{männl. AN}}{\text{weibl. AN}} = \frac{95}{5}$$

Sehr oft möchte man auf eine Einheit schließen, z. B.:

$$\frac{\text{männl. AN}}{\text{weibl. AN}} = \frac{95}{5} = \frac{19}{1}$$

Mischung nach Verhältnissen

Der Mörtel setzt sich aus Bindemittel, Sand, Wasser und evtl. Zusätzen zusammen. Diese Bestandteile sind in verschieden großen Mengen miteinander zu vermischen. Diese Mengen können in Raumteilen oder Gewicht gemessen werden und stehen in einem bestimmten Verhältnis zueinander.

Beispielsweise Mörtel der Gruppe:

IIIb   Zement : Sand = 1 : 4 oder 1 : 5 oder 1 : 3

IIb   Kalk : Zement : Sand = 2 : 1 : 9

Beispiel

Zementmörtel soll im Mischungsverhältnis (MV) 1 : 4 gemischt werden. Wieviel Sand muß verwendet werden, wenn 1 Sack Zement verbraucht werden soll?

Nach Gewichtsteilen:

$$\frac{\text{Zement}}{\text{Sand}} = \frac{1}{4}$$

$$\frac{50 \text{ kg Z}}{\text{Sand}} = \frac{1}{4}$$

Die Umstellung dieses Rechenansatzes kann schrittweise, wie bei Gleichungen, erfolgen. Das ist etwas langdauernd und kann verkürzt werden.

Verhältnisgleichungen

Wir haben soeben zwei Verhältnisse gebildet,

50 kg Zement : Sand und 1 : 4.

Gleichungen aus zwei Verhältnissen heißen Verhältnisgleichungen. In allgemeiner Darstellung haben sie folgende Form:

$$a : b = c : d$$
$$a : b : c = d : e : f$$

Ist eine dieser Verhältniszahlen unbekannt, in der Gleichung demnach mit x zu bezeichnen, so lautete die Gleichung beispielsweise:

$$x : a = b : c$$
$$\frac{x}{a} = \frac{b}{c}$$

Die Lösung der Verhältnisgleichung erfolgt nach dem bekannten Verfahren:

1.7 Verhältnisrechnung

$$\frac{x}{a} = \frac{b}{c} \quad / \cdot a$$

$$x = \frac{b}{c} \cdot a$$

Wenn die Unbekannte, wie bei unserer Mörtelmischung, im Nenner steht, sind mehrere Schritte erforderlich:

$$\frac{a}{x} = \frac{c}{b} \quad / \cdot x$$

$$a = \frac{c}{b} \cdot x \quad /\text{Seitentausch}$$

$$\frac{c}{b} \cdot x = a \,/ b$$

$$c \cdot x = a \cdot b \quad /:c$$

$$x = \frac{a \cdot b}{c}$$

Wir erkennen, daß man einen Wert mit umgekehrtem Rechenzeichen auf die andere Seite der Gleichung bringen kann:

$$\boxed{+} \rightarrow \boxed{-}$$

$$\boxed{-} \rightarrow \boxed{+}$$

$$\boxed{\cdot} \rightarrow \boxed{:}$$

$$\boxed{:} \rightarrow \boxed{\cdot}$$

Weiter ist zu erkennen, daß man bei Verhältnisgleichungen »über Kreuz« multiplizieren kann:

$$\frac{a}{x} = \frac{c}{b}$$

$$a \cdot b = c \cdot x$$

$$x = \frac{a \cdot b}{c}$$

Das wird uns weitere Berechnungen erleichtern.

Fortsetzung des Beispiels Mischungsverhältnisse:

$$\frac{50 \text{ kg Zement}}{\text{Sandgewicht}} = \frac{1}{4}$$

$$\frac{50 \text{ kg}}{x} = \frac{1}{4}$$

$$50 \text{ kg} \cdot 4 = 1 \cdot x$$

$$x = \underline{\underline{200 \text{ kg Sand}}}$$

1.8 Gewichte

Die Berechnung von Gewichten ist besonders für die Ermittlung von Transportkosten, aber auch für Mischungsverhältnisse nach Gewichtsprozenten, erforderlich. Dabei ist die physikalische Definition Gewichtskraft = Masse · Fallbeschleunigung unbedeutend. Maßgebend ist hier:

| Gewicht = Rauminhalt · Dichte | $G = V \cdot \varrho$ |

Die Dichtezahl ϱ in $\frac{kg}{l} = \frac{kg}{dm^3} = \frac{t}{m^3} = \frac{g}{cm^3}$ gibt an, wieviel kg ein l, wieviel g ein cm^3 wiegen.

Bei festen Stoffen interessiert die Rohdichte, bei Bindemitteln und Zuschlägen die Schüttdichte.

Beispiel

Wieviel wiegt 1 m^2 Marmor ($\varrho = 2{,}8$ kg/dm^3) von 1 cm Dicke?

$G \quad = V \cdot \varrho$

$\quad V = 10 \text{ dm} \cdot 10 \text{ dm} \cdot 0{,}1 \text{ dm} = 10 \text{ dm}^3$

$G \quad = 10 \text{ dm}^3 \cdot 2{,}8 \text{ kg/dm}^3 = \underline{\underline{28 \text{ kg}}}$

Bei Angaben in Newton ergäbe das

$\quad V = 1 \text{ m} \cdot 1 \text{ m} \cdot 0{,}01 \text{ m} = 0{,}01 \text{ m}^3$

$\quad g_R = 28 \text{ kN/m}^3$

$\quad \text{Last} = 0{,}01 \text{ m}^3 \cdot 28 \text{ kN/m}^3 = \underline{\underline{0{,}28 \text{ kN}}}$

Beispiel

Wieviel wiegt der in einen 12 l-Eimer gefüllte Zement?

Die Schüttdichte von Zement beträgt 0,9 bis 1,4 kg/l, im Mittel $\varrho = 1{,}25$ kg/l

$G = V \cdot \varrho = 12 \cdot 1{,}25 = \underline{\underline{15{,}0 \text{ kg}}}$

Flächen
Rauminhalte

Flächen und Rauminhalte sind häufig zu berechnen. Die erforderlichen Formeln können den Tabellenbüchern entnommen werden.

2 Grundlagen der Kalkulation

Ein Bauunternehmer kann erst dann mit seiner produktiven Tätigkeit beginnen, wenn ihm der Auftrag zur Ausführung von Bauarbeiten übertragen wurde.

Streben nach Aufträgen

Eine wesentliche Aufgabe des selbständigen Maurermeisters ist also das Bemühen, genügend Arbeiten für sich und seine Arbeiter zu erhalten. Dabei muß er darauf achten, daß er die Aufträge auch zu auskömmlichen Preisen erhält.

Nachfrage und Angebot

Es wird immer so sein, daß jemand eine Ware oder eine Leistung, z. B. eine Bauleistung, benötigt. Es entsteht also eine Nachfrage. Auf der anderen Seite sind Händler oder Handwerker da, die ihre Leistungen anbieten.

Vertrag

Unterbreitet der Bauunternehmer ein Angebot und nimmt der Bauherr dieses an, so entsteht in der Regel ein Vertrag.

Vertragsrecht

Ein Landwirt geht zu einem ihm gut bekannten Maurer, sucht sich Steine für einen Anbau aus und erkundigt sich nach dem Preis für das Mauerwerk. Er ist damit einverstanden. Der Termin für die Ausführung wird gleichfalls *mündlich* vereinbart. Ist ein Vertrag zustande gekommen?

Ja. Streitigkeiten bei der Abrechnung können aber schon vorhergesehen werden, da keine beweiskräftigen Unterlagen vorhanden sind.

Ein Kaufmann geht in gleicher Weise zum Maurer. Man einigt sich auch. Der Kaufmann bittet aber trotzdem um die *schriftliche* Unterbreitung eines Angebotes. Wenn der Maurer dieses übersendet und der Kaufmann es mit einem Brief oder einer Postkarte bestätigt, so ist ein Vertrag entstanden, dessen Inhalt später einwandfrei nachprüfbar ist.

Meistens erhält der Bauunternehmer von Architekten oder Bauämtern Angebotsunterlagen, die er ausfüllt, unterschreibt und zurückgibt. Mit einer Annahme des Angebots ist auch hier ein Vertrag entstanden.

2.1 Rechtsgrundlagen

Vertragsfreiheit

In der deutschen Rechtsprechung besteht grundsätzlich Vertragsfreiheit. Das bedeutet, daß jeder mit jedem einen beliebigen Vertrag abschließen kann, solange dieser in Inhalt und Form nicht gegen Gesetze verstößt.

Der Inhalt eines Vertrages muß sich beispielsweise nach den Bestimmungen des

BGB (Bürgerliches Gesetzbuch) über Treu und Glauben (§ 242)

STGB (Strafgesetzbuch) betreffs Betrug (§ 263), Erpressung (§ 253), Nötigung (§ 240), Untreue (§ 266)

richten.

In der Form ist z. B. für Kaufverträge bei Grundstücken die notarielle Beurkundung vorgeschrieben. Für Bauverträge ist man an keine Form gebunden.

VOB

Die Verdingungsordnung für Bauleistungen soll das allgemein gehaltene Recht des BGB so abstimmen, daß Auftraggeber und Auftragnehmer übersichtlichere Vertragsgrundlagen erhalten. Die VOB wird in drei Teile gegliedert:

VOB Teil A: Allgemeine Bestimmungen für die Vergabe von Bauleistungen, DIN 1960

VOB Teil B: Allgemeine Vertragsbedingungen für die Ausführung von Bauleistungen, DIN 1961

VOB Teil C: Allgemeine Technische Vertragsbedingungen für Bauleistungen (ATV)

Der Bauherr sollte die Vergabe nach diesen Bestimmungen vornehmen, er ist aber nicht dazu verpflichtet, denn die DIN 1960 ist keine Rechtsnorm.

Bauherren der öffentlichen Hand vergeben aufgrund von Dienstanweisungen nach VOB/A.

Leider werden oft wesentliche Teile der VOB durch zusätzliche Vertragsbedingungen zum Nachteil des Auftragnehmers vom Auftraggeber ausgeschaltet.

EG-Rechtsvorschriften

Der gemeinsame Europäische Markt ist da!

Die Wirtschaft Europas soll weiter ausgebaut und gestärkt werden. Dabei werden Schwierigkeiten, die auf unterschiedlichen Lohnkosten, Sozialasten, Steuerbelastungen und Auflagen für den Umweltschutz beruhen, zu überwinden sein. Der freie Wettbewerb ist nicht sofort auf gleicher Grundlage für jeden erreichbar.

Im Bauwesen sind Ausschreibung und Vergabe von Bauleistungen durch nationale Vorschriften geregelt, die den Richtlinien der EG-Kommission angepaßt werden müssen.

Die Neuauflage der VOB Teil A, Ausgabe Dezember 1992, berücksichtigt die EG-Richtlinien. Sie ist in vier Abschnitte gegliedert:

Abschnitt 1 Basisparagraphen

Er gilt für übliche Bauaufträge in bisheriger Art.

Abschnitt 2 Basisparagraphen mit zusätzlichen Bestimmungen nach der EG-Baukoordinierungsrichtlinie

Er gilt ab Erreichen des Schwellenwerts von 5 Mio. ECU (ohne Umsatzsteuer). Somit ist er für kleine und mittlere Bauunternehmungen uninteressant.

Abschnitt 3 Basisparagraphen mit zusätzlichen Bestimmungen nach der EG-Sektorenrichtlinie

Er gilt nur für bestimmte Bauaufträge und ist für normale Bauunternehmer ohne Bedeutung.

Abschnitt 4 Vergabebestimmungen nach der EG-Sektorenrichtlinie

Er gilt für Wasser-, Energie-, Verkehrs- oder Fernmeldewesen.

Es ist zu erwarten, daß die europäischen technischen Normen (DIN-EN) auch zu ständigen Anpassungen der ATV (VOB Teil C) führen werden.

Baupreisrecht

Schon 1939 wurde ein Baupreisrecht geschaffen. Nach dem Kriege waren so viele Bauleistungen zu erbringen, daß die Marktwirtschaft bei öffentlichen Bauvorhaben eingeschränkt werden mußte. Z. Zt. ist das Baupreisrecht 1972 in der Verordnung PR Nr. 1/72 gültig für Bauleistungen bei öffentlichen oder mit öffentlichen Mitteln von mehr als 50% finanzierten Aufträgen. Der Form nach besteht das Baupreisrecht 1972 aus:

a) »Baupreisverordnung 1972« = BPV 1972, mit Aktualisierungen

b) »LSP-Bau« = Leitsätze für die Ermittlung von Preisen für Bauleistungen aufgrund von Selbstkosten.

Preisvorschriften dienen dazu, den durch sie festgelegten Preisstand aufrechtzuerhalten, vor allem einen Anstieg zu verhindern. Der Auftragnehmer hat das Zustandekommen des

Preises auf Verlangen nachzuweisen. Seit 1987 sind entgegen früheren Regelungen die im freien Wettbewerb entstandenen Preise nicht mehr zu prüfen.

Stundenlohnabrechnungen werden in der LSP-Bau durch tabellarische Angabe von %-Sätzen für die Zuschläge bei verschiedenen Bauberufen festgelegt.

Wirtschaftsstrafgesetz WiStG 1954, § 2a, verbietet Preisüberhöhungen, auch im privaten Bereich. Wenn der Wettbewerb durch Preisabreden von Anbietern beschränkt wird, liegt eine Ordnungswidrigkeit oder eine Straftat vor. Preisabsprachen können auch zu Schadensersatz verpflichten.

Gute Sitte § 242 BGB lautet: »Ein Rechtsgeschäft, das gegen die guten Sitten verstößt, ist nichtig.«

Treu und Glauben § 242 BGB: »Der Schuldner ist verpflichtet, die Leistung so zu bewirken, wie Treu und Glauben mit Rücksicht auf die Verkehrssitte es erfordern.«

Beide Partner sollen sich darauf verlassen können, daß keiner den anderen übervorteilen will.

Verkehrssitte ist der Brauch, der sich aus den üblichen Handlungen, aus den Regeln der Technik und aus dem neuesten Stand der Erkenntnisse ergibt.

Arglist Arglist ist ein bewußtes Täuschungsmanöver. Ein unter Arglist entstandener Vertrag ist ungültig.

Fahrlässigkeit § 276 BGB: »Der Schuldner hat, sofern nichts anderes bestimmt wird, Vorsatz und Fahrlässigkeit zu vertreten.« Fahrlässig handelt, wer die im Verkehr übliche Sorgfalt außer acht läßt.

2.2 VOB Teil A

Hier sollen nur einige Abschnitte der Basisparagraphen, die Vergabe und Vertragsart behandeln, herausgegriffen werden.

Vergabegrundsätze

Bauleistungen sind an fachkundige, leistungsfähige und zuverlässige Bewerber zu angemessenen Preisen zu vergeben. Der Wettbewerb soll die Regel sein.

Arten der Vergabe

1. Öffentliche Ausschreibung, die den Regelfall darstellt, wendet sich an eine unbeschränkte Zahl von Unternehmern.

2. Beschränkte Ausschreibung, bei der eine beschränkte Zahl von Unternehmern zur Angebotsabgabe aufgefordert wird.

3. Freihändige Vergabe sieht die formlose Vergabe vor, wenn eine Ausschreibung unzweckmäßig ist, weil z. B. nur ein Unternehmer in Betracht kommt, kleine Leistungen in Zusammenhang mit einer größeren Bauausführung stehen oder wenn eine Leistung besonders dringlich ist.

Vertragsarten

Man unterscheidet in der VOB drei Arten von Verträgen:

1. Leistungsvertrag, der grundsätzlich angewendet werden soll. Dabei ist die Vergütung nach Leistung zu bemessen, und zwar zu Einheitspreisen für m^3, m^2, m und Stück, oder zu einer Pauschalsumme, wenn die Leistung genau bestimmt ist.

2. Stundenlohnvertrag kann bei Bauleistungen von geringem Umfang, die überwiegend Lohnkosten verursachen, angewendet werden.

3. Selbstkostenerstattungsvertrag ist für größere Bauleistungen angebracht, für die sich der Einsatz von Lohn, Geräten und Material nicht abschätzen läßt, wie etwa bei der Sanierung alter Gebäude oder Brücken.

3 Leistungsbeschreibung und Leistungsverzeichnis

Bauleistungen

Zunächst sollte man überlegen, welche Bauarbeiten (Bauleistungen) zur Ausführung kommen. Aushub, Fundamente, Mauerwerk aus verschiedenen Steinen, Stahlbetondecken und vieles mehr kann hergestellt werden. Die Ansprüche sind unterschiedlich. Entsprechend ist die Art des Materials und der Technik zu wählen.

Woher soll der Bauunternehmer wissen, welche Arbeiten ausgeführt werden sollen? Irgend jemand müßte diese zusammenstellen und genau angeben, beschreiben.

3.1 Leistungsbeschreibung

Nach den Bestimmungen des Werkvertragsrechts (§ 631 BGB) ist ein Auftragnehmer nur zu einer Leistung verpflichtet, die er bei Angebotsabgabe oder Vertragsabschluß klar erkennen und deren Kosten er berechnen kann.

Die Beschreibung der Leistung ist daher Kernstück jedes Bauvertrages.

VOB

Nach VOB Teil A, § 9, ist die Leistung so eindeutig und erschöpfend zu beschreiben, daß alle Bewerber die Beschreibung im gleichen Sinne verstehen müssen und ihre Preise sicher und ohne umfangreiche Vorarbeiten berechnen können.

Dem Auftragnehmer soll kein ungewöhnliches Wagnis aufgebürdet werden für Umstände und Ereignisse, auf die er keinen Einfluß hat und deren Einwirkung auf die Kosten und Fristen er nicht im voraus schätzen kann.

3.2 Leistungs-
verzeichnis

Die Leistung soll in der Regel durch eine allgemeine Darstellung der Bauaufgabe (Baubeschreibung) und ein in Teilleistungen gegliedertes Leistungsverzeichnis beschrieben werden. Alle den Preis beeinflussenden Umstände sind anzugeben, evtl. durch Zeichnungen und Proben zu erläutern.

Begriff LV

Die Zusammenstellung der gewünschten Arbeiten, also das Verzeichnis der Bauleistungen, wird Leistungsverzeichnis (LV) genannt.

Anfertiger

Wer fertigt ein Leistungsverzeichnis an? Meistens ist das die Bauherrschaft (Bauamt oder Architekt). Bei kleineren Bauaufträgen, bei Renovierungs- und Reparaturarbeiten muß diese Aufstellung aber oft vom Bauunternehmer vorgenommen werden.

Wie sieht so ein Leistungsverzeichnis aus? Meistens wird die herkömmliche (konventionelle) Art angewendet.

Beispiel eines Leistungsverzeichnisses

Pos.	Menge ca.	Gegenstand	Einzelpreis DM	Pf	Gesamtpreis DM	Pf
1	20 m³	Streifenfundamente aus Beton B 15, ohne Bewehrung, ohne Schalung herstellen				
2	100 m²	Kelleraußenwände aus Stahlbeton B 25, mit mindestens 300 kg Zement, als Sperrbeton, 30 cm dick, einschließlich Schalung, mit nach Pos. 12 abzurechnender Bewehrung aus Betonstahlmatten, herstellen.				
3	50 m²	Kellerinnenwände, d = 24 cm, aus Kalksandsteinen DIN 106, KS-1,6-2DF-240/115/113 mm, in Mörtelgruppe II herstellen.				
4	1 m²	*Alternativ:* Kellerinnenwände wie Pos. 3, jedoch aus Hochlochziegeln DIN 105, Hlz 1,2-4DF-240/240/113 mm.			XXXXXX	XX
5	150 m²	Stahlbetondecke über KG, d = 20 cm, aus B 25 herstellen. Die Bewehrung wird nach Pos. 12 verrechnet.				
...	...	....				
...	...	....				
12	500 kg	Bewehrung aus Betonstahlmatten DIN 488 als Lagermatten herstellen.				

Text

Der Text soll eindeutig und klar verständlich sein. Der Umfang und die Art der Ausführung ist deutlich zu beschreiben. Überflüssiges sollte weggelassen werden. Regelungen, die selbstverständlich oder die in der VOB enthalten sind, z. B. »einschl. Material«, »neue Baustoffe«, »fix und fertig«, brauchen nicht wiederholt zu werden. Nebenleistungen gehören zur vertraglichen Leistung der einzelnen Position, sind also ohne besondere Erwähnung im Preis enthalten.

Das Leistungsverzeichnis dient meistens als Grundlage für das Angebot. Deswegen wird es so angelegt, daß für die Einheit der Teilleistungen (Positionen) Einzelpreise (DM pro m, m^2) eingesetzt werden können. Multipliziert man diese mit der Menge der jeweiligen Teilleistung, so ergibt das den Gesamtpreis dieser Teilleistung.

3.3 Grundlagen für das Leistungsverzeichnis

Wenn man ein Leistungsverzeichnis erstellen muß, versucht man sich an irgendwelchen Vorgaben oder Mustern zu orientieren.

VOB-Hinweise

VOB Teil C gibt in DIN 18299 allgemeine Hinweise für das Aufstellen der Leistungsbeschreibung und über die allgemeinen Nebenleistungen.

In der DIN 18330 – Mauerarbeiten – und in der DIN 18331 – Beton- und Stahlbetonarbeiten – werden in Abschnitt 0 ergänzende, fachspezifische Hinweise gegeben. Danach sind neben Angaben zur Baustelle besonders anzugeben:

Angaben zur Ausführung

– Art und Dicke des Mauerwerks, Aussparungen
– Maßnahmen gegen Feuchtigkeit
– Abrechnungsverfahren
– Arten des Betons und Stahlbetons
– Angaben zur Schalung
– Besondere Betonzusammensetzungen oder Beton-Zusatzmittel
– Sorten und Abmessungen des Betonstahls und ggf. Vergrößerung der Betondeckung.

Von der VOB abweichende Regelungen

Wenn andere als in DIN 18330 und DIN 18331 vorgesehene Regelungen getroffen werden sollen, sind diese in der Leistungsbeschreibung *eindeutig* und *im einzelnen* anzugeben.

3.3 Grundlagen für das Leistungsverzeichnis

Bei Verblendmauerwerk oder bei einzubauenden Fertigteilen sind solche Abweichungen möglich, ebenso bei Änderungen der Maßtoleranzen, der Betonverarbeitung oder der Stahlberechnung.

Abrechnungseinheiten Die Abrechnungseinheiten sind im LV folgendermaßen anzugeben:

Bei Mauerwerk

- Flächenmaß (m^2), getrennt nach Bauart und Abmessung,
  bis 24 cm Dicke;
  Fachwerkwände;
  Verblendmauerwerk;
  Gewölbe u. a.

- Raummaß (m^3), getrennt nach Art und Abmessung,
  über 24 cm Wanddicke;
  Pfeiler, Schornsteine u. a.

- Längenmaß (m), getrennt nach Art und Abmessung,
  bei Gesimsen;
  Pfeiler und Schornsteine;
  Ummantelung oder Verblendung von Trägern und Stützen;
  Herstellen und Schließen von Schlitzen.

- Anzahl (St), getrennt nach Art und Abmessung,
  bei Öffnungen, Stürzen, Sohlbänken, Pfeilern, Schornsteinköpfen, Kellerlichtschächten, Ankern, Zargen u. ä.

- Gewicht (kg, t) für Betonstahl, Walzstahlprofile,
  Anker, Bolzen usw.

Bei Beton und Stahlbeton, jeweils getrennt nach Bauart und Abmessung

- Raummaß (m^3) massige Bauteile wie Stützmauern,
  Fundamente, Brücken u. a.

- Flächenmaß (m^2) Sauberkeitsschicht, Wände, Decken,
  Treppenpodeste, Treppenlaufplatten ohne Stufen,
  Aussparungen, Schalung u. ä.

- Längenmaß (m) Stützen, Balken, Stürze, Unterzüge,
  Stufen, Schlitze, Kanäle, Fugen, Schalung für
  Plattenränder u. ä.

- Anzahl (St) Stützen, Balken, Stürze, Unterzüge,
  Stufen, Aussparungen, Einbauteile, Abdeckungen,
  Schalung für Aussparungen u. ä.

- Gewicht (kg, t) Bewehrung, Unterstützungen,
  Einbauteile u. ä.

Nebenleistungen

Für die Ermittlung der Kosten einer Bauarbeit ist es wichtig, alles zu berücksichtigen, was zu ihr zu zählen ist, was also als Nebenleistung im Preis enthalten sein soll. Dazu gehören nach Abschnitt 04 das Auf-, Abbauen und Vorhalten von Gerüsten für die eigene Benutzungsdauer, die Zubereitung des Mörtels, der Schutz des jungen Betons, Gütenachweise von Stoffen und Bauteilen.

Besondere Leistungen

Es handelt sich hierbei um Leistungen, die auch besonders abzurechnen sind. Zu ihnen zählen Gerüstkosten über die eigene Benutzungsdauer hinaus, statische Berechnungen zur Standfestigkeit des Bauwerks, Aussparungen und Schlitze, Liefern und Einsetzen von Türen, Lichtschächten, Zargen u. ä., Dehnungsfugen, besondere Schutzmaßnahmen usw.

Abrechnung

Nach Abschnitt 5 erfolgt die Ermittlung der Leistung mit örtlichem Aufmaß oder nach Zeichnung. Dabei sind die Konstruktionsmaße zugrunde zu legen. Die Aufmaßregelung ist so vielfältig, daß oft der Text der VOB nicht genügt, daß vielmehr noch eine Erläuterung der VOB zugezogen werden muß. Wir wollen hier nur einige wichtige Regeln herausgreifen:

- Mauerwerk getrennt nach Arten, Geschossen und Dicken.
- Mauerwerk von OK Rohdecke bis OK Rohdecke, wenn es durchgeht, sonst nur die wirkliche Höhe.
- Bei Wanddurchdringungen wird nur die dickere Wand durchgemessen.
- Schornsteine werden in ihrer Achse von Oberfläche Fundament bis Oberfläche Dachhaut gemessen.
- Stahlbetondecken werden zwischen den äußeren Begrenzungen oder der Auskragung gerechnet.
- Bauteile mit Schrägen oder Ausklinkungen werden mit dem größten Maß gemessen.
- Balken werden von Unterseite Balken bzw. Sturz bis Unterfläche Deckenplatte gemessen.
- Bauteile, die durch vorgegebene Betonfugen oder anders voneinander abgegrenzt sind, jeweils mit tatsächlichen Maßen.
- Balken und Stützen werden bei Kreuzungen durchgemessen, wenn die Stützen schmaler sind.
- Bewehrung wird nach Zeichnung abgerechnet. Es gelten die Gewichte nach DIN-Normen. Abstandhalter, Montageeisen und Auswechselungen werden berücksichtigt, der Verschnitt dagegen nicht.
- Schalung in der abgewickelten geschalten Fläche.

3.3 Grundlagen für das Leistungsverzeichnis

Abzugsregelungen Auch bei Abzügen muß man sich an den Text der VOB, ggf. auch an die Erläuterungen, halten.

Bei Mauerarbeiten gelten beispielsweise folgende Regelungen für den Abzug:

- m^2 Öffnungen über 2,5 m^2
  durchgehende Bauteile über 0,5 m^2

- m^3 Öffnungen und Nischen über je 0,5 m^3;
  einbindende Bauteile über je 0,5 m^3
  Schlitze über je 0,1 m^2 Querschnitt.

Bei Betonarbeiten werden abgezogen:

- m^3 Öffnungen und Nischen über 0,5 m^3;
  Kanäle und Schlitze über 0,1 m^3 je m Länge;
  einbindende Bauteile über je 0,5 m^3.

- m^2 Öffnungen, Durchdringungen und Einbindungen über 2,5 m^2 Einzelgröße.

Geltungsbereiche Der Maurer hat die ATV mehrerer Bereiche zu beachten:

ATV DIN 18299 – Allgemeine Regelungen für Bauarbeiten jeder Art.
ATV DIN 18330 – Mauerarbeiten
ATV DIN 18331 – Beton- und Stahlbetonarbeiten
ATV DIN 18300 – Erdarbeiten
ATV DIN 18303 – Verbauarbeiten
ATV DIN 18305 – Wasserhaltungsarbeiten
ATV DIN 18306 – Entwässerungskanalarbeiten
ATV DIN 18308 – Drainarbeiten
ATV DIN 18335 – Stahlbauarbeiten
ATV DIN 18336 – Abdichtungsarbeiten
ATV DIN 18353 – Estricharbeiten
ATV DIN 18451 – Gerüstarbeiten

Weitere Hilfen stellen Musterleistungsverzeichnisse dar. Auch die von Lieferfirmen ausgearbeiteten LV-Muster können wertvolle Anleitungen geben.

3.4 Leistungsprogramm

Leistungsprogramme werden nur ausnahmsweise vom Unternehmer verlangt. Dem Bieter wird in diesem Fall relativ grob angegeben, welches Bauwerk der Bauherr wünscht, beim Maurer oder Bauingenieur könnte das bei schlüsselfertigen Bauten, Brücken oder Kläranlagen der Fall sein.

Vom Bieter wird also ein Angebot verlangt, das den Entwurf für die technisch, gestalterisch und wirtschaftlich beste Lösung einschließt.

3.5 LV-Rationalisierung

Um das Erstellen von Leistungsverzeichnissen rationeller zu gestalten, wurden verschiedene Standardisierungen angestrebt.

StLB-Standardleistungsbuch

Für die verschiedenen Bauarbeiten wurden Standardleistungsbücher geschaffen, für den Leistungsbereich Mauerarbeiten das StLB 012. Diese Bücher sollen besonders zur Verarbeitung in EDV-Anlagen geeignet sein.

Die Codierung 012 732 21 33 42 03 St bedeutet, wie aus der Abbildung nachvollzogen werden kann,

- 012 Mauerarbeiten
- 732 Zulage
- 21 zum Sichtmauerwerk, für das Übermauern von Öffnungen
- 33 mit Korbbogen, lichte Breite 1,51 bis 2,01 m
- 32 Wanddicke 17,5 bis 25 cm, Höhe der Übermauerung 25 cm
- 03 gemäß Zeichnung Nr. . . .

StLK-Standardleistungskatalog

Standardleistungskataloge wurden für Straßen-, Kanal- und Brückenbauarbeiten geschaffen. Sie sind in der Anwendung einfach, weil die ganzen Texte vorgefertigt sind und nur bei den auszuführenden Positionen die Mengen eingesetzt werden.

Jede Änderung der VOB erfordert die Überarbeitung der vorgefertigten Leistungsverzeichnisse. Umfangreiche Werke wie die Standardleistungsbücher sind dann nicht flexibel genug.

Massenermittlung

Im LV werden nur ungefähre Mengen (ca.) eingesetzt. Man sollte aber darauf achten, daß der Unterschied zur genauen Menge nicht größer als 10 % ist, weil sonst nach VOB Teil B, § 2, Preisänderungen möglich werden.

Beispiel aus dem StLB 012

T1	T2	T3	T4	T5	Einh.	Langtext	K.-Nr.	Kurztext
						9 Übermauern von Öffnungen und Nischen		
732						Zulage		Zulage
	1					zum Mauerwerk		
	2					zum Sichtmauerwerk		
	3					zum Verblendschalenmauerwerk		
	4					——————— mit Hintermauerung		
	5					zu den Trennwänden		
	6					....	21	
		1				für das Übermauern von Öffnungen		Übermauern
		2				——————— Öffnungen mit Anschlag		Übermauern
		3				——————— Nischen		Übermauern
		4				für	22	....
			1			mit scheitrechtem Bogen,		
			2			mit Segmentbogen,		
			3			mit Korbbogen,		
			4			mit Rundbogen,		
			5			mit Spitzbogen,		
			6			mit .... ,	31	
				1		lichte Breite bis 1,01 m.		B 1,01 m
				2		——————— über 1.01 bis 1.51 m.		B 1,51 m
				3		——————— über 1.51 bis 2.01 m.		B 2,01 m
				4		——————— über 2.01 bis 2.51 m.		B 2,51 m
				5		——————— über 2.51 bis 3.01 m.		B 3,01 m
				6		———————	32	....
					0	Wanddicke bis 12,5 cm,		
					1	——————— über 12,5 bis 17,5 cm,		
					2	——————— über 17,5 bis 25 cm,		
					3	——————— über 25 bis 31 cm,		
					4	——————— über 31 bis 37,5 cm,		
					5	——————— über 37,5 bis 50 cm,		
					6			
					7	——————— .... ,	41	
					0			
					1	Höhe der Übermauerung 12,5 cm.		
					2	——————— 25 cm.		
					3	——————— 37,5 cm.		
					4	——————— 50 cm.		
					5	———————	42	
				01	St			
				02	St	Ausführung	51	
				03	St	——— gemäß Zeichnung Nr.	51	
				04	St	——————— Einzelbeschreibung Nr.	51	
				05	St	———————	51	
						und Zeichnung Nr.	52	

3.6 Vom Leistungsverzeichnis zum Angebot

Prüfung der Vertragsunterlagen

Erhält der Bauunternehmer vom Bauamt oder Architekten die Angebotsunterlagen, so wird er oft feststellen, daß diese neben dem Leistungsverzeichnis weitere Bestandteile enthalten.

Nach allgemeinen Angaben und Vorbemerkungen folgen:

a) Besondere Vertragsbedingungen mit Regelung von Wasser- und Stromanschluß, Baufristen, Vertragsstrafen, Sicherheit für Gewährleistung usw.

b) Zusätzliche Vertragsbedingungen für die Ausführung, beispielsweise Angaben über Stoffe, Löhne, Stundenlohnarbeiten, Bautagesberichte usw.

c) Zusätzliche technische Vorschriften mit speziellen Angaben über die Ausführung.

Nebenangebot

Änderungen im Leistungsverzeichnis dürfen nicht vorgenommen werden. Wenn man technisch bessere oder preisgünstigere Verfahren bzw. Materialien anbieten will, muß das in einem gesonderten Schreiben, als Nebenangebot, geschehen.

Bedenken

Bedenken gegen die Art der Ausführung müssen schriftlich angemeldet werden. Ob das schon vor Auftragserteilung oder erst vor Beginn der Ausführung zweckmäßig ist, muß der Taktik des Unternehmers überlassen bleiben.

Angebot

Das Leistungsverzeichnis ist so aufgestellt, daß der Unternehmer nur noch seine Preise einsetzt, den Gesamtpreis errechnet und die Mehrwertsteuer hinzurechnet. Datum und Unterschrift dürfen nicht vergessen werden.

3.6 Vom Leistungsverzeichnis zum Angebot

MEURER BAU

Herrn
Alois Klett
Wollingerstr. 33
77777 Seestadt

Georg Meurer
Maurermeister
Wiesenstr. 15
77777 Seestadt
Tel. 0XXX-3 38 87
17.03.1997

Angebot / Rechnung x

über die Herstellung einer Garage mit Flachdach auf Ihrem Grundstück, Wollingerstr. 33, 77777 Seestadt.

Aufgrund unserer Besprechung unterbreite ich folgendes Angebot, dem die VOB zugrunde liegt, insbesondere DIN 18330 und DIN 18331.

Die Arbeiten könnten eine Woche nach Auftragserteilung begonnen und innerhalb von drei Wochen beendet werden.

Pos.	Menge ca.	Gegenstand	Einzelpreis DM Pf	Gesamtpreis DM Pf
1	10 m^3	Aushub für Fundamente, ca. 1,00 m tief und 0,40 m breit, in Boden Klasse 4, einschließlich Laden in bauseits gestellten Container	71,50	715,00
2	10 m^3	Fundamente aus B 15 herstellen	209,40	2.094,00
3	30 m^2	Garagenboden aus 15 cm Kiesschüttung, 12 cm Beton B 25 und 2,5 cm Zementestrich herstellen.	77,20	2.316,00
4	12 m^3	Mauerwerk, d=30 cm, aus HLz 2DF, in Mörtel Gruppe II herstellen.	625,70	7.508,40
5	36 m^2	Stahlbetondecke, d=18 cm, aus B 25, einschließlich 100 kg Betonstahlmatten, herstellen.	131,80	4.744,80
				17.378,20
		+ 15 % MwSt.		2.606,73
				19.984,93

Unterschrift

Beispiel eines vom Maurermeister gefertigten Angebots

4 Betriebliches Rechnungswesen

Wie oft hört man die so leicht hingeworfene Frage: »Wie geht's Geschäft?« Die Antworten: »Gut«; »Es könnte besser sein.«; »Wir haben viel Arbeit, aber zu schlechten Preisen«.

Wenn man dann aber nachhaken würde: »Hat der Betrieb Schulden? Wieviel?« oder »Wieviel Außenstände hat der Betrieb?« oder »Würde sich die Anschaffung eines Pritschenwagens, einer Laderaupe oder eines Baggers rentieren?« oder »Warum geht es trotz vieler Arbeit nicht so gut? Wurden zu niedrige Angebote abgegeben, wurde nicht richtig kalkuliert?« Kann der Maurermeister dann sich selbst eine klare Antwort geben?

4.1 Aufgaben des Rechnungswesens

Es muß Klarheit über alle den Betrieb betreffenden finanziellen Vorgänge geschaffen werden.

Grunddaten

Warum erlebt man bei Angebotseröffnungen (Submissionen) so unterschiedliche Preise? Unterstellen wir, daß jeder Bieter die Kosten nach bestem Wissen ermitteln wollte. Hat er keine umfassenden Kenntnisse gehabt? Fehlten ihm aussagekräftige Unterlagen? Fehlten Aufzeichnungen über die in der Vergangenheit entstandenen Kosten, die für die richtige Preisfindung entscheidend gewesen wären?

Ziele

Jeder Unternehmer hat Zielvorstellungen: Gute Arbeit zu guten Preisen, das bringt ein gutes Ansehen. Ein anderer will das mit vielen Aufträgen, überall sichtbar, erreichen, egal zu welchem Preis.

Existenzsicherung

Eines der wichtigsten Ziele, die Sicherung der Existenz des Unternehmens, darf nie außer acht gelassen werden. Es ist nur zu erreichen, wenn Gewinn erzielt wird und wenn das Unternehmen jederzeit fällige Verbindlichkeiten einlösen kann.

4.1 Aufgaben des Rechnungswesens

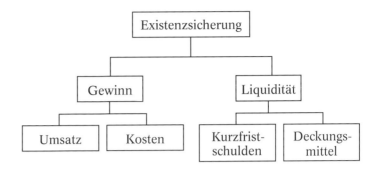

Wirtschaftlichkeit: Um die Wirtschaftlichkeit zu messen und zu vergleichen, können Kennzahlen gebildet werden.

$$\text{Wirtschaftlichkeit} = \frac{\text{Gewinn} \cdot 100}{\text{Umsatz}}$$

Liquiditätsgrad: Um die Liquidität meßbar zu machen, kann ein Vergleich zwischen flüssigen Deckungsmitteln und Kurzfristschulden aufgestellt werden.

$$\text{Liquiditätsgrad} = \frac{\text{Deckungsmittel} \cdot 100}{\text{Kurzfristschulden}}$$

Rentabilität: Wenn der Gewinn in Beziehung zum Kapital gesetzt wird und der erwirtschaftete Gewinn als »Verzinsung« des Kapitals ermittelt wird, liegt eine Kennzahl vor.

$$\text{Rentabilität} = \frac{\text{Gewinn} \cdot 100}{\text{Kapital}} = \text{Gewinn in \% vom Kapital}$$

Entscheidungshilfe Es ist unschwer zu ersehen, daß der Unternehmer beim Vorliegen von Daten der betrieblichen Kostenrechnung seine Entscheidungen über die Steuerung des Unternehmens sicherer treffen kann.

Übersicht Das auf der nächsten Seite abgebildete ipF-Integrationsmodell zeigt die Gebiete und Zusammenhänge des betrieblichen Rechnungswesens.

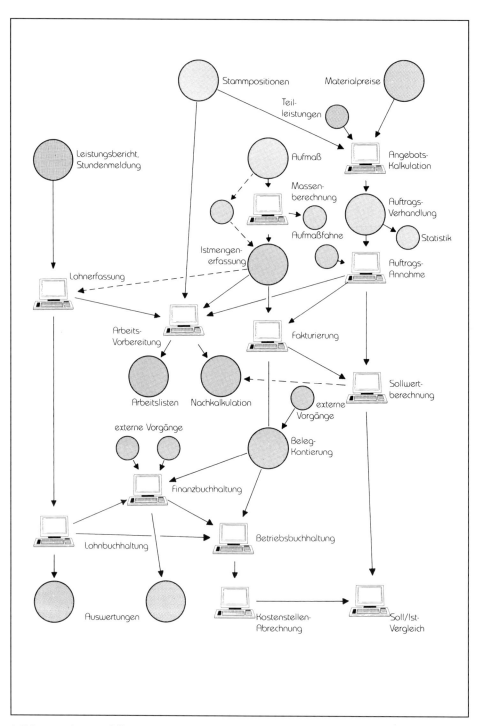

ipF-Integrationsmodell

4.2 Mittel und Wege der Kostenrechnung

Mit welchen Mitteln kann die Kostenrechnung die an sie gestellten Forderungen erfüllen?

Buchführung

Aufzeichnungen über Löhne, Mieten, Reparaturen, Einkauf, Kundenrechnungen, Telefongebühren, Lieferantenrechnungen, Fahrtkosten usw. sind erforderlich. Aber nicht so ungeordnet. Man muß gleiche Kostenarten zusammen ablegen, in Schachteln oder Schubladen, die man Konten nennt.

Eine Ordnung, die auch beim Umgang mit Behörden, Steuerberatern und Geschäftspartnern gleichgeartet ist und die Verständigung erleichtert, ist der Kontenrahmen.

Kontenrahmen der Bauwirtschaft

In der Bauwirtschaft unterscheidet der Musterkontenrahmen folgende Kontenklassen:

Klasse 1 Anlagevermögen
2 Umlaufvermögen
3 Eigen- und Fremdkapital
4 Kostenarten
41 Personalkosten
42 Verbrauchsstoffe
44 Geräte
45 Betriebs- und Baustellenausstattung
46 Hilfsleistungen
48 Sonstiges
5 Verwaltungs- und Baustellengemeinkosten
6 Hilfskostenstellen
7 Kosten der Baustellen und Nebenbetriebe
8 Betriebserträge
9 Neutrale Aufwendungen und Erträge
0 Abschlußkonten
01 Bilanz
02 Gewinn und Verlust
03 Betriebsergebnis

Diese allgemeinen Kontenklassen können je nach Erfordernis in beliebig viele Unterkonten unterteilt werden.

Da die Handwerker ihre Kenntnisse in der Buchführung oft in Lehrgängen, die für alle Berufsgruppen gemeinsam durchgeführt werden, erhalten, übernehmen sie die dort angebotenen Kontenklassen. Diese beschränken sich auf einige Kontenklassen und stützen sich auf bestimmte Buchführungssysteme. Oft wird die Durchschreibebuchführung, die jeweils Einzelkarteien für Kunden, Lieferanten, Fuhrpark usw. aus der Durchschreibung in übersichtlicher Form neben dem

	Journal bereitstellt, gewählt. Die zunehmende Bearbeitung in der EDV (Elektronische Daten-Verarbeitung) wird den Aufbau des Kontenplans an das jeweils vorhandene EDV-System anpassen.
Bilanz	Die Darstellung der Vermögens- und Ertragslage einer Unternehmung erfolgt mit der Bilanz. Sie stellt zu einem bestimmten Stichtag die Vermögensanteile (Aktiva) den Schulden (Passiva) gegenüber. Mindestens nach Ablauf eines Geschäftsjahres sollte eine Bilanz erstellt werden.
Gewinn- und Verlustrechnung	Die G+V-Rechnung zeigt als Gegenüberstellung von Aufwand und Ertrag nur Umsätze. Sie gibt Auskunft über die Unternehmertätigkeit, Änderung von Bilanzposten und Erfolgsquellen.
Betriebsabrechnungsbogen	Der BAB kann sehr weitgehend gegliedert werden und kann somit Auskunft über Kostenarten und deren Verteilung auf die Kostenstellen geben. Aus ihm können wichtige Daten für die Gestaltung und Durchführung der Angebotskalkulation entnommen werden.

Ein BAB könnte folgendermaßen gegliedert sein:

Nr.	Konten	Kostenarten / Kostenstellen	Baustellen	Lager Bauhof	Büro

5 Materialkosten

Jeder Bauunternehmer wird danach streben, seine Baustoffe so kostengünstig wie möglich zu besorgen. Nur große Betriebe können einen Teil des benötigten Materials ab Hersteller/Werk direkt beziehen. Im übrigen bietet der Baustoffhandel große Auswahl und schnelle Belieferung.

Es ist weiter zu berücksichtigen, daß meistens noch Kosten entstehen, bis die Stoffe an der Baustelle sind. Ausschlaggebend sind immer die Kosten, die das Material insgesamt verursacht, bis es an der Baustelle zur Verfügung steht.

5.1 Materialpreise

Es kann nicht Aufgabe dieses Buches sein, Preistabellen für eine große Anzahl von Baustoffen vorzustellen. Das muß den Preislisten von Baustoffherstellern und Händlern überlassen bleiben. Jeder Unternehmer wird sich örtlich oder regional um preisgünstige und zuverlässige Belieferung bemühen müssen.

Preisangebote

Im Baustoffhandel sind zwei Arten der Preisangebote zu unterscheiden:

a) Es besteht nur *eine* Preisliste. Auf die darin aufgeführten Preise gewährt der Händler Rabatte, die nach Art und Umfang der Abnahme gestaffelt sind.

b) *Mehrere* Preislisten werden erstellt. In jeder dieser Listen sind die Preise verschieden hoch. Die Nachlässe sind für die einzelnen Kundenkreise schon eingerechnet.

Dem Baubetrieb bleibt es überlassen, Preisvergleiche anzustellen und den für ihn günstigeren Lieferanten zu wählen.

Rabatte

Es ist unverständlich, warum sich Handwerker streiten, ob sie die Rabatte, auch wenn sie 10 bis 20% betragen, an den Kunden »weitergeben« sollen.

Wenn eine klare Übersicht in der Kostenrechnung eingehalten werden soll, muß der gewährte Rabatt zunächst abgezogen werden. Andernfalls würde es zur Vermischung der Kostenarten und eines möglichen Gewinns kommen. Eine »stillschweigende Aufrechnung« gegen eigene niedrige Angebotspreise, Skontogewährung u. ä. gehört nicht in eine geordnete Kalkulation.

Frachtkosten	Man hat zwei verschiedene Arten von Anfuhrkosten zu unterscheiden:
	a) Frachtkosten vom Lieferanten (Werk oder Großhändler) in das eigene Lager.
	b) Anfuhr zum Bau.
	Beide Beifuhrkosten können in Abhängigkeit von Transportmittel, Entfernung und Menge ermittelt werden.
Abladen	Sowohl im Lager als auch auf der Baustelle muß abgeladen und gestapelt werden. Die Baustellensituation, besonders die der Zufahrtswege, spielt eine große Rolle. Erfahrungswerte sollten gesammelt werden.
Kosten frei Bau	Den Baustoffpreisen sind also alle Kosten, die bis zum Abladen an der Baustelle anfallen, hinzuzurechnen. Mit den »Kosten frei Bau« kann dann weitergerechnet werden.
Bruch und Verhau	Mauersteine können beim Transport beschädigt oder zerbrochen werden. Beim Zuschneiden gibt es Abfall, der nicht mehr verwendet werden kann, den Verschnitt. Verluste durch Nachlässigkeiten bei der Verarbeitung oder durch Diebstahl auf nicht genügend gesicherten Baustellen sind möglich. Der Verlust ist entsprechend der Materialart, der Größe und Form der Bauteile einzuschätzen. Er läßt sich als %-Satz vom Nettopreis ermitteln, wenn man ihn auf diesen bezieht. Es muß nicht der Preis frei Baustelle als Grundlage dienen, obwohl das folgerichtiger erscheinen mag.

5.2 Lager-Bauhof

Wenn ein Bauunternehmer ein Lager und evtl. einen Musterraum unterhält, gelegentlich auch Baustoffe verkauft, muß er die dafür anfallenden Kosten berücksichtigen. Aus der Buchhaltung können diese entnommen werden.

Beispiel

Bei einem Materialeinkauf für 950.000,00 DM netto entstehen im Laufe des Jahres Kosten für:

Fracht	32.000,00 DM
Lager	43.000,00 DM
Musterraum	17.000,00 DM
Verwaltung	48.000,00 DM
Bruch und Veralterung	8.000,00 DM
	148.000,00 DM

Der Prozentsatz hierfür beträgt dann, bezogen auf den Netto-Einkaufspreis:

5.3 Materialarten und ihre Preise

$$\frac{100 \cdot 148.000}{950.000} = 15{,}58\%$$

1 m Rohr kostet ab Werk beispielsweise 26,80 DM. Das Werk gewährt 12% Rabatt.

Rohr ab Werk	26,80 DM
− 12% Rabatt	3,22 DM
Rohrpreis netto	23,58 DM
+ 15,58% Kosten	3,67 DM
	27,25 DM
+ 5% Wagnis + Gewinn	1,36 DM
Verkaufspreis ab Lager	28,61 DM

Die beiden Beispiele zeigen ein mögliches Berechnungsverfahren, welches vor allem bei Betrieben mit Baustoffverkauf gehandhabt werden kann. Für eigene Baustellen würde der Wagniszuschlag an dieser Stelle entfallen.

Man kann aber auch die Kosten für Lager und Musterraum in die Gesamtkosten des Unternehmens, die wir später noch zusammenstellen werden, einrechnen.

5.3 Materialarten und ihre Preise

Hier sollen nur die Hauptgruppen der benötigten Baustoffe zusammengestellt werden. Die angegebenen Preise entsprechen leicht abgewandelten Preislisten von Baustoffhändlern und Herstellerwerken. Sie sind für Übungszwecke im Rahmen dieses Buches geeignet.

5.3.1 Mauersteine

Mauerwerk wurde im Altertum und bis ins Mittelalter sehr häufig als Naturstein hergestellt, während man heute fast ausschließlich künstliche Steine verwendet.

Natürliche Steine

Wir unterscheiden drei Hauptgruppen von Naturgestein:

Erstarrungsgestein	Granit, Syenit
	Basalt, Basaltlava
	Porphyr
Sedimentgestein	Kalkstein
(Ablagerungsgestein)	Sandstein
	Tuffstein
	Grauwacke
Umwandlungsgestein	Marmor
	Gneis
	Schiefer
	Serpentin

Je nach Beschaffenheit der Steine und Art des Mauerwerks benötigt man 1,20 bis 1,30 m³ Steine für 1 m³ Mauerwerk.

Der Preis der Steine ist sehr unterschiedlich. Er hängt ab von der Bearbeitbarkeit, der Mauerwerksart und dem Transportweg. Deshalb soll hier auf Preisangaben verzichtet werden.

Künstliche Steine

Man hat heute die Wahl zwischen vielen Steinarten und Formaten. Regional werden von den Herstellerwerken nur einige davon hergestellt. Wir wollen uns hier auf einige der gebräuchlichsten Arten beschränken.

Formate
Abmessungen

Die Abmessungen der Steine sind so gestaltet, daß die Mauerwerksrichtmaße eingehalten werden können. Damit ergeben sich Wanddicken von 11,5; 17,5; 24; 30 und 36,5 cm. Die Schichthöhen gleichen sich ebenfalls an, wie aus der Abbildung ersichtlich ist.

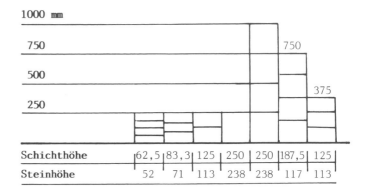

Die Formate werden mit Kurzzeichen gekennzeichnet.
Sie beziehen sich auf das Dünnformat (DF). Nachstehend sehen wir einige Beispiele, die in späteren Tabellen ergänzt werden:

Format-Kurzzeichen	Maße in mm		
	Länge	Breite	Höhe
DF	240	115	52
NF	240	115	71
2 DF	240	115	113
3 DF	240	175	113
4 DF	240	240	113
..		...	
..		...	
16 DF	490	240	238

5.3 Materialarten und ihre Preise

Mauerziegel DIN 105

Wir unterscheiden **Vollziegel** und **Vollklinker,** die gelocht oder ungelocht sein können. Beispielsweise kennzeichnet die Angabe Ziegel DIN 105 MZ 12-1,8-2 DF einen Vollziegel der Druckfestigkeitsklasse 12, der Rohdichte 1,8 im Format 2 DF.

Vollziegel

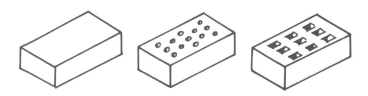

Hochlochziegel gibt es mit verschiedenen Lochungen. Die Bezeichnung Ziegel DIN 105 HLz A 12-1,2-2 DF gibt einen Hochlochziegel mit der Lochung A, der Druckfestigkeitsklasse 12 und der Rohdichte 1,2 im Format 2 DF an.

Hochlochziegel;   Lochung A   Lochung B

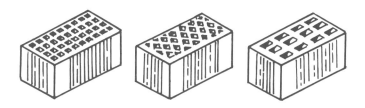

Leichthochlochziegel nach DIN 105, Teil 2, haben höchstens eine Rohdichte von 1,0 kg/dm^3. Sie sind aus Ton oder Lehm mit oder ohne porenbildende Stoffe geformt und gebrannt. Z. B. bedeutet die Angabe Ziegel DIN 105-HLzW 6-07-10 DF (300) einen Lcichthochlochziegel mit Lochung W, Druckfestigkeitsklasse 6, Rohdichte 0,7, Format 10DF für 30 cm Wanddicke.

Im Handel werden die mit porenbildenden Stoffen hergestellten Ziegel *(porosierte Ziegel)* oft Poroton-Ziegel, Unipor-Ziegel oder ähnlich bezeichnet, womit auf die besondere Wärmedämmung hingewiesen werden soll.

Regional sind die Preise für gleichartige **Mauerziegel** oft sehr unterschiedlich.

Die Frachtkosten werden, nach Frachtzonen gestaffelt, auf 1000 Stück Steine oder auf das Gewicht (Tonne) bezogen. Ersteres ist für den Kalkulator einfacher, da auch der Steinpreis ab Werk auf die Stückzahl bezogen ist.

Ziegelart	Format	l x b x h mm	DM/1000 St ab Werk	Fracht DM/1000 St Zone 1	Fracht DM/1000 St Zone 2
Mz 20-1,6	DF	240 x 115 x 52	620,00	40,00	60,00
	NF	240 x 115 x 71	740,00	50,00	85,00
	2 DF	240 x 115 x 113	880,00	90,00	140,00
	3 DF	240 x 175 x 113	1.350,00	120,00	310,00
KMz	DF	240 x 115 x 52	1.180,00	48,00	80,00
	NF	240 x 115 x 71	1.400,00	55,00	95,00
HLz 12-1,0	DF	240 x 115 x 52	520,00	40,00	65,00
	NF	240 x 115 x 71	430,00	40,00	60,00
	2 DF	240 x 115 x 113	500,00	60,00	75,00
	4 DF	240 x 115 x 238	950,00	110,00	130,00
	3 DF	240 x 175 x 113	740,00	85,00	100,00
	6 DF	240 x 175 x 238	1.520,00	155,00	190,00
	12 DF	495 x 175 x 238	2.740,00	250,00	350,00
HLz W 12-0,8	8 DF	495 x 115 x 238	1.920,00	210,00	240,00
	5 DF	300 x 240 x 113	1.230,00	125,00	175,00
	16 DF	495 x 240 x 238	3.420,00	335,00	440,00
	20 DF	495 x 300 x 238	4.200,00	360,00	505,00
HLz 12-09 verzahnt	8 DF	495 x 115 x 238	2.000,00	210,00	240,00
	12 DF	495 x 175 x 238	2.900,00	250,00	360,00
	16 DF	495 x 240 x 238	3.650,00	335,00	440,00
HLz 12-1,2	2 DF	240 x 115 x 113	650,00	60,00	90,00
	8 DF	495 x 115 x 238	2.600,00	235,00	370,00
	12 DF	495 x 175 x 238	3.980,00	290,00	370,00
	10 DF	300 x 240 x 238	3.250,00	245,00	360,00
	16 DF	495 x 240 x 238	4.100,00	320,00	400,00
HLz 20-1,4	6 DF	240 x 175 x 238	2.470,00	220,00	270,00
	5 DF	300 x 240 x 113	2.050,00	140,00	230,00
	10 DF	300 x 240 x 238	4.140,00	260,00	380,00
Porosierte Ziegel W 12-07	16 DF	495 x 240 x 238	4.000,00	330,00	430,00
	10 DF	300 x 240 x 238	2.900,00	230,00	340,00
	20 DF	495 x 300 x 238	5.000,00	320,00	410,00
	10 DF	240 x 300 x 238	2.900,00	245,00	360,00
W 12-08	12 DF	240 x 365 x 238	3.300,00	250,00	290,00
	6 DF	115 x 365 x 238	2.150,00	140,00	190,00
	15 DF	300 x 365 x 238	4.000,00	320,00	405,00
Mörtelfreie Stoßfuge 12-08	10 DF	300 x 240 x 238	2.660,00	225,00	280,00
	4 DF	115 x 240 x 238	1.130,00	110,00	130,00
	10 DF	247 x 300 x 238	2.700,00	210,00	330,00
	5 DF	115 x 300 x 238	1.350,00	100,00	150,00
	12 DF	247 x 365 x 238	3.300,00	260,00	340,00
	6 DF	115 x 365 x 238	1.700,00	100,00	145,00

5.3 Materialarten und ihre Preise

Kalksandsteine DIN 106

Folgende Arten von Kalksandsteinen unterscheidet die DIN 106:

Vollsteine	≦ 113 mm hoch, Löcher bis 15 % möglich
Lochsteine	≦ 113 mm hoch
Blocksteine	> 113 mm hoch, Löcher bis 15 % möglich
Hohlblocksteine	> 113 mm hoch
Vm	= Vormauersteine
Vb	= Verblender
ohne bes. Bezeichnung	= Voll- und Blocksteine
L	= Loch- und Hohlblocksteine

Die Bezeichnung

Kalksandstein DIN 106-KS Vm L-12-1,2-4 DF

bedeutet einen Kalksandstein als Vormauerstein mit ≦ 15 % Lochflächenanteil, Druckfestigkeitsklasse 12, Rohdichtklasse 1,2, Format 4 DF.

Preise in DM/1000 Stück **Kalksandsteine,** paketiert, 12 N/mm^2

Kalksandstein	Format	l x b x h mm	Gewicht kg/St	DM/1000 St
KS (Vollstein)	DF	240x115x 52	3,0	505,00
	NF	240x115x 71	3,7	425,00
	2 DF	240x115x113	5,8	530,00
	3 DF	240x175x113	8,5	800,00
	4 DF	240x240x113	12,5	1.170,00
	5 DF	300x240x113	13,8	1.325,00
KSL (Lochstein)	2 DF	240x115x113	4,0	495,00
	6 DF	365x115x238	16,0	1.520,00
	3 DF	240x175x113	6,0	745,00
	4 DF	240x240x113	8,5	1.060,00
	12 DF	365x240x238	25,0	2.680,00
	10 DF	240x300x238	21,0	2.220,00
	12 DF	240x365x238	25,0	2.680,00
KS (Vollblock)	6 DF	373x115x238	18,0	1.670,00
	6 DF	248x175x238	18,0	1.590,00
	8 DF	248x240x238	26,0	2.330,00
	10 DF	248x300x238	31,5	2.650,00
KSL (Hohlblock)	8 DF	498x115x238	21,0	2.750,00
	12 DF	498x175x238	26,3	3.685,00
	8 DF	248x240x238	19,0	2.290,00
	16 DF	498x240x238	31,5	3.650,00
	10 DF	248x300x238	21,0	2.220,00
	12 DF	248x365x238	25,0	2.680,00
KS Vb, 20 N/mm^2	DF	240x115x 52	3,0	650,00
	NF	240x115x 71	3,7	580,00
	2 DF	240x115x113	5,8	740,00
	3 DF	240x175x113	8,5	1.050,00

Aufpreise: Palettiert   5 %
             20 N/mm^2 10 %
             Frachtpreise nach gesonderter Liste

5.3 Materialarten und ihre Preise

Frachtkosten mit Lkw im Güternahverkehr

Entfernungen ab Werk	7 t-Satz	20 t-Satz	25 t-Satz
km	DM/1000 kg	DM/1000 kg	DM/1000 kg
12	12,12	8,18	7,28
14	13,10	8,86	7,87
16	14,05	9,50	8,44
18	15,13	10,13	9,02
20	15,58	10,42	9,24
23	16,52	11,04	9,77
26	17,31	11,63	10,28
29	17,90	12,00	10,63
32	18,40	12,32	10,92
35	18,95	12,75	11,30
38	19,07	12,94	11,49
41	19,53	13,29	11,78
44	20,40	13,94	12,38
47	21,50	14,59	12,98
50	22,55	15,26	13,55
55	24,38	16,34	14,51
60	26,20	17,40	15,47
65	28,01	18,43	16,40
70	29,82	19,57	17,38
75	31,63	20,71	18,30
80	33,44	21,84	19,32
85	35,15	22,97	20,29
90	37,03	24,09	21,29
95	38,80	25,24	22,27
100	40,58	26,36	23,27
105	42,61	27,65	24,35
110	44,48	28,82	25,40
115	46,42	30,03	26,45
120	48,31	31,22	27,49
125	50,21	32,42	28,52
130	52,10	33,61	29,56
135	54,00	34,80	30,59
140	55,90	35,99	31,63
145	57,80	37,19	32,66
150	59,69	38,38	33,70

Porenbeton-Steine

Derzeit bestehen die Bezeichnungen Porenbeton und Gasbeton noch nebeneinander. Man unterscheidet Blocksteine und Plansteine.

Porenbeton-Blocksteine Pb (Gasbeton G) nach DIN 4165, z. B. Porenbeton-Blockstein DIN 4165-Pb 2-0,5-490x300x240 (Gasbeton-Blockstein DIN 4165-G 2-0,5-490x300x240) in der Festigkeitsklasse 2, mit Rohdichte 0,5.

Blockstein	DM/m² Wandfläche	Fracht DM/m² bis km			
		20	40	60	100
G2/0,50 (Pb)					
11,5 cm dick	23,00	0,90	1,20	1,40	2,00
17,5 cm dick	35,00	1,45	1,85	2,20	3,15
24 cm dick	42,50	1,95	2,50	3,00	4,30
30 cm dick	53,10	2,50	3,15	3,70	5,40
G4/0,60 (Pb)					
11,5 cm dick	23,60	1,00	1,30	1,50	2,20
17,5 cm dick	35,90	1,60	2,00	2,40	4,40
24 cm dick	43,70	2,15	2,75	3,25	4,65
30 cm dick	54,60	2,70	3,40	4,05	5,95

Porenbeton-Plansteine PP (Gasbeton-Plansteine GP) für Dünnbett-Versetzung

Planstein	DM/m² Wandfläche	Fracht DM/m² bis km			
		20	40	60	100
GP 2/0,50 (PP)					
10 cm dick	23,00	0,85	1,10	1,30	1,90
15 cm dick	34,50	1,30	1,65	2,00	2,70
GP 2/0,40					
17,5 cm dick	40,25	1,35	1,70	2,05	3,00
20 cm dick	46,00	1,55	2,00	2,35	3,40
24 cm dick	50,90	1,90	2,40	2,80	4,05
30 cm dick	63,60	2,30	3,00	3,50	5,10
36,5 cm dick	77,40	2,85	3,60	4,30	6,20

Leichtbeton-Steine

Hohlblocksteine aus Leichtbeton Hbl nach DIN 18151 z. B. Hohlblock DIN 18151-3KHbl 2-0,7-20DF-300 mit 3 Kammern, Festigkeitsklasse 2, Rohdichte 0,7

5.3 Materialarten und ihre Preise

Preise ab Händler für Hohlblöcke aus Bimsbeton

490 x 240 x 238 mm	3,49 DM/St
490 x 300 x 238 mm	4,12 DM/St

Vollsteine und Vollblöcke aus Leichtbeton nach DIN 18152.

Vollsteine (V) sind bis 115 mm hoch,
   z. B. DIN 18152-V6-1,2-2 DF

Vollblock (Vb) mit 238 mm Höhe oder
Vollblock mit Schlitzen (VbS)
   z. B. DIN 18152-VbS 2-0,7-16 DF-240

Preise ab örtlichen Händlern für Vollsteine aus Bimsbeton

240 x 115 x 113 mm	0,79 DM/St
490 x 115 x 238 mm	2,28 DM/St
490 x 95 x 238 mm	2,00 DM/St

Betonsteine   Steine aus Normalbeton werden in verschiedenen Größen hergestellt und für Kellerwände oder zur Luftschalldämmung eingesetzt. Oft werden sie als

Beton-Schalungssteine geliefert,
   z. B. ab Händler zu folgenden Preisen:

500x250x250 mm	2,86 DM/St
500x300x250 mm	3,18 DM/St
500x175x250 mm	2,62 DM/St

Steinbedarf   Für den Maurermeister ist es zweckmäßig, die im Einzugsbereich des Betriebes üblichen Steine nach Formaten zusammenzustellen und den Bedarf an Steinen und Mörtel zu ermitteln.

Die nachfolgende Tabelle zeigt eine Möglichkeit, wobei die Anzahl der Steine ohne Bruch und Verhau angegeben ist, da dieser von der jeweiligen Gliederung des Mauerwerks abhängig ist. Der Mörtelbedarf ist einschließlich Verdichtung und Streuverlust angegeben.

Der einfacheren Handhabung wegen ist der Baustoffbedarf bei den Arbeitszeitwerten im Abschnitt 7.7 für die meisten üblichen Maurerarbeiten aufgeführt.

Format	Abmessung	Wand-dicke cm	Mauerziegel				Kalksandstein			
			m² Mauerwerk		m³ Mauerwerk		m² Mauerwerk		m³ Mauerwerk	
			Steine St	Mörtel l	Steine St	Mörtel l	Steine St	Mörtel l	Steine St	Mörtel l
DF	240 x 115 x 52	11,5	64	31			64	27		
		24	128	79	534	330	128	66	534	330
NF	240 x 115 x 71	11,5	48	28	–	–	48	24	–	–
		24	96	70	400	290	96	37	400	215
2 DF	240 x 115 x 113	11,5	32	20	–	–	32	17	–	–
		24	64	56	267	230	64	47	267	190
		36,5	96	90	263	245	96	74	263	200
3 DF	240 x 175 x 113	17,5	32	30	183	176	34	28	183	146
		24	46	48	190	200	46	40	190	166
4 DF	240 x 115 x 238	11,5	16	13	–	–	16	11	–	–
		24	32	41	134	170	32	34	134	140
		36,5	48	68	132	186	48	56	132	154
	240 x 240 x 113	24	32	42	134	175	–	–	–	–
5 DF	300 x 240 x 113	24	27	40	120	168	27	33	120	140
		30	32	50	107	166	32	42	107	138
6 DF	365 x 240 x 113	24	22	43	92	180	–	–	–	–
		36,5	32	59	88	160	–	–	–	–
8 DF	490 x 115 x 238	11,5	8	10	–	–	–	–	–	–
	240 x 240 x 238	24	16	28	67	117	–	–	–	–
10 DF	300 x 240 x 238	24	13	25	56	105	–	–	–	–
		30	16	34	54	115	–	–	–	–
12 DF	365 x 240 x 238	24	11	24	46	100	–	–	–	–
		36,5	16	36	44	98	–	–	–	–
16 DF	490 x 240 x 238	24	8	21	33	90	–	–	–	–
20 DF	490 x 300 x 238	30	8	26	27	90	–	–	–	–
24 DF	490 x 365 x 238	36,5	8	32	22	90	–	–	–	–

5.3 Materialarten und ihre Preise

Isolierschornsteine

Lichter Durchmesser cm	14	18	22	14	18	22
Außenmaß cm	34 x 34	38 x 38	42 x 42	34 x 48	38 x 54	42 x 60
Gewicht kg/stgm	85	105	125	115	145	170
DM/stgm frei Bau	82,40	103,70	140,60	103,00	126,50	159,60
Zuschläge DM/St für Putztüranschluß	37,70	38,80	43,00	37,70	38,80	43,00
Rauchrohranschluß	41,10	55,40	76,50	41,10	55,40	76,50
Grundpaket	243,50	254,20	282,40	243,50	254,20	282,40
Kragplatte	41,00	54,00	65,10	52,00	65,10	77,30
Abdeckplatte	44,00	57,00	68,10	56,00	69,00	81,30
Putztür	31,80	31,80	31,80	31,80	31,80	31,80
Putztür mit Vorsatzschale	77,50	79,60	92,00	77,50	79,60	92,00

5.3.2 Mörtel   Mauermörtel nach DIN 1053 besteht aus Bindemittel, Sand, Wasser und ggf. Zusätzen.

Man unterscheidet:
– Normalmörtel
– Leichtmörtel und
– Dünnbettmörtel

Bindemittel

Bindemittel	Lieferform, ab Werk		
	kg/Sack	DM/Sack	DM/t – Silo
Kalk DIN 1060			
Weißkalk 90 (Hydrat)			
CL 90	25	9,80	–
Hydraulischer Kalk, HL 3,5	25	10,30	195,00
Zement DIN 1164			
Portlandzement			
CEM I 32,5 R	25	6,30	200,00
CEM I 42,5 R	25	6,60	215,00
Portland-Puzzolanzement			
CEM II / AP 32,5	25	7,05	225,00
CEM II / AP 42,5	25	7,30	240,00
Hochofenzement			
CEM III / A 32,5 R	25	6,30	205,00
CEM III / A 42,5 R	25	6,60	220,00
Zement mit Sondereigenschaften			
CEM I 32,5 – NW / HS	25	7,00	220,00
CEM I 42,5 R-HS	25	7,50	235,00

Sand

Regional stehen verschiedene Mörtelsande zur Verfügung. Ihre Preise unterscheiden sich oft erheblich. Die Frachtkosten spielen eine große Rolle. Nachstehend werden einige Sande mit Preisen ab Lager (in Süddeutschland) aufgeführt.

Sandart	DM/t
Gewaschen, Körnung 0/4 mm	26,00
Brechsand, 0/4 mm	24,50
»Maurersand«	23,50

Wasser

Die zuzusetzende Wassermenge richtet sich meistens nach der gewünschten Geschmeidigkeit (Konsistenz). Auf Reinheit des Wassers ist zu achten. Die Kosten für das Wasser werden bei der Mörtelberechnung nicht berücksichtigt, da eine Berechnung unter den Gemeinkosten, die wir später kennenlernen, zweckmäßiger ist.

Zusätze

bestehen aus

a) Zusatzmitteln wie Verflüssiger, Dichtungsmittel, Erstarrungsbeschleuniger oder -verzögerer.

b) Zusatzstoffen wie Gesteinsmehl, Traß, Kunststoffdispersionen.

5.3 Materialarten und ihre Preise

Mörtelgruppen   DIN 1053 unterscheidet für Normalmörtel die Mörtelgruppen I, II, IIa, III und IIIa.

Der Stoffbedarf bei verschiedenen Mischungsverhältnissen wird nach der Stoffraumgleichung ermittelt:

$$\text{Gesamtraum} = \frac{\text{Masse Zement}}{\text{Dichte Zement}} + \frac{\text{Masse Zuschlag}}{\text{Dichte Zuschlag}} + \frac{\text{Masse Wasser}}{\text{Dichte Wasser}} + \text{Luftgehalt}$$

In folgender Tabelle ist eine Auswahl von Mörteln mit dem Stoffbedarf für 1 m³ fertigen Mauermörtel zusammengestellt:

Mörtelgruppe RT/GT		Bindemittel		2. Bindemittel		Sand	
		l	kg	l	kg	l	kg
I	Weißkalkh.						
	1:3	400	280			1200	1560
	1:4	300	150			1220	1585
II	Hydr. K. HL 5						
	1:3	390	390			1170	1520
	1:4	300	300			1200	1560
IIa	Weißk.-Hydr. +Zement						
	1:1:6	192	98	195	234	1170	1521
	2:1:8	280	280	140	168	1120	1456
III	Zement						
	1:3	390	477			1170	1520
	1:4	300	360			1200	1560

Die Kosten für Mörtel können mit diesen Tabellenwerten auf den abgebildeten Formblättern berechnet werden. Darin werden zuerst die Stoffkosten frei Bau und dann die Kosten für die Mischung berechnet. Im Beispiel werden die vorgenannten Stoffpreise ab Werk und die Frachtkosten der Kalksandsteine beim 7-t-Satz eingesetzt.

STOFFKOSTEN

Stoffbezeichnung	*Kalkhydrat*			*Zement CEM 32,5*			*Sand 0/4 mm*			
Lieferer	*NORD GmbH*			*NORD GmbH*			*Kieswerk Moll*			
Frachtentf. km	*23 km*			*23 km*			*29 km*			
Gesamtbedarf rd.	*2 t*			*1 t*			*25 t*			
Mengeneinheit	*25-kg-Sack*			*25-kg-Sack*			*t*			

		Std.	Lohn DM	Sonstige Ko. DM	Std.	Lohn DM	Sonstige Ko. DM	Std.	Lohn DM	Sonstige Ko. DM	Std.	Lohn DM	Sonstige Ko. DM
1	Preis ab Werk			*9 | 80*			*6 | 30*			*23 | 50*			
2	Fracht			*0 | 40*			*0 | 60*			*16 | 52*			
3	Anschluß, Zustell												
4													
5	Preis frei												
6	Um- und Abladen												
7	Anfuhr												
8													
9	Preis frei Bau			*10 | 20*			*6 | 90*			*40 | 02*			
10	Abladen, Stapeln	*0,03*			*0,03*			*0,10*					
11	Verlust 3 %			*0 | 31*			*0 | 21*			*1 | 20*			
	Preis je Mengeneinheit	*0,03*		*10 | 51*	*0,03*		*7 | 11*	*0,10*		*41 | 22*			

MÖRTEL

	Mischung: *Mörtelgruppe II (2 : 1 : 8)* Bestandteile usw.	Mengeneinheit	je Mengeneinheit			insgesamt		
			Std.	Lohn DM	Sonstige Kosten DM	Std.	Lohn DM	Sonstige Kosten DM
1	*Kalkhydrat 280 kg*	*11,2 Sack*	*0 | 03*		*10 | 51*	*0 | 21*		*117 | 71*
2	*Zement 170 kg*	*6,8 Sack*	*0 | 03*		*7 | 11*	*0 | 10*		*48 | 35*
3	*Sand 1 460 kg*	*1,46 t*	*0 | 10*		*41 | 22*	*0 | 15*		*60 | 18*
4								
5								
6								
7								
8								
9								
10	Mischen		*0 | 30*			*0 | 30*		
11	Betriebsstoff *2 kW / m³*				*0 | 25*			*0 | 50*
				je m³	*0 | 76*			*226 | 24*

5.3 Materialarten und ihre Preise

Werkmörtel

Nach DIN 18557 im Werk gemischter Mörtel. Man unterscheidet

- Werk-Trockenmörtel, der auf der Baustelle durch Zugabe von Wasser verarbeitbar wird.
- Werk-Vormörtel, wie a, jedoch mit Zusätzen. Ggf. werden auf der Baustelle noch weitere Bindemittel beigemischt.
- Werk-Frischmörtel, der gebrauchsfähig in geeigneter Konsistenz geliefert wird.

Werkmörtel gibt es als Normal-, Leicht- und Dünnbettmörtel.

Mörtelart	Lieferform, ab Werk				
	kg/Sack	l Frischm.	DM/Sack	DM/t-Silo	l Frischm.
Normalmörtel					
MGr. IIa					
mit Kalk-Zement	40	25	8,80	102,00	620
mit Hydr. Kalk	40	25	13,30	190,00	640
MGr. III	25	16	8,90	110,00	620
MGr. II als Reparatur- und Schlitzmörtel	25	40	19,20	–	–
Leichtmörtel					
LM 36	30	33	11,10	320,00	1100
LM 21	20	22	12,90	–	–
Dünnbettmörtel					
MGr. III	25		18,50	–	–

5.3.3 Beton

Nach DIN 1045 wird Beton aus Zement, Betonzuschlag, Wasser und ggf. Betonzusätzen hergestellt.

Man unterscheidet verschiedene Betonarten:
- nach der Trockenrohdichte Leicht-, Normal- und Schwerbeton;
- nach der Festigkeit:
  B I mit B 5, B10, B15, B25
  BII mit B35, B45
- nach dem Ort der Herstellung:
  Baustellenbeton und Transportbeton.

Zement, Wasser und Zusätze wurden im Abschnitt 3.5.2 beim Mörtel behandelt.

Betonzuschlag

Die Preisunterschiede sind regional sehr groß. Nachstehend werden verschiedene Kiesarten aufgeführt, auch solche, die nicht zur Betonherstellung, sondern zum Auffüllen verwendet werden.

Die Preise gelten ab Werk/Lager (in Süddeutschland).

Kiesart			DM/t
Sand	0/4 mm	gewaschen	25,80
Kies	4/8 mm	gewaschen	23,60
	8/16 mm	gewaschen	20,10
	16/32 mm	gewaschen	20,10
Kiessand	0/16 mm	gewaschen	23,80
	0/32 mm	gewaschen	22,70
Kiessand	0/32 mm	ungewaschen	18,75
	0/56 mm	ungewaschen	18,20
Wandkies	0/x mm	ungewaschen	17,20
Grobkies	32/63 mm	ungewaschen	18,20
Splitt	2/5 mm		26,10
	5/8 mm		24,70
	8/11 mm		24,70
	11/16 mm		25,20

Beton-Mischungen

Heute wird der Beton nur noch sehr selten auf der Baustelle gemischt. Trotzdem wollen wir einige Mischungsverhältnisse aufführen, aus denen die Kosten für den Baustellenbeton berechnet werden können.

Festigkeits-klasse	Konsistenz	Zement kg/m^3	Zuschlag kg/m^3	Körnung mm
B 5	KS	140	2100	0/32
	KP	160	2050	0/32
B10	KS	190	2070	0/32
	KP	210	2010	0/32
B15	KS	240	2030	0/32
	KP	300	1900	0/32
B25	KP	310	1920	0/32
	KR	340	1850	0/32

In einem Formblatt können, wie beim Mörtel, die Kosten für Baustellenbeton ermittelt werden.

5.3 Materialarten und ihre Preise

STOFFKOSTEN

		Std.	Lohn DM	Sonstige Ko. DM	Std.	Lohn DM	Sonstige Ko. DM	Std.	Lohn DM	Sonstige Ko. DM	Std.	Lohn DM	Sonstige Ko. DM
	Stoffbezeichnung	*Zement CEM 32,5*			*Kies 0/32 mm*								
	Lieferer	*SÜD AG*			*Kieswerk Hall*								
	Frachtentf. km	*20 km*			*29 km*								
	Gesamtbedarf rd.	*15 t*			*100 t*								
	Mengeneinheit	*t*			*t*								
1	Preis ab Werk			200 00			22 70						
2	Fracht			15 58			16 52						
3	Anschluß, Zuste.												
4													
5	Preis fei												
6	Um- und Abladen												
7	Anfuhr												
8	*Silomiete*			3 40									
9	Preis frei Bau			218 98			39 22						
10	Abladen, Stapeln		0,1										
11	Verlust *1 %*			2 19	(3 %)		1 18						
	Preis je Mengeneinheit			221 17	0,1		40 40						

BETON

	Mischung: *B 25, KR* Bestandteile usw.	Mengeneinheit	je Mengeneinheit			insgesamt		
			Std.	Lohn DM	Sonstige Kosten DM	Std.	Lohn DM	Sonstige Kosten DM
1	*Zement 340 kg*	*0,340 t*			221 17			75 20
2	*Kiessand 1 850 kg*	*1,850 t*	0,1		40 40	0 19		74 74
3								
4								
5								
6								
7								
8								
9								
10	Mischen *10 m³/h x 2 A*					0 20		
11	Betriebsstoff *3,5 kWh/m³*				0 25			0 88
				je m³	0 39			150 82

Transport-Beton   Je nach Kiesvorkommen und Anzahl der konkurierrenden Betonwerke schwanken die Preise. Nachstehend werden Preise eines Transportbetonwerkes im Bodenseegebiet aufgeführt.

Festigkeits-klasse	Zement-gehalt kg/m^3	Konsistenz	Größt-korn	DM/m^3 ab Werk	
				CEM 32,5R	CEM 42,5R
B 5	100	KS	32	97,00	98,00
B 5	140	KP	32	103,50	105,00
B10	160	KS	32	107,00	108,50
B10	180	KP	32	110,00	111,80
B15	240	KP	32	120,50	122,00
B25	300	KP	32	132,30	135,50
B25	350	KR	32	137,00	140,50
B35	330	KR	32	–	140,10
B35	340	KR	32	–	141,80
B45	370	KP	32	–	147,00
B25	300	KP	16	131,00	134,00
B35	330	KP	16	–	142,00

Für zusätzliche Leistungen werden beispielsweise nachfolgende Zuschläge berechnet:

Dichtungsmittel	DM	7,00 DM/m^3
Verzögerer	VZ	5,00 DM/m^3
Verflüssiger	BV	3,50 DM/m^3
Luftporenbildner	LP	5,00 DM/m^3
Heizzuschlag		6,00 DM/m^3

Frachtkosten sind im Bereich der Werke mit ca. 20,00 DM/m^3 anzusetzen. Es werden dafür immer volle Fuhren (3 m^3 bzw. 5 m^3) berechnet. Für das Entladen stehen in der Regel 30 Minuten zur Verfügung. Je angefangene Viertelstunde werden z. B. 15,00 DM erhoben.

5.3 Materialarten und ihre Preise

5.3.4 Stahl

Der Maurer hat sehr häufig Betonstahl, seltener Baustahl als Formstahl zu verarbeiten.

Betonstahl

Nach DIN 488 unterscheidet man Betonstabstahl (S) und Betonstahlmatten (M).

Betonstabstahl wird unterteilt in
BSt 420 S – Kurzzeichen III S und
BSt 500 S – Kurzzeichen IV S.

Im Handel wird fast nur noch der BSt IV S angeboten, auf den wir uns deshalb beschränken wollen.

Wenn wir die Angebotskalkulation durchführen, liegt uns nur das LV vor. Darin heißt es beispielsweise »Liefern und Verlegen von Betonstabstahl IV S ...... ca. 1.500 kg«. Der Preis ist von uns dann z. B. in DM/t einzusetzen.

Wenn wir die Preislisten des Stahlhandels anschauen, so werden wir feststellen, daß Grundpreise aufgeführt sind, zu denen für jeden Stabdurchmesser verschiedene Dimensionszuschläge berechnet werden. Außerdem werden je nach Abnahmemengen Rabatte gewährt oder Kleinmengenzuschläge erhoben.

Für die Kalkulation muß man sich Mittelwerte schaffen. Diese müßte man nach Bauobjekten, etwa Wohnhäuser, (mit vielen Stabstählen geringen Durchmessers), Geschäfts-/Verwaltungsbauten (mit mittleren Stabdurchmessern) und Industriebauten (mit wenigen Positionen bei großen Stabdurchmessern), staffeln.

Wir wollen uns auf den Wohnhausbau beschränken und dafür die nach dem Stabdurchmesser gestaffelten Preise ansetzen. Zur Vereinfachung teilen wir die Durchmesser in vier Gruppen mit etwa gleichen Preisen ein:

Stabdurchmesser mm	Grundpreis DM/t	Zuschlag DM/t	Gesamtpreis DM/t	Rabatt %	Nettopreis DM/t
6	ca. 500,00	580,00	1.080,00		
8, 10	ca. 500,00	470,00	970,00		
12, 14, 16	ca. 500,00	410,00	910,00		
20, 25, 28	ca. 500,00	415,00	915,00		

Dazu werden Zuschläge erhoben, beispielsweise
für jede Lieferposition 3,15 DM
für jeden Bügel   0,35 DM

Welchen Preis sollen wir für unsere Kalkulation verwenden? Man kann nur Mittelwerte bilden, weil jedes Bauobjekt verschieden ist. Viele Maurermeister vergleichen die Rechnungsbeträge von Stahllieferungen ähnlicher Bauten und setzen entsprechende Preise ein.

Man kann sich aber auch Mittelwerte aus den Stahllisten von ausgeführten Stahlbetonarbeiten errechnen. Wir wollen dazu zehn Wohnhausbauten (A–K) auswerten.

Wohn-haus	Betonstabstahl in kg								Anzahl der	
	Gesamt	ø 6	ø 8	ø 10	ø 12	ø 14	ø 16	ø 20	ø 25	Posit.	Bügel
A	1.245	68	244	276	250	41	300	65		101	475
B	1.555	145	213	545	228	155	220	40		97	453
C	3.477	168	630	522	690	900	400	165		145	850
D	3.247	257	460	1027	412	303	175	157	450	160	440
E	2.565	158	1050	300	380	207	165	300	15	118	1619
F	753	87	84	208	154	180	40			79	384
G	1.320	37	435	123	283	110	145	140	48	72	605
H	2.985	236	425	945	380	280	160	144	415	150	405
I	1.400	40	460	130	300	116	154	148	52	78	640
K	1.370	75	270	303	275	45	330	72		110	520
Summe	19.917	1271	4271	4379	3352	2337	2089	1231	980	1110	6391
Summe		1271	8650		7778		2211				
je Haus : 10	1992	127	865		778		221			111	639
%		100	6,4	43,4		39		11,2		56/t	320/t

5.3 Materialarten und ihre Preise

Damit läßt sich der Preis für den Betonstabstahl im Wohnungsbau ermitteln:

Durchmesser mm	Anteil %	Stahlpreis DM/t	Anteil DM/t
6	6,4	1.080,00	69,12
8, 10	43,4	970,00	420,98
12, 14, 16	39,0	910,00	354,90
20, 25, 28	11,2	915,00	102,48
Summe Betonstabstahl	100,00		947,48
Biegen	56 St x	3,15	176,40
Bügel	320 St x	0,35	112,00
Summe gebogener Stahl			1.235,88

Anfuhrkosten werden meistens nur bei Kleinmengen bis ca. 1.500 kg (z. B. 25,00 DM/Fuhre) oder bei erschwertem Transport berechnet.

Betonstahlmatten

Die Preise sind wie beim Stabstahl gestaffelt. Wir wollen uns auf Lagermatten beschränken und diese in drei Gruppen einteilen.

Lagermatten	DM/t
Q-Matten	970,00
R-Matten bis R 433	1.080,00
ab R 513 und K-Matten	1.035,00

Bei den zehn Wohnhausbauten ergaben sich folgende Mattenanteile:

Wohnhaus	Q-Matten St	R-Matten bis R 433 St	ab R 513 K-Matten St	Gesamt St	kg
A	7	79		86	2.440
B	19	102		121	3.420
C	22	154		176	5.320
D	8	36	45	89	4.500
E	59	160	39	258	6.560
F	9	56		65	1.830
G	36	101	7	144	4.535
H	15	22	38	75	3.825
I	17	78		95	2.680
K	39	103	8	150	4.115
Summe	231	891	137	1.259	39.225
je Bau : 10	23	89	14	126	3.923
%-Anteil der Matten	18,3	70,6	11,1	100	

Damit läßt sich der Preis für die Betonstahlmatten für den Wohnungsbau wie folgt ermitteln:

Matte	Anteil %	Stahlpreis DM/t	Anteil DM/t
Q-Matten	18,3	970,00	177,51
bis R 443	70,6	1.080,00	762,48
ab R 513 K-Matten	11,1	1.035,00	114,89
Summe	100		1.054,88

Abstandhalter i. M. 5,00 DM/Korb

Zuschläge, Rabatte und Anfuhrkosten können wie beim Betonstabstahl geregelt sein.

Profil-Stahl	Baustahlprofile werden als Walzstahl nach DIN 17100 als Baustahl St 37-2, St 37-3 und St 52-3 geliefert.

Da der Stahlhandel hierfür die Preise sehr detailliert nach Profilart und nach Menge staffelt, wollen wir nur ganz grob mittlere Preise nennen, die sich auf mittlere Profilgröße und auf Mengen von 200 kg bis 500 kg beziehen.

Profil	St 37-2	St 52-3
I	1,80 DM/kg	2,05 DM/kg
U	1,65 DM/kg	1,90 DM/kg
L	1,75 DM/kg	2,00 DM/kg

5.3.5 Entwässerung

Rohre (Preise ab Händler)

Steinzeug	Länge m	Einheit	Gewicht kg/Einh.	Einzelpreis DM/Einh.	Palettenabn. DM/Einh.
Steckmuffe L					
ø 100 mm	1,25	m	15	21,70	19,40
125 mm	1,25	m	19	26,60	23,80
150 mm	1,25	m	24	30,80	27,50
150 mm	1,50	m	24	29,15	26,25
200 mm	2,00	m	34	49,80	45,30
Steckmuffe K					
ø 200 mm	2,00	m	34	50,90	46,45
250 mm	2,00	m	47	69,55	63,40
Bögen					
100 mm		St	6	28,50	25,50
125 mm		St	7	34,25	30,75
150 mm		St	10	40,10	36,60
200 mm		St	14	96,70	84,20
Abzweige					
100/100		St	12	48,35	42,25
100/125		St	15	56,80	50,40
125/125		St	15	58,20	51,70
125/150		St	18	66,40	58,30
Sattelstücke einschl. Dichtung					
125 mm		St	7	122,40	108,20
150 mm		St	10	134,20	119,80

Steinzeug	Länge m	Einheit	Gewicht kg/Einh.	Einzelpreis DM/Einh.	Palettenabn. DM/Einh.
Übergänge					
100/125		St	6	43,40	38,20
100/150		St	7	52,60	46,30
125/150		St	7	52,60	46,30
Beton-Glocken-muffen Rohre einschl. Dichtung					
ø 100 mm	1,00	m	25	10,20	9,19
125 mm	1,00	m	32	13,30	12,10
150 mm	1,00	m	40	15,50	14,20
Bogen					
100 mm		St	10	16,10	15,30
125 mm		St	15	18,20	17,40
150 mm		St	20	20,50	19,60
Abzweige					
100/100		St	30	21,60	20,10
100/125		St	40	24,70	23,20
125/150		St	50	28,80	27,00

Rohre aus PVC-hart, einschl. Dichtung, in DM/Einheit ab Händler

	Einheit	ø 100 mm	ø 125 mm	ø 150 mm
0,50 m lang	St	9,90	11,70	18,50
1,00 m lang	m	16,10	18,65	28,80
2,00 m lang	m	14,80	16,95	26,30
5,00 m lang	m	14,10	16,25	24,65
Bögen (i. Mittel)	St	6,00	10,00	15,00
Abzweige				
ø 100 auf --	St	13,40	17,35	23,40
125 auf --	St		19,00	28,00
150 auf --	St			32,00
Übergänge				
125 auf --	St	7,00		
150 auf --	St	10,00	12,00	
Reinigungsrohr	St	46,50	60,00	74,00

5.3 Materialarten und ihre Preise

Drainrohre in DM/m

		Ø 80 mm	Ø 100 mm	Ø 125 mm
PVC, gelb	m	1,50	2,00	3,70
Beton	m		10,00	12,00
Ton	m		4,50	

Betonschächte

	Höhe cm	Gewicht kg/St	DM/St ab Händler
Betonring Ø 100	25	180	35,00
	50	380	42,00
mit Steigeisen	25		43,00
	50		58,00
Konus Ø 100/60	60	430	60,00
mit Steigeisen			66,00
Schachtunterteil mit Boden und Aussparung, Ø 100 cm	50	490	150,00
Ausgleichsring, Ø 60 cm	10	40	10,00
Abdeckungen, Ø 60 cm für Fußgängerbereich		20	40,00
mit 1,5 t Prüflast		50	63,00
mit 5 t Prüflast		50	75,00
mit 25 t Prüflast		125	140,00

Sonstige Entwässerungsgegenstände

Hofabläufe Ø 300 mm mit Geruchverschluß	148 kg/St	53,00 DM/St ab Händler
Aufsatz mit Eimer	20 kg/St	62,00 DM/St ab Händler
Kellerablauf mit GV aus Kanalguß	15 kg/St	95,00 DM/St ab Händler
aus Kunststoff	5 kg/St	25,00 DM/St ab Händler

5.3.6 Dämmstoffe Für die Wärme- und Schalldämmung werden verschiedene Dämmstoffe eingesetzt, von denen nachstehend einige aufgeführt sind:

Hartschaum in DM/m^2

Dicke	Polystyrol-Hartschaum	Extrudierter Polystyrol-Hartschaum
	z. B. Styropor	Styrodur
20 mm	2,50	9,00
30 mm	4,15	14,70
60 mm	7,55	26,60
80 mm	10,10	35,85
100 mm	12,60	44,80
120 mm	15,10	53,75

Mineralwolle in DM/m^2

Dicke	Mineralwollrollen Alu-kaschiert	Mineralwollplatten
	z. B. Rollisol	Rockwool
60 mm	–	6,80
80 mm	7,40	9,00
100 mm	7,57	11,25
120 mm	9,25	13,50

Korkplatten in DM/m^2

Dicke	Korkplatten
20 mm	9,00
30 mm	12,50
60 mm	23,00

5.3 Materialarten und ihre Preise 75

5.3.7 Dichtungsstoffe

(ab Lager, in mittleren Mengen)

Dichtungsbahnen	DM/Einheit
Bitumenpappe	
333 g/m², unbesandet, R11. 20 m²	22,00 DM/R11.
besandet R11. 10 m²	17,90 DM/R11.
500 g/m², unbesandet, R11. 20 m²	27,40 DM/R11.
besandet R11. 10 m²	21,50 DM/R11.
Bitumenpappe, besandet, R11. 10 m als Mauersperrbahn	
333 g/m², 11,5 cm breit	2,50 DM/R11.
17,5 cm	3,50 DM/R11.
24 cm	4,80 DM/R11.
30 cm	6,00 DM/R11.
36,5 cm	7,25 DM/R11.
500 g/m², 11,5 cm	2,85 DM/R11.
17,5 cm	4,00 DM/R11.
24 cm	5,50 DM/R11.
30 cm	6,80 DM/R11.
36,5 cm	8,30 DM/R11.
Alu-Dichtungsbahn 0,1 mm Einlage, R11. zu 10 m²	48,50 DM/R11.
Polyäthylen-Folie 160 My	0,60 DM/m²

Anstriche	Verbrauch je Anstrich	DM/l
Mit Lösungsmittel (z. B. Inerthol)	0,2 l/m²	
Gebindegröße 10 l		4,50
20 l		4,20
Lösungsmittelfrei (Dispersion)	0,2 l/m²	
Gebindegröße 14 l		2,60
33 l		2,30
Spachtelmassen (Dickbeschichtung)		
Lösungsmittelfrei	5 l/m²	
Gebindegröße 13 l		4,65
30 l		3,50

5.3.8 Holz

Man unterscheidet Vollholz (Sammelbegriff für Rundholz und Schnittholz), Brettschichtholz und Holzwerkstoffe (Tischlerplatten, Holzfaserplatten usw.). Wir wollen uns hier auf Vollholz beschränken.

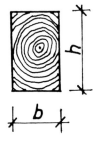

Baurundholz, Nadelholz	380,00 DM/m³
Bauschnittholz, Nadelholz Sortierklasse S 13 (I) Sortierklasse S 10 (II) Sortierklasse S 7 (III)	480,00 DM/m³ 460,00 DM/m³ 420,00 DM/m³

Besäumte Bretter und Bohlen	Dicke mm	DM/m²
Nadelholz	18	11,80
	24	15,80
	30	19,80
	40	26,50
	45	30,00
	50	33,40

Latten	b/h mm/mm	DM/m
	24/48	0,50
	30/50	0,68
	40/60	1,08
	60/60	1,50

Kanthölzer S 10	b/h cm/cm	DM/m
	8/10	3,68
	10/10	4,60
	10/12	5,52
	12/12	6,62
	12/14	7,73
	12/16	8,83

5.3.9 Sonstiges Wir wollen hier weitere Stoffe aufführen, die nicht zu den bisherigen Gruppen gehörten. Teils werden sie unter den Materialkosten als Baustoffe (Balkenanker) direkt, teils als Hilfsstoffe (Schalöl) zweckmäßigerweise über die Gemeinkosten, die wir später kennenlernen, verrechnet.

Nägel

Oberfläche	Abmessungen	DM/kg
unbehandelt	22 x 50 – 94 x 310	2,20
verzinkt	22 x 50 – 94 x 310	3,60

Holzschrauben

Abmessung	DM/Stück
6/ 80	0,10
8/ 80	0,13
8/100	0,16
10/200	0,90

Balkenanker

Größe	Abmessung mm	DM/Stück roh	DM/Stück verzinkt
I	450 x 26 x 6	3,30	4,25
II	500 x 32 x 6	4,40	5,90
III	550 x 40 x 6	5,80	7,60

Fundamenterder

40 mm breit	6,40 DM/m
60 mm breit	7,50 DM/m

Dreikantleisten

1,50 DM/m

Schalungsöl

in 20-Liter-Gebinde	3,60 DM/l
in 250-Liter-Gebinde	3,40 DM/l
Sprühgerät	180,00 DM
Sprühdüse	25,00 DM

6 Geräte- und Maschinenkosten

Für die Arbeiten des Maurermeisters sind, im Gegensatz zu anderen Baugewerken, zahlreiche Maschinen und Geräte erforderlich. Bei Anschaffung größerer Maschinen wirken sich deren Kosten auf die gesamte Kostenstruktur des Betriebes verhältnismäßig stark aus. Der Unternehmer muß in der Lage sein, die Maschinenkosten, zu denen auch die Kraftfahrzeuge gehören, zu ermitteln.

6.1 Grundlagen der Berechnung

Baugeräteliste

Das Baugewerbe orientiert sich hinsichtlich der Arten und der Kosten von Maschinen an der Baugeräteliste. Die letzte Auflage der BGL stammt aus dem Jahr 1991.

Anschaffungspreis

Der Anschaffungspreis ist den Katalogen des Baumaschinenhandels zu entnehmen. Überführungskosten und Preisnachlässe sind zu erkunden und mit zu berücksichtigen. MwSt. wird nicht eingerechnet.

Zusammensetzung der Gerätekosten

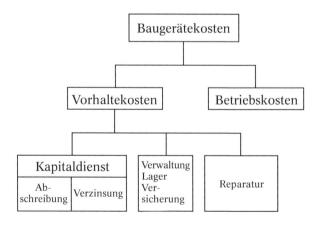

Vorhaltekosten

Allein der Besitz, das Vorhalten eines Gerätes, verursacht laufend Kosten. Die Wertminderung wird als Abschreibung für Abnützung berücksichtigt. Verzinsung bei Finanzierung über

6.1 Grundlagen der Berechnung

eine Bank ist ein weiterer Kostenfaktor. Selbst beim Einsatz von eigenem Kapital, für das man dann keine Zinsen von der Bank erhält, sollte auf Anrechnung dieser entgangenen Zinsen nicht verzichtet werden.

Kalkulatorische Kosten

Man nennt Kosten, die wie diese Zinsen nicht wirklich anfallen, kalkulatorische Kosten. Auch die Berechnung von Abschreibungen für schon voll bezahlte Maschinen zählt dazu.

AfA

Abschreibung für Abnutzung bedeutet, daß für den entstehenden Wertverlust Rücklagen zur Wiederbeschaffung, nach vollständiger Abnutzung, gebildet werden müssen. Diese Wertminderung durch Abnutzung hängt von der Einsatzzeit (=Vorhaltezeit) und auch von der technischen Veralterung ab.

Die Wertminderung ist zu Beginn am größten und nimmt dann geradlinig oder kurvenförmig ab.

Obwohl die degressive Abschreibung wirklichkeitsnäher ist, wird mit der linearen Abschreibung gerechnet, die für jede

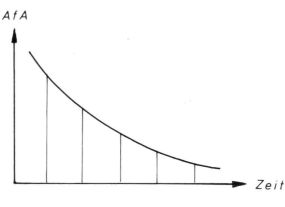

Degressive Abschreibung

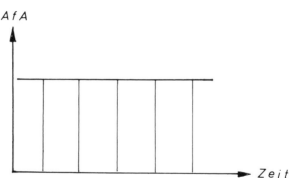

Lineare Abschreibung

Zeiteinheit, für ein Jahr oder einen Monat, gleich groß angesetzt wird.

Die jährliche Abschreibung beträgt:

$$\boxed{AfA = \frac{A}{n}}$$

A = Anschaffungspreis
n = Nutzungsdauer in Jahren

Die monatliche Abschreibung beträgt:

$$\boxed{a = \frac{A}{v}}$$

v = Vorhaltemonate insgesamt während der gesamten Nutzungsdauer n

$$\boxed{a = \frac{A}{n \cdot v_j}}$$

v_j = Vorhaltemonate pro Jahr. Dabei werden nur die Zeiten berücksichtigt, in denen sich das Gerät im Einsatz befindet.

Verzinsung

Wenn jährlich der gleiche Betrag linear abgeschrieben wird, so ist jedes aufeinanderfolgende Jahr ein gleichmäßig geringerer Betrag zu verzinsen, die Zinsen nehmen also von 0 bis n gleichmäßig ab. Es wäre aber zu aufwendig und unzweckmäßig, jedes Jahr mit einem anderen Zinsbetrag zu rechnen, deshalb setzt man, wie der Abbildung zu entnehmen ist, eine gleichmäßige Verzinsung vom halben Anschaffungspreis ein.

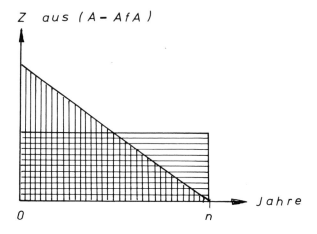

6.1 Grundlagen der Berechnung

Die jährliche Verzinsung beträgt:

$$Z = \frac{A \cdot p}{2 \cdot 100}$$

Die monatliche Verzinsung beträgt:

$$z = \frac{Z}{v_j} = \frac{A \cdot p}{2 \cdot 100 \cdot v_j}$$

Z = jährliche Verzinsung
z = monatliche Verzinsung je Vorhaltemonat
p = kalkulatorischer Zinsfuß

Die BGL verwendet diese Bezeichnung und will damit zum Ausdruck bringen, daß der Unternehmer wirkliche Zinsbelastung infolge Kreditaufnahme oder »kalkulatorische Zinsen« für Eigenkapital, die er bei entsprechender Kapitalanlage bei Banken erhalten würde, einzusetzen hat.

Reparaturkosten

Grundsätzlich könnten die Reparaturkosten für jedes Gerät gesondert ermittelt werden. Einfacher wäre der Betrag der Reparaturen für alle Geräte der Buchhaltung zu entnehmen. Verfügt man über viele Maschinen, so wird man sich an die BGL halten. Danach betragen die Reparaturkosten je Vorhaltemonat:

$$R = r \cdot A$$

r = Prozentsatz vom Anschaffungspreis, der je nach Maschine etwa 0,7 bis 3,0% beträgt.

In den Ansätzen der BGL ist der Sozialanteil der Reparaturlöhne nicht enthalten, so daß ein Lohnzuschlag Lz hinzuzurechnen ist. Dieser kann genau genug mit 40% der Reparaturkosten angesetzt werden. Die BGL rechnet z. Zt. mit 60% Stoffanteil zu 40% Lohnanteil.

Monatliche Vorhaltekosten

Die monatlichen Vorhaltekosten – ohne Berücksichtigung von Kosten für Verwaltung, Lagerplatz und Versicherung – betragen dann:

$$VK = a + z + 1{,}4 \cdot R$$

VK = Vorhaltekosten je Vorhaltemonat
a = Abschreibung je Vorhaltemonat
z = Verzinsung je Vorhaltemonat
R = Reparaturkosten je Vorhaltemonat

| Wiederbeschaffungs-preis | Die Berechnungen auf den Anschaffungspreis zu beziehen, ist bei den ständigen Preiserhöhungen problematisch. Es müßte ein Preis angesetzt werden, der zur Zeit der Wiederbeschaffung entstehen würde. Das Statistische Bundesamt stellt die Verteuerungen in Form von Indexfaktoren, die die Verteuerung für jedes Jahr angeben, auf. |

Preisindex

Danach betragen die Preissteigerungen in % pro Jahr:

1990	1991	1992	1993	1994
100	103,5	107,0	110,2	110,7 %

1995	1996
111,5	112 %

Für weitere zukünftige Jahre müßte man vorausschätzen.

Die BGL 1991 beginnt mit 100% für die Preise von 1990.

Obwohl eine genaue Berechnung der Kostenentwicklung verhältnismäßig einfach ist, genügt es, die Vorhaltekosten mittels Indexfaktor zu erhöhen.

Betriebskosten

Vorwiegend sind hier die Treibstoffkosten für Benzin, Diesel oder elektrischen Strom zu ermitteln. Das ist für jede Maschine oder gemeinsam für alle Maschinen möglich. Außerdem ist ein Betrag für Schmiermittel in Höhe von 10 bis 20% der Treibstoffkosten anzusetzen. Die Kosten für die Bedienung der Maschinen werden in der Regel bei den Lohnkosten verrechnet.

6.2 Berechnungsbeispiele für Maschinenkosten

Kfz-Kosten

Die Jahreskosten eines Lkw mit 4 t Nutzlast sollen berechnet werden. Der Anschaffungspreis sei hierbei 56.000,00 DM, die Nutzungsdauer n = 4 Jahre, die jährliche Vorhaltezeit 10 Monate, der kalkulatorische Zinsfuß p = 6,5%, der Reparatursatz r = 2,2% (nach BGL 91), Reifenkosten 3.900,00 DM bei 3 Nutzungsjahren. Die jährliche Fahrtstrecke wird mit 40 000 km angenommen.

$$\text{AfA} = \frac{A}{n} = \frac{56.000}{4} = 14.000,00 \text{ DM/Jahr}$$

$$Z = \frac{A \cdot p}{2 \cdot 100} = \frac{56.000 \cdot 6,5}{2 \cdot 100} = 1.820,00 \text{ DM/Jahr}$$

$$1{,}4\,R = 1{,}4 \cdot r \cdot A \cdot \text{Vorhaltemonate}$$
$$= 1{,}4 \cdot 2{,}2\% \cdot 56.000 \cdot 10 = 17.248,00 \text{ DM/Jahr}$$

$$\text{Reifen Afa} = \frac{3.900}{3} = 1.300,00 \text{ DM/Jahr}$$

Vorhaltekosten = 34.368,00 DM/Jahr

Betriebsstoffe

$$\frac{10\,l \cdot 1{,}10 \text{ DM/l} \cdot 40.000 \text{ km/Jahr}}{100 \text{ km}} = 4.400,00 \text{ DM/Jahr}$$

Schmierstoffe 10% = 440,00 DM/Jahr

Steuer und Versicherung = 2.800,00 DM/Jahr

Jährliche Lkw-Kosten = 42.008,00 DM/Jahr

Monatliche Kosten beim Einsatz (Vorhaltedauer) von 10 Monaten pro Jahr

42.008,00 DM : 10 Monate = 4.200,00 DM/Mon.

pro Tag
4.200,00 DM : 21 Tage = 200,00 DM/Tag

Kosten je gefahrenen km

$$\frac{\text{Jahreskosten}}{\text{Jahresstrecke}} = \frac{42.008,00 \text{ DM}}{40.000 \text{ km}} = 1,05 \text{ DM/km}$$

Kfz-Kosten in Abhängigkeit von Nutzungsdauer und jährlicher Fahrtstrecke

	Passat Variant 100 PS	Passat Variant 100 PS	VW-Diesel Kombi 2-Sitze 68 PS	VW-Diesel Kombi 8-Sitze 68 PS	VW-Diesel Pritschen-wagen 1t 75 PS
A n (Jahre)	32.700,00 7	32.700,00 5	34.700,00 5	37.600,00 6	34.400,00 5
AfA Z (6%) R (0,25 · A) Steuer + Vers.	4.671,00 981,00 8.175,00 1.300,00	6.540,00 981,00 8.175,00 1.300,00	6.940,00 1.041,00 8.675,00 1.600,00	6.267,00 1.128,00 9.400,00 1.600,00	6.880,00 1.032,00 8.600,00 1.950,00
Vorhalte-kosten	15.127,00	16.996,00	18.256,00	18.395,00	18.462,00
20.000 km/Jahr Betriebsstoff	3.300,00		2.200,00	2.200,00	2.400,00
Jahreskosten DM/km	18.427,00 0,92		20.456,00 1,02	20.595,00 1,03	20.862,00 1,04
25.000 km DM/km	19.177,00 0,77		21.000,00 0,84	21.145,00 0,85	21.462,00 0,86
30.000 km DM/km	19.927,00 0,66	21.796,00 0,73	21.550,00 0,72	21.695,00 0,72	22.062,00 0,74
35.000 km DM/km		22.546,00 0,64	22.100,00 0,63		
40.000 km DM/km		23.296,00 0,58			

Turmkran

Die Kosten für einen Turmkran, fahrbar, untendrehend, teleskopierbarer Turm, Laufkatzausleger, Nennlastmoment 35 tm, sollen berechnet werden.

Anschaffungspreis	175.000,00 DM
Nutzungsdauer	8 Jahre
Zinsen	7 %
Vorhaltemonate	7,5 Monate/Jahr
Tägliche Betriebszeit	6 Stunden/Tag
Monatlicher Reparatursatz	r = 1,1 %

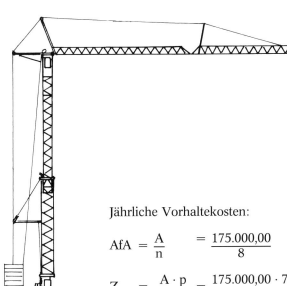

Jährliche Vorhaltekosten:

$$\text{AfA} = \frac{A}{n} = \frac{175.000,00}{8} = 21.875,00 \text{ DM/Jahr}$$

$$Z = \frac{A \cdot p}{2 \cdot 100} = \frac{175.000,00 \cdot 7}{2 \cdot 100} = 6.125,00 \text{ DM/Jahr}$$

Reparaturen $1,4 \cdot 1,1\% \cdot A \cdot v_j$
$= 1,4 \cdot 1,1\% \cdot 175.000,00 \cdot 7,5$ = 20.212,50 DM/Jahr

Jährliche Vorhaltekosten   48.212,50 DM/Jahr

Jährliche Betriebsstoffkosten

12 kW · 7,5 Mon./Jahr · 21 Tage/Mon.
· 6 Std./Tag = 11.340 kWh

Energiekosten

= 11.340 kWh · 0,30 DM/kWh   =   3.402,00 DM/Jahr
+ 10 % Schmierstoffe   =   340,20 DM/Jahr

Jährliche Kosten bei Betrieb   51.954,70 DM/Jahr
(im Einsatz)

Die monatlichen Kosten erhält man, indem die jährlichen Kosten durch die Anzahl der jährlichen Vorhaltemonate dividiert werden oder indem man, wie es üblich ist, die monatlichen Kosten direkt ermittelt. Zur Übung wollen wir das nachfolgend durchführen:

Monatliche Vorhaltekosten:

$$a = \frac{A}{n \cdot v_j} = \frac{175.000{,}00}{8 \cdot 7{,}5} = 2.916{,}70 \text{ DM/Monat}$$

$$z = \frac{A \cdot p}{2 \cdot 100 \cdot v_j} = \frac{175.000{,}00 \cdot 7}{2 \cdot 100 \cdot 7{,}5} = 816{,}70 \text{ DM/Monat}$$

$$1{,}4 \cdot R = 1{,}4 \cdot r \cdot A$$
$$= 1{,}4 \cdot 1{,}1\% \cdot 175.000{,}00 = 2.695{,}00 \text{ DM/Monat}$$

Monatliche Vorhaltekosten   6.428,40 DM/Monat

Betriebsstoffe

12 kW · 21 Tage/Mon. · 6 Std./Tag
= 1.512 kWh
Energiekosten = 1.512 kWh · 0,30   =   453,60 DM/Monat
+ 10 % Schmierstoffe   =   45,40 DM/Monat

Monatliche Kosten bei Betrieb   6.927,40 DM/Monat

Tägliche Vorhaltekosten
= 6.428,40 DM/Mon. : 21 Tage/Mon. =   306,11 DM/Tag

Tägliche Betriebskosten (im Einsatz)
= 6.927,40 DM/Mon. : 21 Tage/Mon. =   329,88 DM/Tag

Stündliche Kosten:

Beim Kraneinsatz interessieren diese nur hinsichtlich der Energiekosten, weil der Kran für viele Arbeiten mit unterschiedlichen Einsatzdauern eingesetzt wird. Abhängig sind die Kosten je Stunde von der täglichen Einsatzzeit, die hier im Beispiel mit sechs Stunden angesetzt wurde. Die Kosten bei Betrieb wären demnach 329,88 DM/Tag : 6 Std./Tag = 54,98 DM/Std.

Wenn die Krankosten einem Zimmerer, Dachdecker oder Fliesenleger in Rechnung gestellt werden sollen, so müssen die Maschinistenlöhne und weitere betriebliche Kosten, die wir später in Kap. 8 kennenlernen, hinzugerechnet werden.

Bagger Für einen Hydraulikbagger auf Raupenfahrwerk, Motorleistung 44 kW/60 PS, Tieflöffel-Inhalt 0,18 bis 0,55 m³.

Anschaffungspreis	160.000,00 DM
Nutzungsdauer	7 Jahre
Zinsen	6,5 %
Vorhaltemonate v_j	8 Monate/Jahr
Monatlicher Reparatursatz	$r = 1,8 \%$

Monatliche Vorhaltekosten:

$$a = \frac{A}{n \cdot v_j} = \frac{160.000,00}{7 \cdot 8} = 2.857,15 \text{ DM/Monat}$$

$$z = \frac{A \cdot p}{2 \cdot 100 \cdot v_j} = \frac{160.000,00 \cdot 6,5}{2 \cdot 100 \cdot 8} = 650,00 \text{ DM/Monat}$$

$$1,4 \cdot R = 1,4 \cdot r \cdot A$$
$$= 1,4 \cdot 1,8\% \cdot 160.000,00 = \underline{4.032,00 \text{ DM/Monat}}$$

Monatliche Vorhaltekosten 7.539,15 DM/Monat

Betriebsstoffe

0,15 l Diesel pro PS und Stunde
0,15 l/PS/h · 60 PS · 21 Tage · 8 Std./Tag
= 1.512 l Diesel/Monat

Treibstoffkosten = 1.512 l · 1,00 DM/l =	1.512,00 DM/Monat
Schmierstoffe 20 % =	302,40 DM/Monat
Monatliche Kosten bei Betrieb	9.353,55 DM/Monat

Kosten je Tag (bei Betrieb)
= 9.353,55 DM/Mon. : 21 Tage/Mon. = 445,40 DM/Tag

Kosten je Stunde (bei Betrieb)
= 445,40 DM/Tag : 8 Std./Tag = 55,68 DM/Std.

Die Lohnkosten für den Maschinisten sind zusätzlich zu berechnen.

Geräte- und Maschinenkosten-Tabellen

Eine Auswahl von Maschinen, die eine Bauunternehmung einsetzen kann, wird in Tabellenform zusammengestellt.

Es ist zu beachten, daß Nutzungsdauer und Vorhaltezeit (Einsatzdauer) entscheidenden Einfluß auf die Kosten haben. Jeder Betrieb muß deshalb nach seinen Verhältnissen diese Tabellenwerte korrigieren.

Die Anschaffungspreise sind auf 1992 bezogen, die Verzinsung ist mit 6,5 % angesetzt.

Die Betriebsstoffe werden wie in den beiden Beispielen angesetzt,

bei Dieselmotoren:
0,15 l Diesel pro PS und Stunde + 20 % für Schmierstoffe, bei einem Dieselpreis von 1,00 DM/l ergibt das 0,18 DM/PS/Std.

bei Elektromotoren:
z. B. 0,30 DM/kWh + 10 % für Schmierstoffe, also 0,33 DM/kWh.

Bei Baggern und Planierraupen gehen wir davon aus, daß sie während der Vorhaltezeit ständig im Einsatz sind, lediglich Rüstzeiten sind zu berücksichtigen. Alle anderen Maschinen werden mit einer täglichen Einsatzdauer von sechs Stunden gerechnet. Das ergibt jährlich die Anzahl der

Vorhaltemonate $(v_j) \cdot 21$ Tage/Monat $\cdot$ 6 Stunden/Tag.

Bei Elektromotoren entspricht das

$126 \cdot v_j \cdot kW \cdot 0{,}33$ DM/kWh.

Wir wollen die Berechnung am 1. Beispiel, dem Turmkran mit 11 tm Lastmoment, erläutern:

Jahreskosten

$$\text{AfA} = \frac{A}{n} = \frac{100.000{,}00}{7} = 14.285{,}00 \text{ DM/Jahr}$$

$$Z = \frac{A \cdot p}{2 \cdot 100} = \frac{100.000{,}00 \cdot 6{,}5}{2 \cdot 100} = 3.250{,}00 \text{ DM/Jahr}$$

Reparatur $= 1{,}4 \cdot R \cdot v_j$
$= 1{,}4 \cdot 1{,}1/100 \cdot 100.000{,}00 \cdot 7{,}5 \quad = 11.550{,}00$ DM/Jahr

Vorhaltekosten VK = AfA + Z + Rep.
$= 14.285{,}00 + 3.250{,}00 + 11.550{,}00 = 29.085{,}00$ DM/Jahr

Betriebsstoffkosten
$126 \cdot 7{,}5 \cdot 10 \cdot 0{,}33 \quad = 3.118{,}00$ DM/Jahr

Jährliche Krankosten bei Betrieb ergeben sich:
$29.085{,}00 + 3.118{,}00 \quad = 32.203{,}00$ DM/Jahr

6.2 Berechnungsbeispiele für Maschinenkosten

Die monatlichen Kosten errechnen sich aus den Jahreskosten dividiert durch die jährlichen Vorhaltemonate:

$a = \text{AfA} : v_j = 14.285,00 : 7,5 = 1.905,00$ DM/Monat

$z = Z : v_j = 3.250,00 : 7,5 = 433,00$ DM/Monat

$1,4 \cdot R = 1,4 \cdot R \cdot v_j : v_j$
$= 11.550,00 : 7,5 = 1.540,00$ DM/Monat

Vorhaltekosten VK $= VK : v_j$
$= 29.085,00 : 7,5 = 3.878,00$ DM/Monat

bei Betrieb $32.203,00 : 7,5 = 4.294,00$ DM/Monat

Den täglichen Kosten sind 21 Arbeitstage pro Monat zugrunde gelegt

tägl. Vk $=$ monatl. VK : 21 Tage
$= 3.878,00 : 21 = 184,67$ DM/Tag

Die Stundenkosten sind abhängig von der täglichen Einsatzdauer. Wenn wir davon ausgehen, daß die Maschinen (außer Erdbaumaschinen) sechs Stunden pro Tag in Betrieb sind, so ergibt das

Stündliche Vorhaltekosten
$=$ monatl. Vk : 21 Tage/Mon. : 6 Std./Tag
$= 3.878,00 : 126 = 30,78$ DM/Std.

bei Betrieb (im Einsatz)
$= 4.294,00 : 126 = 34,08$ DM/Std.

Bei Erdbaumaschinen wird mit einer täglichen Einsatzzeit von acht Stunden gerechnet.

Bei Kompressoren werden täglich z.T. weniger als sechs Betriebsstunden angesetzt.

Andere Geräte, z.B. Autokran und Gabelstapler, werden mit 4 Std./Tag in der Tabelle gerechnet.

Gerät	A	n	AfA	Z	$1{,}4 \cdot R \cdot v_j$	VK	Betrieb
				jährlich			
Turmkrane $v_j = 7{,}5;\ r = 1{,}1\,\%$							
untendrehend, fahrbar, teleskopierbarer Turm, Laufkatzausleger, (kW)							
Nennlastmoment							
11 tm (10)	100.000	7	14.285	3.250	11.550	29.085	32.203
16 tm (15)	115.000	7	16.430	3.738	13.283	33.451	38.129
20 tm (17)	135.000	8	16.875	4.388	15.293	36.556	41.857
50 tm (30)	240.000	8	30.000	7.800	27.720	65.520	74.876
mit Nadelausleger							
6 tm (7)	77.000	7	11.000	2.503	8.894	22.397	24.580
14 tm (14)	106.000	7	15.143	3.445	12.243	30.831	35.197
obendrehend, stationär, Laufkatzausleger							
45 tm (20)	169.000	8	21.125	5.493	19.520	46.138	52.375
80 tm (30)	243.000	8	30.375	7.898	28.067	66.340	75.696
Fahrwerk, passend zu							
45 tm	56.000	8	7.000	1.820	6.468	15.288	
80 tm	80.000	8	10.000	2.600	9.240	21.840	
Autokran $r = 1{,}3\,\%$							
20 tm, 10 m Ausleger	260.000	7	37.143	8.450	35.490	81.083	84.000
Schrägaufzüge $r = 1{,}1\,\%$							
teleskopierbar, fahrbar							
16 m 1,2 kW	11.000	7	1.571	358	1.271	3.200	3.350
22 m 1,2–3,6 kW	15.000	7	2.143	488	1.733	4.364	4.646
Benzin-Motor zusätzlich	3.500	7	500	114	404	1.018	
Gabelstapler $v_j = 7;\ r = 1{,}28\,\%$							
1 t 27 PS	59.000	8	7.375	1.918	7.400	16.693	19.600
3,5 t 52 PS	100.000	8	12.500	3.250	12.544	28.300	33.850

6.2 Berechnungsbeispiele für Maschinenkosten

			monatlich			tägl.	stündlich	
v_j	a	z	$1,4 \cdot R$	VK	Betrieb	VK	VK	Betrieb
7,5	1.905	433	1.540	3.878	4.294	184,67	30,78	34,08
7,5	2.191	498	1.771	4.460	5.084	212,38	35,40	40,35
7,5	2.250	585	2.039	4.874	5.581	232,10	38,68	44,29
7,5	4.000	1.040	3.696	8.736	9.983	416,00	69,33	79,23
7,5	1.467	334	1.186	2.986	3.277	142,19	23,70	26.00
7,5	2.019	459	1.632	4.111	4.693	195,76	32,63	37,25
7,5	2.817	732	2.603	6.152	6.983	292,95	48,83	55,42
7,5	4.050	1.053	3.742	8.845	10.093	421,19	70,20	80,10
7,5	1.067	243	862	2.038		97,07	16,18	
7,5	1.333	347	1.232	2.912		138,67	23,11	
7,5	4.952	1.127	4.732	10.811	11.200	514,81	128,70	133,33
7,5	209	48	169	427	447	20,33	5,08	5,32
7,5	286	65	231	582	619	27,71	6,93	7,37
7,5	67	15	54	136		6,48	1,62	
7	1.054	274	1.057	2.385	2.800	114,00	28,40	33,33
7	1.786	464	1.800	4.050	4.835	193,00	48,20	57,55

Gerät	A	jährlich					
		n	AfA	Z	$1,4 \cdot R \cdot v_j$	VK	Betrieb
Hydraulikbagger $v_j = 7,5$ Tieflöffel Raupenfahrwerk $r = 1,8\%$ kW/PS Löffelinhalt							
5,8/ 8 0,02 m³	35.500	5	7.100	1.154	6.710	14.964	16.778
11,6/16 0,04 m³	42.500	5	8.500	1.381	8.033	17.914	21.543
15,5/21 0,07 m³	62.000	5	12.400	2.015	11.718	26.133	30.896
19 /26 0,10 m³	67.000	5	13.400	2.178	12.663	28.241	34.138
$r = 1,6\%$							
60/81 0,14–0,90 m³	206.000	7	29.429	6.695	34.604	70.732	89.103
100/136 0,24–1,30 m³	300.000	7	42.857	9.750	50.400	103.007	133.852
132/180 0,60–2,80 m³	385.000	7	55.000	12.513	64.680	132.193	173.017
Radfahrwerk $r = 1,6\%$							
45/ 61 0,18–0,55 m³	160.000	7	22.857	5.200	26.880	54.937	68.772
60/ 81 0,20–0,80 m³	200.000	7	28.751	6.500	33.600	68.671	87.042
80/109 0,24–1,50 m³	256.000	7	36.571	8.320	43.008	87.899	112.621
Planierraupen $v_j = 7,5; r = 3,1\%$							
30/41 kW/PS	131.000	4	32.750	4.258	42.641	79.649	88.948
50/68	159.000	4	39.750	5.168	51.755	96.673	112.095
300/408	1.060.000	4	265.000	34.450	345.030	644.480	737.014
Raupenlader $r = 3,1\%$							
30/41 kW/PS	105.000	4	26.250	3.413	34.178	63.841	73.140
50/68 kW/PS	150.000	4	37.500	4.875	48.825	91.200	106.622
Radlader $r = 2,7\%$							
30/41 kW/PS	91.000	4	22.750	2.958	25.799	51.507	60.806
50/68 kW/PS	135.000	4	33.750	4.388	38.273	76.411	91.833
Vibrostampfer $v_j = 4; r = 2,6\%$							
Benzinmotor 26 kg	3.100	4	775	101	451	1.327	1.545
50 kg	4.500	4	1.125	146	655	1.926	2.180
Flächenrüttler							
35 cm breit	3.300	4	825	107	480	1.412	1.680
50 cm breit	4.900	4	1.225	159	713	2.097	2.495

6.2 Berechnungsbeispiele für Maschinenkosten

		monatlich					tägl.	stündlich	
	v_j	a	z	$1,4 \cdot R$	VK	Betrieb	VK	VK	Betrieb
	7,5	947	154	895	1.995	2.237	95,00	11,88	13,32
	7,5	1.133	184	1.071	2.389	2.872	113,76	14,22	17,10
	7,5	1.653	269	1.562	3.484	4.119	165,90	20,74	24,52
	7,5	1.787	290	1.688	3.765	4.552	179,29	22,41	27,10
	7,5	3.924	893	4.614	9.431	11.880	449,10	56,14	70,71
	7,5	5.714	1.300	6.720	13.734	17.847	654,00	81,75	106,23
	7,5	7.333	1.668	8.624	17.626	23.069	839,33	104,92	137,32
	7,5	3.048	693	3.584	7.325	9.170	348,81	43,60	54,58
	7,5	3.809	867	4.480	9.156	11.606	436,00	54,50	69,08
	7,5	4.876	1.109	5.734	11.720	15.016	558,10	69,76	89,38
	7,5	4.367	568	5.685	10.620	11.860	505,71	63,21	70,60
	7,5	5.300	689	6.900	12.890	14.946	613,81	76,73	88,96
	7,5	35.333	4.593	46.004	85.930	98.269	4.091,90	511,49	584,93
	7,5	3.500	455	4.557	8.512	9.752	405,33	50,67	58,05
	7,5	5.000	650	6.510	12.160	14.216	579,05	72,38	84,62
	7,5	3.033	394	3.440	6.868	8.107	327,05	40,88	48,26
	7,5	4.500	585	5.103	10.188	12.244	485,14	60,64	72,88
	4	194	25	113	332	386	15,80	2,63	3,06
	4	281	37	164	482	545	22,95	3,83	4,33
	4	206	27	120	353	420	16,80	2,80	3,33
	4	306	40	178	524	624	24,95	4,16	4,95

Gerät	A	n	AfA	Z	$1{,}4 \cdot R \cdot v_j$	VK	Betrieb
Betonmischer $v_j=7$; $r=2\%$							
Kipptrommelmischer							
Kleinm. 125 l (1, kW)	800	5	160	26	157	343	634
250 l (1,5 kW)	1.800	5	360	59	353	772	1.209
250 l (5,5 kW)	30.000	8	3.750	975	5.880	10.605	12.205
500 l (11 kW)	50.000	8	6.250	1.625	9.800	17.675	20.875
Tellermischer							
90 l (1 kW)	3.500	5	700	114	686	1.500	1.791
150 l (3 kW)	4.500	5	900	146	882	1.928	2.801
200 l (4 kW)	5.500	5	1.100	179	1.078	2.357	3.521
Betonmischanlage für Schnellmontage 55 m³/Std., 45 kW	210.000	6	35.000	6.825	41.160	82.985	96.083
Stahlsilo für Bindemittel und Fertigmörtel, $r = 1{,}0\%$							
10 t	8.500	8	1.063	276	833	2.172	
20 t	10.000	8	1.250	325	980	2.555	
Beton-Umschlagsilo $v_j = 5$; $r = 1{,}8\%$							
6 m³ (7 kW)	33.000	6	5.500	1.073	4.158	10.731	12.186
8 m³ (8 kW)	36.000	6	6.000	1.170	4.536	11.706	13.369
Innenrüttler $v_j=7$; $r = 3{,}4$							
ø 25 mm	3.400	3	1.133	111	1.133	2.377	2.800
ø 35 mm	3.500	3	1.167	114	1.166	2.447	2.850
ø 55 mm	3.800	3	1.267	124	1.266	2.657	3.100
Außenrüttler $r = 2{,}6$, 7 kN	1.500	4	375	49	382	806	1.000
Betonstahl-Schneidemaschine $v_j = 5$, $r = 1{,}8\%$	5.800	6	967	189	730	1.886	
Betonstahl-Biegemaschine $v_j = 5$, $r = 1{,}1\%$	15.000	10	1.500	488	1.155	3.143	
Biegetisch, 8 mm	4.800	8	600	156	370	1.126	
Biegemaschine für Betonstahlmatten $v_j = 4$; $r = 2{,}6$							
2,5 m breit	13.000	4	3.250	423	1.893	5.566	
für Drahtmatten, 2,5 m	1.500	4	375	49	382	806	

6.2 Berechnungsbeispiele für Maschinenkosten

		monatlich					tägl.	stündlich	
	v_j	a	z	$1,4 \cdot R$	VK	Betrieb	VK	VK	Betrieb
	7	23	4	22	49	91	2,33	0,39	0,72
	7	51	8	50	110	173	5,24	0,87	1,37
	7	536	139	840	1.515	1.744	72,14	12,03	13,84
	7	893	232	1.400	2.525	2.982	120,24	20,04	23,67
	7	100	16	98	214	256	10,19	1,70	2,03
	7	129	21	126	275	400	13,10	2,18	3,17
	7	157	26	154	337	503	16,05	2,67	3,99
	7	5.000	975	5.880	11.855	13.726	564,52	94,09	108,94
	7	151	39	119	310		14,76	2,46	
	7	179	46	140	365		17,38	2,90	
	5	1.100	215	835	2.146	2.437	102,19	17,03	19,34
	5	1.200	234	907	2.341	2.674	111,48	18,58	21,22
	7	162	16	162	340	440	16,19	2,70	3,17
	7	168	16	166	350	407	16,67	2,78	3,23
	7	181	18	181	380	443	18,10	3,02	3,52
	7	54	7	55	115	143	5,48	0,91	1,13
	5	193	38	146	377		17,95	2,99	
	5	300	98	231	629		29,95	4,99	
	5	120	31	74	225		10,71	1,79	
	4	813	106	473	1.392		66,29	11,05	
	4	94	12	96	202		9,60		

Gerät	A	jährlich					Betrieb
		n	AfA	Z	$1,4 \cdot R \cdot v_j$	VK	
Kompressoren $v_j = 4; r = 1,8\%$							
Schraubenkompressor, Dieselmotor, fahrbar							
11/15 kW/PS	12.000	6	2.000	390	1.210	3.600	4.960
15/20 kW/PS	17.000	6	2.833	553	1.714	5.100	6.900
24/33 kW/PS	21.500	6	3.583	699	2.167	6.499	9.440
E-Motor 22 kW	24.500	8	3.063	796	2.470	6.329	8.900
30 kW	26.500	8	3.313	861	2.671	6.845	10.400
Drucklufthammer $r = 4\%$							
6 kg	1.200	3	400	39	269	708	
13 kg	1.800	3	600	59	403	1.062	
18 kg	2.000	3	667	65	448	1.180	
Kleingeräte $r = 2\%$							
Baustellen-Kreissäge ø 400	2.100	6	350	68	294	712	1.006
El-Handkreissäge ø 210 mm	800	4	200	26	112	338	440
El. Handbohrmaschine	500	4	125	16	70	211	310
El. Trennschleifmaschine	800	4	200	26	112	338	440
Steintrennmaschine mit Diamanttrennscheibe ø 350 mm, 3 kW, r = 2,25	4.090	4	1.022	133	645	1.800	2.050
Bauwagen $v_j = 7,5; r = 1,8\%$							
einachsig 3,00 m	6.500	8	813	211	1.229	2.253	
3,50 m	7.000	8	875	228	1.323	2.426	
zweiachsig 4,00 m	9.000	8	1.125	293	1.701	3.119	
5,00 m	10.000	8	1.250	325	1.890	3.465	
Container 4,00 m	14.000	10	1.400	455	2.646	4.501	
6,00 m	17.500	10	1.750	569	3.308	5.627	
Baracken doppelwandig,							
je m² Grundfläche	350	7	50	11	66	127	
einwandig, je m² Gr. Fl.	150	7	21	5	28	54	
Baustellenabort r = 1,8%	2.220	10	222	72	420	714	
Toiletten-Waschbox	3.100	10	310	101	586	997	
Sanitärwagen 3,00 m	8.000	6	1.333	260	1.512	3.105	
4,00 m	10.500	6	1.750	341	1.985	4.076	

6.2 Berechnungsbeispiele für Maschinenkosten 97

			monatlich				tägl.	stündlich	
	v_j	a	z	$1{,}4 \cdot R$	VK	Betrieb	VK	VK	Betrieb
	4	500	98	303	900	1.240	42,86	7,14	9,84
	4	708	139	429	1.275	1.725	60,71	10,12	13,69
	4	896	175	542	1.612	2.360	76,76	12,79	18,73
	4	766	199	618	1.582	2.225	75,33	12,56	17,66
	4	828	215	668	1.711	2.600	81,48	13,58	20,63
	4	100	10	67	177		8,43	1,40	
	4	150	15	101	266		12,67	2,11	
	4	167	16	112	295		14,05	2,34	
	5	70	14	59	143	201	6,81	1,14	1,60
	5	40	5	22	68	88	3,24	0,54	0,70
	5	25	3	14	42	62	2,00	0,33	0,49
	5	40	5	22	68	88	3,24	0,54	0,70
	5	204	27	129	360	410	17,14	2,86	3,25
	7,5	108	28	164	300				
	7,5	117	30	176	323				
	7,5	150	39	227	416				
	7,5	167	43	252	462				
	7,5	187	61	353	600				
	7,5	233	76	441	750				
	7,5	7	2	9	17				
	7,5	3	1	4	8				
	7,5	30	10	56	96				
	7,5	41	13	78	132				
	7,5	178	34	202	414				
	7,5	233	45	265	543				

Gerät	A	jährlich				Betrieb
		n	AfA	Z	$1{,}4 \cdot R \cdot v_j$	VK	
Gerüste $v_j - 7$							
Stahlrohrgerüst, verzinkt, $r = 1\%$							
Rohr, 48,3 x 4,05 (m)	13	8	1,63	0,43	1,28	3,34	
Fußplatte, 15 x 15 (St)	10	8	1,25	0,33	0,98	2,56	
Spindelfußplatte (St)	26	8	3,25	0,85	2,55	6,65	
Kupplung (St)	10	8	1,25	0,33	0,98	2,56	
Rohrverbinder (St)	7	8	0,88	0,23	0,69	1,80	
Holzbohlen (m^2)	30	3	10,00	0,98	2,94	13,92	
Innenleiter, 2,15 m (St)	56	8	7,00	1,85	5,49	14,34	
Verankerung (St)	24	8	3,00	0,79	2,35	6,14	
Rahmengerüste $r = 1{,}8\%$							
feuerverzinkter Stahl, 1,0 m breit, Gerüstgr. 4–6 ganz mit Belägen, mit Leitern und Verankerung,							
Gerüstfeldlänge 3 m							
bei 100 m^2 je m^2	82	6	13,67	2,67	14,46	30,80	
bei 500 m^2 je m^2	76	6	12,67	2,47	13,41	28,55	
Gerüstfeldlänge 2,5 m							
bei 100 m^2 je m^2	90	6	15,00	2,93	15,88	33,81	
bei 500 m^2 je m^2	84	6	14,00	2,73	14,82	31,55	
0,7 m breit, Gerüstgr. 3							
Gerüstfeldlänge 3 m							
bei 100 m^2 je m^2	69	6	11,50	2,24	12,17	25,91	
bei 500 m^2 je m^2	64	6	10,67	2,08	11,29	24,04	
Gerüstfeldlänge 2,5 m							
bei 100 m^2 je m^2	76	6	12,67	2,47	13,41	28,55	
bei 500 m^2 je m^2	71	6	11,83	2,31	12,52	26,66	
Aluminium 0,7 m breit, Gerüstgr. 3							
Gerüstfeldlänge 3 m							
bei 100 m^2 je m^2	79	6	13,17	2,57	13,94	29,68	
bei 500 m^2 je m^2	69	6	11,50	2,24	12,17	25,91	
Gerüstfeldlänge 2,5 m							
bei 100 m^2 je m^2	83	6	13,83	2,70	14,64	31,17	
bei 500 m^2 je m^2	74	6	12,33	2,41	13,05	27,79	

6.2 Berechnungsbeispiele für Maschinenkosten

			monatlich				tägl.	stündlich	
	v_j	a	z	$1{,}4 \cdot R$	VK	Betrieb	VK	VK	Betrieb
	7	0,23	0,06	0,18	0,48				
	7	0,18	0,05	0,14	0,37				
	7	0,47	0,12	0,36	0,95				
	7	0,18	0,05	0,14	0,37				
	7	0,13	0,03	0,10	0,26				
	7	1,43	0,14	0,42	1,99				
	7	1,00	0,26	0,78	2,04				
	7	0,43	0,11	0,34	0,88				
	7	1,95	0,38	2,07	4,40				
	7	1,81	0,35	1,92	4,08				
	7	2,14	0,42	2,27	4,83				
	7	2,00	0,39	2,12	4,51				
	7	1,64	0,32	1,74	3,70				
	7	1,52	0,30	1,61	3,43				
	7	1,81	0,35	1,92	4,08				
	7	1,69	0,33	1,79	3,81				
	7	1,88	0,37	1,99	4,24				
	7	1,64	0,32	1,74	3,70				
	7	1,98	0,38	2,09	4,45				
	7	1,76	0,34	1,86	3,97				

Gerät	A	jährlich					Betrieb
		n	AfA	Z	$1{,}4 \cdot R \cdot v_j$	VK	
Konsolgerüste r = 2,0 %							
Betonierkonsole (St)	180	6	30,00	5,85	35,28	71,13	
Konsolgerüstböcke, verzinkt (St)	175	6	29,17	5,69	34,30	69,16	
Geländerpfosten (St)	30	6	5,00	0,98	5,88	11,86	
Bohlen s. oben							
Auslegergerüst							
IPE 100 St 37 (m)	8	6	1,33	0,26	1,57	3,16	
Rundstahl Ø 10 mm (m)	je Einsatz	....	....	....	....	....	....
Keile	je Konsole und Einsatz	....	....	....	....	....	....
Geländerpfosten s. oben							
Bohlen s. oben							
aus Kantholz 10/16 (m)	8	3	2,67	0,26	1,57	4,50	

6.2 Berechnungsbeispiele für Maschinenkosten

	monatlich						tägl.	stündlich	
	v_j	a	z	$1{,}4 \cdot R$	VK	Betrieb	VK	VK	Betrieb
	7	4,28	0,84	5,04	10,16				
	7	4,17	0,81	4,90	9,88				
	7	0,71	0,14	0,84	1,69				
	7	0,19	0,04	0,22	0,45				
					1,20				
					0,20				
	7	0,38	0,04	0,22	0,64				

Gerät	A	jährlich				Betrieb
		n	AfA	Z	$1{,}4 \cdot R \cdot v_j$	VK	

Gerät	A	n	AfA	Z	$1{,}4 \cdot R \cdot v_j$	VK	Betrieb
Schalungen							
Konventionelle Schalung							
aus Holz nach Holzpreisen							
(bei Materialkosten Kap. 5)							
Großflächenschalung							
mit Stahlkonstruktion und							
21 mm Multiplexplatte							
$v_j = 6$; $r = 3{,}3\%$							
1,0x3,0 bis 5,0x5,0 m (m²)	350	5	70	11	97	178	
Gurtträger (m)	60	5	12	2	17	31	
Ecklasche (St)	150	5	30	5	42	77	
Verbundlasche (St)	40	5	8	1	11	20	
Kranbügel (St)	190	5	38	6	53	97	
Keilschraube (St)	8	2	4	0	2	6	
mit Holzkonstruktion							
1,0x2,8 bis 4x4 m (m²)	325	4	81	11	90	182	
Zubehör wie bei Stahl							
Rahmenschalung							
Kranabhängig, $v_j = 9$							
Stahlrahmen $r = 2{,}5\%$							
Element 300/250 cm (St)	2.400	6	400	78	756	1.234	
300/100 cm (St)	950	6	158	31	299	488	
300/ 25 cm (St)	600	6	100	20	189	309	
250/250 cm (St)	2.300	6	383	75	725	1.183	
250/100 cm (St)	850	6	142	28	268	438	
250/ 25 cm (St)	500	6	83	16	158	257	
Innen- 300/ 25 cm (St)	700	6	117	23	221	361	
ecke 250/ 25 cm (St)	620	6	103	20	195	318	
Außenecke	90	6	15	3	28	46	
Schalschloß	40	4	10	1	13	24	
Paßstück, 5 cm	100	6	17	3	32	52	
Ausgleichsblech, 50 cm	260	6	43	8	82	133	
Richtstütze Gr. 2	110	6	18	4	35	57	

6.2 Berechnungsbeispiele für Maschinenkosten

		monatlich					tägl.	stündlich	
	v_j	a	z	$1{,}4 \cdot R$	VK	Betrieb	VK	VK	Betrieb
	6	12	2	16	30				
	6	2	0	3	5				
	6	5	1	7	13				
	6	1	0	2	3				
	6	6	1	9	16				
	6	1	0	0	1				
	6	14	2	15	31				
	9	44	9	84	137				
	9	18	3	33	54				
	9	11	2	21	34				
	9	43	8	81	131				
	9	16	3	30	49				
	9	9	2	18	29				
	9	13	3	24	40				
	9	11	2	22	35				
	9	2	0	3	5				
	9	1	0	2	3				
	9	2	0	4	6				
	9	5	1	9	15				
	9	2	0	4	6				
	v_j	a	z	$1{,}4 \cdot R$	VK	Betrieb	VK	VK	Betrieb

Gerät		A	jährlich					Betrieb
			n	AfA	Z	$1{,}4 \cdot R \cdot v_j$	VK	
Kranunabhängig, Stahl-Aluminium-Rahmen								
Element	270/135 cm (St)	950	6	158	31	299	488	
	270/ 90 cm (St)	650	6	108	21	205	334	
	270/ 50 cm (St)	500	6	83	16	158	257	
	270/ 25 cm (St)	440	6	73	14	139	226	
	135/135 cm (St)	550	6	92	18	173	283	
	135/ 50 cm (St)	320	6	53	10	101	164	
Innenecke	270/25 cm (St)	570	6	95	19	180	294	
	135/25 cm (St)	410	6	68	13	129	210	
Außenecke	270 cm (St)	310	6	52	10	98	160	
	135 cm (St)	200	6	33	7	63	103	
Schalschloß		32	4	8	1	10	19	
Ausgleichsholz		50	4	13	2	16	31	
Aluminium-Rahmen für Wand und Decke								
Element	264/75 cm (St)	530	6	88	17	167	272	
	264/50 cm (St)	450	6	75	15	142	232	
	264/25 cm (St)	380	6	63	12	120	195	
	132/75 cm (St)	320	6	53	10	101	164	
	132/50 cm (St)	280	6	47	9	88	144	
	132/25 cm (St)	245	6	41	8	77	126	
Jochträger	264 cm (St)	265	6	44	9	83	136	
	132 cm (St)	145	6	24	5	46	75	
Innenecke	264/20 cm (St)	240	6	40	8	76	124	
	132/20 cm (St)	145	6	24	5	46	75	
Außenecke	264 cm (St)	200	6	33	7	63	103	
	132 cm (St)	120	6	20	4	38	62	
Schal-schloß	für Joch (St)	30	4	8	1	9	18	
	für Element (St)	20	4	5	1	6	12	
Ausgleichs-blech	264/50 cm	290	6	48	9	91	148	
	132/50 cm	170	6	28	6	54	88	

6.2 Berechnungsbeispiele für Maschinenkosten

		monatlich				tägl.	stündlich	
v_j	a	z	$1{,}4 \cdot R$	VK	Betrieb	VK	VK	Betrieb
9	18	3	33	54				
9	12	2	23	37				
9	9	2	18	29				
9	8	2	15	25				
9	10	2	19	31				
9	6	1	11	18				
9	11	2	20	33				
9	8	1	14	23				
9	6	1	11	18				
9	4	1	7	12				
9	1	0	1	2				
9	2	0	2	4				
9	10	2	18	30				
9	8	2	16	26				
9	7	1	13	22				
9	6	1	11	18				
9	5	1	10	16				
9	5	1	8	14				
9	5	1	9	15				
9	2	1	5	8				
9	4	1	9	14				
9	3	1	5	8				
9	4	1	7	12				
9	2	1	4	7				
9	1	0	1	2				
9	0	0	0	1				
9	5	1	10	16				
9	3	1	6	10				

Gerät	A	jährlich					Betrieb
		n	AfA	Z	$1,4 \cdot R \cdot v_j$	VK	
Rundsäulenschalung $v_j = 4; r = 2,5\%$							
3,00 m hoch ø 30 cm	2.513	6	419	82	352	853	
ø 40 cm	2.981	6	497	97	417	1.011	
Aufstockung ø 30 cm	1.379	6	230	45	193	468	
1,00 m hoch ø 40 cm	1.540	6	257	50	216	523	
Kleinflächen-Rahmen-Leichtschalung, $v_j = 9; \ r = 2,5\%$							
Element 150/ 90 cm	320	6	27	10	101	164	
150/ 60 cm	270	6	45	9	85	139	
150/ 30 cm	163	6	27	5	51	83	
120/ 60 cm	225	6	38	7	71	116	
120/ 30 cm	135	6	23	4	43	70	
90/120 cm	225	6	43	8	80	131	
90/ 60 cm	165	6	28	5	52	85	
90/ 30 cm	110	6	18	4	35	57	
Ausgleich 150/ 15 cm	95	6	16	3	30	49	
120/ 15 cm	80	6	13	3	25	41	
90/ 15 cm	65	6	11	2	20	33	
Ecke 150 cm	235	6	39	8	74	121	
120 cm	195	6	33	6	61	100	
90 cm	150	6	25	5	47	77	
Zubehör wie Riegel, Stecklasche usw. kann mit ca. 10% Zuschlag berücksichtigt werden							
Verankerung Spannanker DW 15							
0,85 m (St)	4,50	5	0,90	0,15	1,42	2,47	
1,00 m (St)	5,20	5	1,04	0,17	1,64	2,85	
1,70 m (St)	8,60	5	1,72	0,28	2,71	4,71	
Sonderlängen je m	5,20	5	1,04	0,17	1,64	2,85	
DW 20 je m	8,50	5	1,70	0,28	2,68	4,44	

6.2 Berechnungsbeispiele für Maschinenkosten

	monatlich					tägl.	stündlich	
v_j	a	z	$1,4 \cdot R$	VK	Betrieb	VK	VK	Betrieb
4	105	21	88	213				
4	124	24	104	253				
4	58	11	48	117				
4	64	13	54	131				
9	6	1	11	18				
9	5	1	9	15				
9	3	1	5	9				
9	4	1	8	13				
9	3	0	5	8				
9	5	1	9	15				
9	3	1	6	10				
9	2	0	4	6				
9	2	0	3	5				
9	1	0	3	4				
9	1	0	3	4				
9	4	1	8	13				
9	4	1	6	11				
9	3	1	5	9				
9	0,10	0,02	0,15	0,28				
9	0,12	0,02	0,18	0,32				
9	0,19	0,03	0,30	0,52				
9	0,12	0,02	0,18	0,32				
9	0,19	0,03	0,30	0,52				

Gerät		A	jährlich					Betrieb
			n	AfA	Z	$1{,}4 \cdot R \cdot v_j$	VK	
Gegenplatte	(St)	5,80	3	1,93	0,19	0,85	2,97	
Ankerplatte, verzinkt	(St)	6,80	3	2,27	0,22	1,00	3,49	
Flügelmutter, verzinkt	(St)	5,00	3	1,67	0,16	0,74	2,57	
Dreiflügelmutter, verz.	(St)	6,00	3	2,00	0,20	0,88	3,08	
Distanzrohr 22 (15) PVC	(m)	0,80						
Konus PVC	(St)	0,03						
Stopfen PVC	(St)	0,04						
Faserzementrohr 22	(m)	3,00						
Faserzementkonus	(St)	0,08						
Faserzementstopfen	(St)	0,17						
Wasserstopper	(St)	9,00						
Ankerhülse DW 15	(St)	12,00						
Ankerkonus 2 DW	(St)	16,00						
Stahlrohrstützen								
verzinkt, $v_j = 7$;								
$r = 1{,}8\%$								
Gr. 1 (2,60 m)	(St)	70	6	11,67	2,28	12,35	26,30	
Gr. 2 (3,00 m)	(St)	72	6	12,00	2,60	12,70	27,04	
Gr. 3 (3,50 m)	(St)	80	6	13,33	2,60	14,11	30,04	
Gr. 4 (4,10 m)	(St)	115	6	19,17	3,74	20,29	43,20	
Gr. 5 (4,50 m)	(St)	140	6	23,33	4,55	24,70	52,58	
Gr. 6 (4,90 m)	(St)	150	6	25,00	4,88	26,46	56,34	
Gr. 7 (5,50 m)	(St)	165	6	27,50	5,36	29,11	61,97	
Gr. 8 (6,00 m)	(St)	190	6	31,67	6,18	33,52	71,37	
Dreifuß	(St)	80	6	13,33	2,60	14,11	30,04	
Fallkopf	(St)	45	4	11,25	1,46	7,94	20,65	
Stützengabel	(St)	12	4	3,00	0,39	2,12	5,51	
Holzschalungsträger								
$r = 1{,}5\%$								
Gitterträger, 24 cm hoch,								
0,6 bis 6,0 m, je m		23,80	4	5,95	0,77	3,50	10,22	
Vollwandträger								
16 cm hoch, je m		14.30	4	3,58	0,46	2,10	6,14	
20 cm hoch, je m		16,00	4	4,00	0,52	2,35	6,87	

6.2 Berechnungsbeispiele für Maschinenkosten

		monatlich					tägl.	stündlich	
	v_j	a	z	$1,4 \cdot R$	VK	Betrieb	VK	VK	Betrieb
	7	0,28	0,03	0,12	0,42				
	7	0,32	0,03	0,14	0,50				
	7	0,24	0,02	0,11	0,37				
	7	0,29	0,03	0,12	0,44				
	7	1,67	0,33	1,76	3,76				
	7	1,71	0,33	1,81	3,86				
	7	1,90	0,37	2,02	4,29				
	7	2,74	0,53	2,90	6,17				
	7	3,33	0,65	3,53	7,51				
	7	3,57	0,70	3,78	8,05				
	7	3,93	0,77	4,15	8,85				
	7	4,52	0,88	4,79	10,19				
	7	1,90	0,37	2,02	4,29				
	7	1,61	0,21	1,13	2,95				
	7	0,43	0,06	0,30	0,79				
	7	0,85	0,11	0,50	1,46				
	7	0,51	0,07	0,30	0,88				
	7	0,57	0,07	0,34	0,98				

Gerät		A	n	jährlich				Betrieb
				AfA	Z	$1{,}4 \cdot R \cdot v_j$	VK	
Schalhaut								
Schaltafeln, 21 mm	(St)							
3 Schichten, 200 x 50 cm		28	3	9,33	0,91	4,12	14,36	
250 x 50 cm		38	3	12,67	1,24	5,59	19,50	
5 Schichten, 200 x 50 cm		44	3	14,67	1,43	6,47	22,57	
250 x 50 cm		56	3	18,67	1,82	8,23	28,72	
Mehrschichtplatten, filmbeschichtet								
15 mm	(m^2)	45	3	15,00	1,46	6,62	23,08	
21 mm	(m^2)	56	3	18,67	1,82	8,23	28,72	
Schrauben	(St)	0,30						
Verschwertungsklammer	(St)	15	3	5	0,5	3,7	9,20	
Unterzugsschalung								
Bock	(St)	85	5	17	2,8	20,8	40,60	
Lochschiene	(St)	50	5	10	1,6	12,3	23,90	
Traverse	(St)	90	5	18	2,9	22,0	42,90	
Alu-Deckenschalung								
Paneele 60/150 cm	(St)	215	6	36	7	60	103	
60/120 cm	(St)	185	6	31	6	52	89	
60/ 60 cm	(St)	120	6	20	4	34	58	
45/150 cm	(St)	180	6	30	6	50	86	
45/120 cm	(St)	155	6	26	5	43	74	
30/150 cm	(St)	155	6	26	5	43	74	
30/120 cm	(St)	140	6	23	5	39	67	
30/ 60 cm	(St)	85	6	14	3	24	41	
Deckenträger 180 cm	(St)	185	6	31	6	52	89	
150 cm	(St)	155	6	26	5	43	74	
120 cm	(St)	120	6	20	4	34	58	
Paßträger 60 cm	(St)	18	6	3	1	5	9	
Ausgleichs- 150/36	(St)	135	6	23	4	38	65	
bleche 120/36	(St)	115	6	19	4	32	55	
60/36	(St)	70	6	12	2	20	34	
Teleskopträger	(St)	145	6	24	5	41	70	

6.2 Berechnungsbeispiele für Maschinenkosten   111

		monatlich				tägl.	stündlich	
	v_j	a	z	$1{,}4 \cdot R$	VK	Betrieb	VK	VK	Betrieb
	7	1,33	0,13	0,59	2,05				
	7	1,81	0,18	0,80	2,79				
	7	2,10	0,20	0,92	3,22				
	7	2,67	0,26	1,18	4,11				
	7	2,14	0,21	0,95	3,30				
	7	2,67	0,26	1,18	4,11				
					0,30				
	7	0,71	0,07	0,53	1,31				
	7	2,43	0,40	2,97	5,80				
	7	1,43	0,23	1,76	3,42				
	7	2,57	0,41	3,14	6,12				
	8	4,50	0,88	7,50	12,88				
	8	3,88	0,75	6,50	11,13				
	8	2,50	0,50	4,25	7,25				
	8	3,75	0,75	6,25	10,75				
	8	3,25	0,63	5,38	9,25				
	8	3,25	0,63	5,38	9,25				
	8	2,88	0,63	4,88	8,38				
	8	1,75	0,38	3,00	5,13				
	8	3,88	0,75	6,50	11,13				
	8	3,25	0,75	5,38	9,25				
	8	2,50	0,50	4,25	7,25				
	8	0,38	0,12	0,63	1,13				
	8	2,88	0,50	4,75	8,13				
	8	2,38	0,50	4,00	6,88				
	8	1,50	0,25	2,50	4,25				
	8	3,00	0,63	5,12	8,75				

Gerät		A	\multicolumn{5}{c}{jährlich}
			n	AfA	Z	$1{,}4 \cdot R \cdot v_j$	VK	Betrieb
Fallkopf	(St)	60	6	10	2	17	29	
Aufstellhilfe	(St)	205	6	34	7	57	98	
Dreibein, verz.	(St)	80	6	13	3	22	38	
Unterzug – Element								
Raster: Höhe 2,5 cm								
Breite 5 cm								
Länge 60 cm	(St)	170	6	28	6	48	82	
40 cm	(St)	155	6	26	5	43	74	
Boden- 40/55	(St)	55	6	9	2	15	26	
rahmen 25/40	(St)	40	6	7	1	11	19	
Ausgleichsblech	(St)	40	6	7	1	11	19	
Kunststoffstopfen	(St)	0,05						
Schalungs- Konsole	(St)	75	5	15	2,44	18,38	35,82	
Abschalschiene	(St)	50	5	10	1,63	12,25	23,88	
Abschalhülse DW15	(St)	3						
Schalzwinge 55 cm	(St)	55	5	11	1,79	13,48	26,27	
155 cm	(St)	155	5	31	5,04	37,98	74,02	
Abschalbock	(St)	65	5	13	2,11	15,93	31,04	
Geländerpfosten	(St)	58	5	12	1,89	14,21	28,10	
Geländerhalter	(St)	70	5	14	2,28	17,15	33,43	

6.2 Berechnungsbeispiele für Maschinenkosten

		monatlich				tägl.	stündlich	
v_j	a	z	$1{,}4 \cdot R$	VK	Betrieb	VK	VK	Betrieb
8	1,25	0,25	2,13	3,63				
8	4,25	0,88	7,12	12,25				
8	1,62	0,38	2,75	4,75				
8	3,50	0,75	6,00	10,25				
8	3,25	0,63	5,38	9,25				
8	1,13	0,25	1,88	3,25				
8	0,88	0,12	1,38	2,38				
8	0,88	0,12	1,38	2,38				
7	2,14	0,35	2,63	5,12				
7	1,43	0,23	1,75	3,41				
7	1,57	0,26	1,92	3,75				
7	4,43	0,72	5,43	10,58				
7	1,86	0,30	2,27	4,43				
7	1,71	0,27	2,03	4,01				
7	2,00	0,33	2,45	4,78				

Gerüste

Nach VOB, DIN 18330, ist das Auf- und Abbauen und Vorhalten der Gerüste sowie der Abdeckungen und Umwehrungen von Öffnungen, auch zum Mitbenutzen durch andere Handwerker bis zu drei Wochen über die eigene Benutzungszeit hinaus, eine Nebenleistung und damit in den Preisen für Mauerwerk usw. enthalten, sofern in der Leistungsbeschreibung nichts anderes gesagt ist.

Man unterscheidet Arbeits- und Schutzgerüste.

Der Maurer muß seine Gerüstkosten berechnen können, gleichgültig, ob er diese direkt oder über die Gemeinkosten (vgl. Kap. 8) in die Einheitspreise verrechnet.

Wir wollen nachfolgend die Vorhaltekosten für einige Gerüste ermitteln. Zur Berechnung der gesamten Gerüstkosten müßten dann noch die Transportkosten und die Lohnkosten für Auf- und Abladen sowie Auf- und Abbau, hinzugefügt werden.

Stahlrohrgerüst

Wenn nur die Preise für Einzelteile vorliegen, müssen die Mengen für beispielsweise 100 m² Gerüstfläche (12,24 m · 8,20 m) ermittelt werden und mit den Einzel-Vorhaltekosten multipliziert werden. Mit den Werten unserer Tabelle ergäbe das für ein 1,00 m breites Gerüst der Gruppe 3 folgende monatlichen Vorhaltekosten:

Rohre 48,3 · 4,05

Ständer	12 · 8,24	=	99 m
Längsriegel	10 · 12,24	=	122 m
Seitenschutz	4 · 2 · 14,24	=	116 m
Querriegel	11 · 4 · 1,25	=	55 m
Diagonale	2 · 15	=	30 m
	+ 2 · 4 · 2,25	=	18 m
			440 m

zu 0,48 DM/m = 211,20 DM/Monat

Spindelfußplatten 12 · 0,95	= 11,40 DM/Monat
Rohrverbinder 16 · 0,26	= 4,16 DM/Monat
Kupplungen 130 · 0,37	= 48,10 DM/Monat
Bohlen 4 · 12,24 · 1,25 · 1,99	= 121,79 DM/Monat
Leitern 4 · 2,04	= 8,16 DM/Monat
Anker 8 · 0,88	= 7,04 DM/Monat
	411,85 DM/Monat

Vorhaltekosten je m² Gerüst
= 411,85 DM : 100 m² = <u>4,12 DM/Monat</u>

Rahmengerüst

Für 200 m² Rahmengerüst aus feuerverzinktem Stahl, 1,00 m breit, Gerüstgruppe 4, sollen die Vorhaltekosten ermittelt werden.

Bei einer Gerüstfeldlänge von 2,50 m entnehmen wir der Tabelle
    bei 100 m² – 4,40 DM/m²
    bei 500 m² – 4,08 DM/m²

Zwischenwerte können wir geradlinig ermitteln (interpolieren).

Auf eine Differenz von
400 m² ergeben sich   0,32 DM/m² Unterschied, auf
100 m² 1/4 · 0,32   = 0,08 DM/m²,

also bei 200 m² ergibt das 4,40 – 0,08 = 4,32
                                 = __4,32 DM/m²/Monat__

Auslegergerüst

Die Vorhaltekosten eines Auslegergerüstes von 1,50 m Breite sollen pro m Gerüstlänge ermittelt werden.

Auslegerlänge L = 1,50 m + 1,50 m + 0,50 m = 3,50 m

IPE 100, Abstand = 1,25 m
je m Gerüstlänge
    1/1,25 St · 3,50 m · 0,45 DM/m   = 1,26 DM/m
Verankerung 2 · 0,8 m ø 10 = 1,60 · 1,20 = 1,92 DM/m
Keile   = 0,20 DM/m
Geländerpfosten,
    a = 2,50 m, 1/2,5 St · 1,69   = 0,68 DM/m
Stahlrohrholme 2 m · 0,48 DM/m   = 0,96 DM/m
Bohlenbelag + Bordbrett
    1,70 m² · 1,99 DM/m²   = 3,38 DM/m
Monatliche Vorhaltekosten   = __8,40 DM/m__

Schalungen

Nach VOB, DIN 18331, können Beton- und Stahlbetonarbeiten verschieden ausgeschrieben werden:
– einschließlich Schalung und Bewehrung
– einschließlich Schalung; die Bewehrung getrennt
– Beton, Schalung und Bewehrung getrennt

Die Schalhaut ist entsprechend der ausgeschriebenen Art der Betonoberfläche zu gestalten. Die Wahl der Schalungskonstruktion bleibt dem Bauunternehmer überlassen. Er muß dabei Größe und Form des Bauteils, die Baustellensituation und die zu erwartenden Lohnkosten beachten.

Wir wollen uns hier auf drei Hauptgruppen von Schalungen beschränken. In den Tabellen sind mittlere Preise für eine kleine Auswahl von Schalungen und Zubehör aufgeführt.

Konventionelle Schalung

aus Brettern, Schalplatten, Kanthölzern und Ankern wird heute nur noch für kleine Einzelteile mit vielen ungleichen Abmessungen angewendet. Die Kosten für diese Schalungen können aus den Geräte-Tabellen und den Holzpreisen nach Abschnitt 5.3.8 ermittelt werden.

Großflächenschalung

Wir wollen hierunter die auf der Baustelle zusammengefügten Tafeln von 10 bis 25 m^2 Fläche verstehen, die für Wände und für Decken (Schaltische) verwendet werden. Man kann jede Schalhautart einsetzen, als Träger Kanthölzer, Holzträger oder Stahlträger. Der Zusammenbau der Großflächenelemente auf der Baustelle verursacht einmalig hohe Montagekosten, die sich nur bei mehrmaligem Einsatz der Schalung am gleichen Bauobjekt rentieren. Die Kosten der Großflächenschalung lassen sich mit den Tabellenwerten berechnen.

Heute werden die Großflächenschalungen sehr häufig schon im Werk des Schalungsherstellers zusammengebaut und dann auf die Baustelle gebracht.

Rahmenschalungen

Um Lohnkosten einzusparen, muß eine Schalung so vorbereitet sein, daß sie schnell und einfach für viele Bauteile verwendet werden kann. Rahmen aus Stahl oder Aluminium, mit einer Schalhaut von 15 bis 22 mm Dicke, werden mit zwei Schlössern verbunden. Wenige Anker genügen. Man unterscheidet nach dem Gewicht (und der Größe) der Elemente kranabhängige und kranunabhängige Rahmenschalungen. Einige Systeme sind für Wand- und Deckenschalungen einsetzbar.

Beispiel Die Vorhaltekosten für eine Rahmenschalung als Wandschalung sind zu ermitteln.

Für 100 m^2 Schalungsfläche einer 2,50 m hohen Wand mit kranunabhängiger Stahl-Alu-Schalung benötigt man beispielsweise folgendes Schalungsmaterial:

22 Elemente	270/135 cm		
zu 54,00 DM/Mon.		=	1.188,00 DM/Monat
6 Elemente	270/ 90 cm		
zu 37,00 DM/Mon.		=	222,00 DM/Monat
6 Elemente	270/ 50 cm		
zu 29,00 DM/Mon.		=	174,00 DM/Monat
4 Elemente	270/ 25 cm		
zu 25,00 DM/Mon.		=	100,00 DM/Monat
2 Innenecken	270/ 25 cm		
zu 33,00 DM/Mon.		=	66,00 DM/Monat
2 Außenecken 270 cm			
zu 18,00 DM/Mon.		=	36,00 DM/Monat
84 Schalschlösser			
zu 2,00 DM/Mon.		=	168,00 DM/Monat

80 Anker x 1/2
DW15, 0,85 m   0,28 DM
Gegen- und
Ankerplatte   0,92 DM
Dreiflügelmutter   0,44 DM
Abstandhalter   0,20 DM
Konus und Stopfen   0,07 DM
                     1,91 DM =   76,40 DM/Monat

6 Richtstützen
zu 6,00 DM/Mon.   =   36,00 DM/Monat
                                 2.066,40 DM/Monat
+ ca. 8% Sonstiges   162,00 DM/Monat
                                 2.228,40 DM/Monat

Die monatlichen Vorhaltekosten je m² Rahmenschalung betragen demnach 2.228,40 DM/Mon. : 100 m²

$$= 22,28 \text{ DM/m}^2/\text{Monat}$$

Wenn man die Schalung pro Monat 4mal einsetzen würde, betragen die Vorhaltekosten
22,28 : 4 = 5,57 DM/m²/Einsatz,
bei 5maligem Einsatz im Monat
22,28 : 5 = 4,46 DM/m²/Einsatz.

7 Lohnkosten

In der Angebotskalkulation eines Bauunternehmers stellen die Lohnkosten einen entscheidenden Bestandteil dar.

7.1 Entlohnungsarten

Der Bauarbeiter bekommt zunächst einmal Lohn für seine Arbeit. Diese besteht meistens aus der Herstellung von Mauerwerk und Beton. Aber auch Material muß transportiert werden, im Lager muß aufgeräumt werden, Reparaturen müssen durchgeführt werden. Die Entlohnung kann auf verschiedene Art erfolgen.

Zeitlohn

Ein Zeitlohn wird meistens mit »Stundenlohn« bezeichnet.

Der Lohn wird im Bundesrahmentarifvertrag für das Baugewerbe (BRTV) geregelt. Dieser wird vom Zentralverband des Deutschen Baugewerbes, dem Hauptverband der Deutschen Bauindustrie und der Industriegewerkschaft Bau – Agrar – Umwelt abgeschlossen.

Der Lohn setzt sich zusammen aus dem Tarifstundenlohn und dem Bauzuschlag, der einen Ausgleich für die besonderen Belastungen durch Baustellenwechsel und Schlechtwetter darstellen soll. Er wird für jede lohnzahlungspflichtige (wirklich geleistete) Stunde gewährt. Ein Maurer erhält demnach: (Stand 21. 5. 1997)

Tarifstundenlohn (TL)	23,86 DM
Bauzuschlag (BZ)	1,40 DM
Gesamttarifstundenlohn (GTL)	25,26 DM

In den neuen Bundesländern gilt der Überleitungstarifvertrag-BRTV. Demnach erhält der Maurergeselle ab

	1997 (geschätzt)
TL	22,93 DM/Std.
BZ	1,35 DM/Std.
GTL	24,28 DM/Std.

Die Löhne in Berlin-Ost sind schon weitergehend an Berlin-West angeglichen. Da die Anpassung der neuen an die alten

7.1 Entlohnungsarten

Bundesländer in absehbarer Zeit vollzogen sein wird, wollen wir in unseren Beispielen mit den Löhnen des alten Tarifgebietes arbeiten.

Wir haben uns daran gewöhnen müssen, daß jedes Jahr mit höheren Löhnen zu rechnen ist, so daß auch die für 1997 geltenden Werte für die weiteren Jahre in die dann gültige Form umzurechnen sind.

Der BRTV unterscheidet folgende Berufsgruppen und die dazu gehörigen Tariflöhne (Stand 9. Juni 1997 / Ost 1. Okt. 96 + 2,5%)

		TL DM	BZ DM	GTL DM	neue BL DM GTL
Berufsgruppe I	Werkpoliere	27,41	1,62	29,03	27,90
Berufsgruppe II	Vorarbeiter	25,12	1,48	26,60	25,57
Berufsgruppe III	Spezialbau-facharbeiter	23,86	1,40	25,26	24,28
Berufsgruppe IV	Gehobene Baufach-arbeiter	21,89	1,29	23,18	22,28
Berufsgruppe V	Baufach-arbeiter	21,28	1,26	22,54	21,66
Berufsgruppe VI	Baufach-werker	20,44	1,21	21,65	20,80
Berufsgruppe VII1	Bauwerker	18,72	1,16	20,88	20,08
Berufsgruppe VII1a	Bauwerker	17,94	1,06	19,01	
Berufsgruppe VIII	Hilfskräfte	17,77	1,04	18,81	18,08
Berufsgruppe M II	Bau-maschinen-Vorarbeiter	25,12	1,48	26,60	25,57
Berufsgruppe M III	Bau-maschinen-führer	24,30	1,43	25,73	24,73
Berufsgruppe M IV1	Baugeräte-führer Kraftfahrer	21,89	1,29	23,18	22,28
Berufsgruppe M V	Baumaschi-nisten	21,28	1,26	22,54	21,66

Mindestlohn Zur Regelung der grenzüberschreitenden Dienstleistungen:
Berufsgruppe VII2   16,05   0,95   17,00 | 15,64

Die Ausbildungsvergütung beträgt monatlich

Ausbildungsjahr	1997	neue BL ca.
1	947,80	900,00
2	1.470,80	1.400,00
3	1.856,80	1.750,00
4	2.088,90	1.900,00

Das Monatsgehalt eines Poliers, bei 39 Stunden pro Woche, beträgt nach Rahmentarifvertrag für Poliere

Berufsjahr als Polier	%*	1997	neue BL ca.
ab 1.	130	5.550,00	5.330,00
ab 4.	135	5.763,00	5.550,00
ab 7.	140	5.977,00	5.750,00

in % des 169fachen GTL der Berufsgruppe III.

Für Hamburg, Berlin und Bayern gelten geringfügig abgeänderte Beträge.

Leistungslohn Die Entlohnung erfolgt dabei nicht nach der Arbeitszeit, sondern nach der erbrachten Leistung. Man spricht auch von »Akkordlohn« und unterscheidet dabei mehrere Arten:

Beim **Zeitakkord** wird für eine bestimmte Leistung, z. B. »m²-Randschalung für Fundamentplatten«, eine Anzahl von Stunden oder Minuten verrechnet.

Wird nach **Geldakkord** abgerechnet, so erhält der Arbeitnehmer für seine Leistung einen bestimmten Geldbetrag.

Beispiel: Für 1 m² Randschalung bei Fundamentplatten erhält der Maurer

im Zeitakkord 1 Stunde und 48 Minuten
im Geldakkord 45,47 DM

Beim **Gruppenakkord** erfolgt die Entlohnung für die Arbeitsleistung einer ganzen Gruppe.

Die **Akkordsätze** sind in regionalen Akkordtarifverträgen oder innerbetrieblichen Regelungen so zu bemessen, daß der Arbeiter 20 bis 25 % mehr als im Stundenlohn verdienen kann. Dafür übernimmt er aber auch einen Teil des Risikos. In Baubetrieben eignet sich der Akkordlohn nur dann, wenn sich Akkord- und Zeitlohn genau trennen lassen, wenn die Arbeits-

7.1 Entlohnungsarten

leistung relativ einfach meßbar ist und wenn der Arbeitsablauf in übersichtlichem Rahmen gestaltet werden kann.

Prämienlohn Durch Prämien soll ein Anreiz zu mehr Leistung geschaffen werden. Die Prämien können in verschiedener Form verrechnet werden:

Leistungszulagen zum Zeitlohn können als feste Beträge (z. B. 0,70 DM / Std.) oder als Prozentsatz (z. B. 8 %) vergütet werden. Die Höhe ist von der Einhaltung oder Unterschreitung der Soll-Zeiten abhängig.

Beim Prämienlohn mit Leistungsspanne bewegt sich die mögliche Mehrvergütung innerhalb einer bestimmten Leistungsspanne.

Qualitätsprämien können für besonders saubere, anspruchsvolle Arbeiten vereinbart werden. Ersparnisprämien können für besonders wirtschaftlichen Zuschnitt gezahlt werden.

Zulagen Neben dem Tariflohn können Zulagen für lange Betriebszugehörigkeit (Stammarbeiterzulage) gewährt werden.

Erschwerniszuschläge Nach BRTV § 6 werden Erschwerniszuschläge, von denen nachstehend einige aufgeführt sind, geregelt.

Schmutzarbeit	1,55 DM/Std.
Schutzanstriche mit Halbmaske	1,25 / 2,50 DM/Std.
Wasserarbeiten (in Stiefeln)	0,65 DM/Std.
Gerüstbau über 20 m Höhe	2,75 DM/Std.
Erschütterungsarbeiten (z. B. Abbruchhämmer usw.)	1,90 DM/Std.

Zuschläge Für bestimmte Arbeiten erhält der Arbeitnehmer eine zusätzliche Vergütung (BRTV § 3).

Überstunden (Mehrarbeit) für die wöchentlich 39 Stunden überschreitende Arbeitszeit	25 %
Nachtarbeit für die Zeit zwischen 22 und 5 Uhr	20 %
Sonn- und Feiertagsarbeit wenn letztere auf einen Sonntag fallen.	75 %
Feiertagsarbeit am Oster- und Pfingstsonntag, immer 1. Mai und 1. Weihnachtstag, alle übrigen gesetzlichen Feiertage, die nicht auf einen Sonntag fallen.	200 %

Treffen mehrere dieser Zuschläge zusammen, so sind sie nebeneinander zu zahlen.

7.2 Lohn-Zusatzkosten

Der Maurer erhält in bestimmten Fällen auch Lohn, wenn er gar nicht arbeitet. Außerdem muß der Unternehmer hohe Beiträge für die soziale Sicherung seiner Mitarbeiter entrichten. Die wichtigsten dieser vom Lohn abhängigen Kosten wollen wir nachfolgend betrachten:

Tariflich bedingte Kosten

Feiertagsbezahlung für
  gesetzliche Feiertage entsteht, je nach Kalenderjahr und Bundesland, für 7 bis 10 Tage jährlich.

Ausfalltage nach BRTV § 4 werden mit
  dem Gesamttarifstundenlohn für 8 Stunden
  je Arbeitstag bezahlt, und zwar:

bei Eheschließung	3 Arbeitstage
bei Eheschließung der Kinder	1 Arbeitstag
bei Entbindung der Ehefrau	2 Arbeitstage
beim Tode von Ehegatten oder Kind	3 Arbeitstage
bei schwerer Erkrankung in der Familie	1 Arbeitstag
bei Wohnungswechsel	2 Arbeitstage
bei erforderlichem Arztbesuch	max. 7,5 Std.
bei Ladung vor Gericht oder Behörde	max. 7,5 Std.
bei Ausübung von Ehrenämtern	max. 7,5 Std.

Arbeitsausfall wegen Materialmangel oder sonstigen Betriebsstörungen wird mit dem Gesamttarifstundenlohn ausgeglichen. Dabei erhalten Arbeitnehmer, die überwiegend im Akkord arbeiten, einen Zuschlag in Höhe von 25 %.

Arbeitsausfall infolge ungünstiger Witterung bedingt keinen Lohnanspruch.

Gesetzliche Sozialbeiträge

Niemand soll bei uns unverschuldet in Not geraten. Das kostet allerdings seinen Preis. Der Unternehmer spürt das an seinen Anteilen zu den gesetzlichen Sozialversicherungen.

Dazu gehören mit dem jeweils vom Arbeitgeber zu entrichtenden Anteil in % vom wirklichen Arbeitsverdienst:

die Rentenversicherung	10,15 %
die Arbeitslosenversicherung	3,25 %
die Krankenversicherung ca.	6,75 %
(bei den einzelnen Krankenkassen unterschiedlich)	
die Pflegeversicherung	0,85 %
die Unfallversicherung	
bei der Berufsgenossenschaft	ca. 4,5 %
die Umlage nach dem Lohnfortzahlungsgesetz	
U1 für Krankheit	2,5 %

Das ist eine »Versicherung« für Betriebe bis zu 20 Arbeitnehmern zur Fortzahlung des Lohnes (6 Wochen) erkrankter Arbeiter und Auszubildender.

Sonstiges   1,8 %

Sozialkassen   Die Sozialkassen des Baugewerbes sind Einrichtungen der Tarifvertragsparteien. Ihr Sitz befindet sich in 65189 Wiesbaden 1, Salierstr. 6. Sie unterteilen sich in die

       ULAK = Urlaubs- und Lohnausgleichskasse
       UKB   = Urlaubskasse des Bayerischen Baugewerbes
       ZVK   = Zusatzversorgungskasse

Die ZVK zieht alle Beiträge, 20,10 % von der Bruttolohnsumme (Stand 1.7.1997), ein. Diese hat der Unternehmer für alle Arbeitnehmer (außer Lehrlinge, Umschüler, Praktikanten, Vorruheständler) zu entrichten. Der Beitrag für Angestellte beträgt 59,92 DM/Monat. Im einzelnen ist festgelegt:

Urlaubsregelung   (Beitrag 14,45 %)
   Die Urlaubsdauer beträgt 30 Arbeitstage im Jahr, aufgeteilt in den Jahresurlaub von 22 Tagen und den Zusatzurlaub von 8 Tagen in den Monaten Dezember bis März.

   Das Urlaubsentgelt beträgt 14,25 % des Bruttolohns.

Lohnausgleich   (Beitrag 1,45 %)
   für den Lohnausfall in der Zeit vom 24. Dezember bis 1. Januar.

Berufsbildung   (2,80 %)
   Erstattet werden von der ZVK im 1. betrieblichen Ausbildungsjahr die Ausbildungsvergütung für 11 Monate, im 2. Jahr die Vergütung für 8 Monate. Außerdem die Kosten des Besuchs einer überbetrieblichen Ausbildungsstätte (ÜBA), die Fahrtkosten zur ÜBA und ein Urlaubsentgelt.

Zusatzversorgung   (1,40 %)
   bietet eine Beihilfe zur sozialen Rentenversicherung.

Entgeltfortzahlung bei Krankheit   Bei unverschuldeter Arbeitsunfähigkeit infolge Krankheit hat der Arbeitnehmer Anspruch auf die Entgeltfortzahlung (Lohnfortzahlung) für die ersten drei krankheitsbedingten Ausfalltage eines Krankheitsfalls in Höhe von 80 % und für die restliche Zeit bis zur Dauer von 6 Wochen in Höhe von 100 % des maßgebenden Arbeitsentgelts.

Die Einsparungen werden durch vermehrten Verwaltungsaufwand fast aufgehoben, da viele Ausgleichsmöglichkeiten, z. B. mit Urlaub, zu berücksichtigen sind. Für die Pünktlichkeit, die

Arbeitsvorbereitung und den Arbeitsablauf sind jedoch Verbesserungen zu erwarten. Die Größenordnung der dadurch bedingten Kostensenkung kann erst nach einjährigen Auswertungen festgestellt werden.

Winterbau

Winterbauumlage (Beitrag 1,0 %)
Von der ZVK werden die Beiträge im Auftrag der Bundesanstalt für Arbeit eingezogen. Die Förderung soll dazu beitragen, daß Bauarbeiten in der witterungsungünstigen Jahreszeit durchgeführt und die Beschäftigungsverhältnisse der Arbeitnehmer aufrechterhalten werden können. Die Bundesanstalt gewährt dem Arbeitgeber Zuschüsse zur Deckung der Mehrkosten für Winterbauhallen, Heizaggregate usw.

Vermögensbildung

Der Arbeitgeber ist gemäß 3. VermBG verpflichtet, dem Arbeitnehmer 0,25 DM je geleistete Arbeitsstunde (Arbeitgeberzulage) zu gewähren, wenn dieser gleichzeitig 0,03 DM je Stunde vermögenswirksam anlegen läßt.

13. Monatseinkommen

Arbeitnehmer, deren Arbeitsverhältnis am 30. November mindestens 12 Monate besteht, haben Anspruch auf ein 13. Monatseinkommen in Höhe des 130fachen ihres GTL, für kürzere Beschäftigungszeiten je Monat 1/12 davon.

Der Anspruch vermindert sich um jeweils 2 GTL je Ausfalltag
- für den 1. bis 3. Krankentag je Krankheitsfall
- für jeden krankheitsbedingten Ausfalltag mit Anspruch auf Entgeltfortzahlung ab der 4. Woche
- für jeden unentschuldigten Fehltag.

Die Kürzung darf insgesamt im Berechnungszeitraum höchstens 28 GTL betragen. Der Anspruch beträgt demnach mindestens 130−28 = 102 GTL.

Auszubildende haben Anspruch auf 690,00 DM,
Poliere erhalten 77 % des tariflichen Monatsgehaltes.

Die Auszahlung erfolgt je zur Hälfte mit Zahlung des Lohnes für die Monate November und April.

Heute treffen viele Bauunternehmer mit ihren Arbeitnehmern einvernehmliche Vereinbarungen zur Reduzierung des 13. Monatseinkommens bis auf 50 % der obigen Sätze. Damit wird eine Einsparung von ca. 4 % der Lohnzusatzkosten erreicht.

7.3 Lohnnebenkosten

Außer den Lohn- und lohnabhängigen Kosten entstehen Lohnnebenkosten, vor allem als Fahrtkosten, Verpflegungszuschuß und Auslösung. Diese sind in regionalen Tarifverträgen über die Entsendung vereinbart.

Der BRTV trifft folgende Regelungen:

Auslösung ist zu gewähren, wenn die Baustelle mehr als 25 km entfernt ist und die tägliche Hin- und Rückfahrt mehr als 2,5 Stunden beansprucht. Die Höhe beträgt pro Tag 61,00 DM, unter 7 Kalendertage 73,20 DM.

Ein Verpflegungszuschuß in Höhe von 8,00 DM pro Arbeitstag ist bei Arbeiten außerhalb des Betriebes zu gewähren, wenn der Arbeitnehmer mehr als 8 Stunden von der Wohnung abwesend ist.

Fahrtkostenabgeltung erfolgt, wenn der Arbeitnehmer mehr als 6 km entfernt vom Betrieb arbeitet.

Wochenendheimfahrten sind den Empfängern von Auslösung alle vier Wochen zu zahlen.

Die Höhe der Lohnnebenkosten ist je nach Betrieb sehr unterschiedlich und muß aus der Buchhaltung entnommen werden.

7.4 Lohnberechnung

Grundlage für die Berechnung der Löhne sind, neben den Tarifverträgen, die Baustellenberichte, auch Stundenberichte oder Wochenberichte genannt. Diese sollten so beschaffen sein, daß sowohl die Baustellen als auch die Art der Löhne und die Lohnnebenkosten ersichtlich sind. Gut eignen sich Lohnrapporte, hier als Halbmonatsberichte.

Wenn man einen Lohnartenschlüssel verwendet, erhält man eine Übersicht über die Verwendung der Löhne. Das erleichtert die Auswertung besonders dann, wenn diese mit der EDV vorgenommen wird.

Auszug aus dem Lohnartenschlüssel

01 Produktiver Lohn
05 Akkordvorschüsse in DM
06 Akkordvorschüsse nach Stunden
10 Unproduktiver Lohn
    (Fahrer, Helfer, Abladezeiten, Wartezeiten)
11 Bauzuschlag
12 Gewährleistungsarbeiten (Nacharbeiten)
54 Urlaubsentgelt nach Tagen
55 Urlaubsentgelt in DM
56 Zusätzliches Urlaubsgeld
60 Lohnfortzahlung im Krankheitsfall
63 Feiertagsbezahlung
64 Bezahlte Arbeitsausfälle
    (§ 4 BRTV, Eheschließung, Todesfall usw.)
65 Auslösungen
70 Fahrgeld nach Kilometer
71 Fahrgeld in DM
88 Weihnachtsgeld
    (Teil eines 13. Monatseinkommens)

Halb-Monatsbericht

Raum für Firmeneindruck

Monat: April 1997

Name: Zeller   Vorname: Horst   Pers. Nr. 4

Baustelle/Auftrag Name: Ort:	Art der Tätigkeit	1. Hälfte:	16	17	18	19	20	21	22	23	24	25	26	27	28	29	30	Summe	Lohn-art
Kugler, Güttingen	Mauerwerk herstellen		8	8	4													20	01
" "	Transport zum Bau					4	-	-										4	10
" "	Estrich herstellen						8											8	01
" "	Kaminkopf mauern							6										6	01
" "	Baustelle räumen							2										2	10
Forster, Möggingen	Schalung Treppe								8	8								16	01
" "	Urlaub										8	-	-					8	54
" "	Entbindung Ehefrau													8				8	64
" "	krank														8			8	60
" "	Bauhof und Lager aufräumen															4		4	10
Moser, Konstanz	Baustelle einrichten																4	4	10
	Fahrgeld								24	24								48	70
		km																	
		DM																17,28	71
	Auslosung	DM																	65

Lohnart

Akkordvorschüsse	Baustelle:		DM	05	Std.:		06
jeweils nur auf die obengenannten Baustellen:	Baustelle:		DM	05	Std.:		06
	Baustelle:		DM	05	Std.:		06

Akkordüberschuß lt. Aufstellung:	Abrechnung vom		DM		01

Bemerkungen:

Der Lohnartenschlüssel kann bis auf 99 Lohnarten, je nach Bedarf des jeweiligen Betriebes, erweitert werden.

Die eigentliche Berechnung des auszuzahlenden Lohnes steht nicht in unmittelbarem Zusammenhang zur Kalkulation und soll deshalb hier nicht behandelt werden.

7.5 Mittellohn

Die Bauleistungen werden häufig von mehreren Arbeitnehmern, die unterschiedliche Tariflöhne erhalten, ausgeführt. Deshalb muß jeweils die an einem Objekt arbeitende Gruppe, bei kleineren Betrieben die ganze Belegschaft, zusammengestellt werden und ein mittlerer Lohn, der Mittellohn, berechnet werden. Es ist zweckmäßig, alle Zulagen und Zuschläge einzubeziehen. Die Berechnung kann dann beispielsweise mit dem abgebildeten Formblatt auf Seite 128 durchgeführt werden.

Darin ist berücksichtigt, daß der Werkpolier zu 50 % und der Vorarbeiter zu 75 % produktiv tätig sind. Sechs Arbeiter erhalten 0,70 DM/Std. Stammarbeiterzulage. Vier Arbeiter bekommen für Erschwernisse eine Zulage von 1,55 DM/Std. Jeder Arbeiter leistet pro Woche (pro 39 Std.) drei Überstunden, für die der Überstundenzuschlag von 25 % gewährt wird. Es wird gerechnet, daß jeder Arbeitnehmer die vermögenswirksamen Leistungen von 0,25 DM/Std. in Anspruch nimmt.

Wenn man fragt, was eine Maurerstunde kostet, erhält man unterschiedliche Antworten. Einer sagt 25,26 DM/Std., andere meinen 50,50 DM/Std. oder auch 72,00 DM/Std.

Wenn die Angaben, auch von Fachleuten, so unterschiedlich sind, so müssen doch verschiedene Annahmen zugrunde liegen. Wir haben schon gesehen, daß ein Werkpolier bzw. Vorarbeiter in den Mittellohn verrechnet werden kann. Dabei berücksichtigt man den Teil seiner produktiven Tätigkeit, das ist seine direkte Mitarbeit beim Mauern, Schalen oder Betonieren. Für einen Polier als Gehaltsempfänger gilt ähnliches, wenn er beispielsweise im 5. Berufsjahr mit 5763,00 DM : 169 Stunden = 34,10 DM/Std. für produktive Arbeit im Mittellohn verrechnet wird. Man kann den Polier aber auch bei den sonstig anfallenden Kosten des Maurerbetriebs verrechnen, wie wir später noch sehen werden.

Wenn der Betrieb die Sozialkosten, Lohnnebenkosten und sonstigen Umlagen auch noch in den Mittellohn einrechnet, so fällt dieser noch höher aus (z. B. 54,50 DM/Std.).

Mittellohnberechnung

Beruf	Gruppe	Anzahl	Einsatz %	Lohn in DM/Std. (GTL) Einzeln	Lohn in DM/Std. (GTL) Gesamt
Werkpolier	*I*	*1*	*50*	*29,03*	*29,03*
Bauvorarbeiter	*II*	*1*	*75*	*26,60*	*26,60*
Spezialbaufacharbeiter	*III*	*5*	*500*	*25,26*	*126,30*
Gehobene Baufacharbeiter	*IV*	*2*	*200*	*23,18*	*46,36*
Baufachwerker	*VI*	*3*	*300*	*21,65*	*64,95*
Baumaschinenführer	*MIII*	*1*	*100*	*25,73*	*25,73*
Baumaschinist	*MV*	*1*	*100*	*22,54*	*22,54*
Summe		*14*	*13,25*		*341,51*
Durchschnittslohn	$\dfrac{341{,}51 \text{ DM}}{13{,}25 \text{ Arbeiter}}$			25,77 DM/Std.	
Stammarbeiterzulage	$\dfrac{6 \cdot 0{,}70 \text{ DM}}{13{,}25 \text{ Arbeiter}}$			0,32 DM/Std.	
Zulagen für Erschwernisse, Schmutz usw.	$\dfrac{4 \cdot 1{,}55 \text{ DM}}{13{,}25 \text{ Arbeiter}}$			0,47 DM/Std.	
Zwischensumme				26,56 DM/Std.	
Überstundenzuschlag	$\dfrac{3 \cdot 0{,}25}{39 \text{ Std.} + 3} \cdot 26{,}51 \text{ DM}$			0,47 DM/Std.	
Nacht-, Feiertagszuschlag	$\dfrac{\cdot\, 0{,}}{39 \text{ Std.}} \cdot \quad \text{DM}$			– DM/Std.	
Vermögensbildung				0,25 DM/Std.	
Mittellohn				27,28 DM/Std.	

Berechnung des Mittellohns

7.5 Mittellohn

Der Mittellohn kann also folgende Bestandteile enthalten:

Arbeitslohn	A
Polier, Meister als Aufsicht	P
Sozialaufwendungen	S
Lohnnebenkosten	L
Sonstige Umlagen	U
Mittellohn	ML (APSLU)

Man kann demnach verschiedene Arten von Mittellohn unterscheiden, die sich entsprechend der Abbildung zusammensetzen.

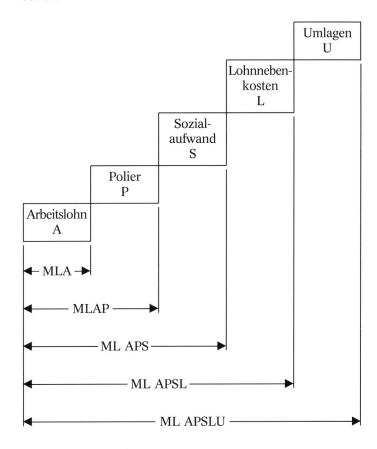

Wir wollen in einem Formblatt diese verschiedenen Stufen des Mittellohns für eine größere Baustelle berechnen. Beschäftigt sind 1 Polier (50 % produktiv), 2 Vorarbeiter (jeder 75 % produktiv), 4 Maurer, 1 Zimmerer, 5 Baufachwerker, 2 Bauwerker, 1 Baumaschinenführer. Jeder Arbeiter leistet hier über die zuschlagsfreie Dauer hinaus pro Woche vier Überstunden.

Mittellohnberechnung					
Beruf	Gruppe	Anzahl	Pro-duktiv	Lohn in DM/Std. (GTL)	
				Einzeln	Gesamt
Polier im 5. Berufsjahr		*1*	*0,5*	*34,10*	*34,10*
Vorarbeiter	*II*	*2*	*1,5*	*26,60*	*53,20*
Maurer	*III*	*4*	*4,0*	*25,26*	*101,04*
Zimmerer	*III*	*1*	*1,0*	*25,26*	*25,26*
Baufachwerker	*VI*	*5*	*5,0*	*21,65*	*108,25*
Bauwerker	*VII1*	*2*	*2,0*	*20,88*	*41,76*
Baumaschinenführer	*MIII*	*1*	*1,0*	*25,73*	*25,73*
Summe		*16*	*15,0*		*389,34*
Durchschnittslohn A mit P (S : pr. A)			(1)	*: 15*	*25,96*
Zuschläge	Faktor (1,00 + %)			Std./Wo.	Gew.Std./Wo.
Tarifliche Arbeitszeit	1,00 durchschnittlich			*39*	*39*
Überstunden	*(1,00 + 0,25)*			*4*	*5*
Nachtarbeit	*0,20 x (48 : 15)*				*0,64*
Sonn- u. Feiertage	*0,75 x (16 : 15)*				*0,80*
Arbeitszeit/Woche				*43,00*	*45,44*
Zuschlag (Gew. Std. : Std./Wo. − 1,00) x DL (1)		DM	(2)		*1,47*
Zulagen			DM/Std.	Std./Wo.	DM/Wo.
Stammarbeiter	*(6 x 43)*		1,10	*258,0*	*283,80*
Schmutz-, Wasser	*48*		1,65	*48,0*	*79,20*
Vermögensbildung	*(16 x 43)*		0,25	*688,0*	*172,00*
Leistungszulage	*(16 x 43)*		0,40	*688,0*	*275,20*
Gesamt/Woche	*produktiv (15 x 43)*			*645,0*	*810,20*
Zulage DM/Wo. : Arbeiterstunden/Wo.		DM	(3)	*810,2 : 645,0*	*1,26*
Mittellohn ML (AP) (4) = (1) + (2) + (3)		DM/Std.	(4)		*28,69*
Sozialaufwendungen 96,8 % =		DM/Std.	(5)		*27,77*
Mittellohn ML (APS) (6) = (4) + (5)		DM/Std.	(6)		*56,46*
Lohnnebenkosten *(40 x 73,20 + 320) : 645,0*		DM/Std.	(7)		*5,04*
Mittellohn ML (APSL) (8) = (6) + (7)		DM/Std.	(8)		*61,50*
Sonstige Umlagen *360,– DM/Wo. : 645,0*		DM/Std.	(9)		*0,56*
Mittellohn ML (APSLU) (10) = (8) + (9)		DM/Std.	(10)		*62,06*

Erweiterte Berechnung des Mittellohns

7.5 Mittellohn

Wegen erforderlicher Wasserhaltung ist mit 48 Stunden Nachtarbeit und 16 Stunden Sonntagsarbeit je Woche zu rechnen, die in der Summe der tariflichen Arbeitszeit und der Überstunden enthalten sind. Sechs Arbeiter erhalten 1,10 DM/Std. Stammarbeiterzulage. 48 Stunden sind wöchentlich für Schmutz- und für Wasserarbeiten mit i. M. 1,65 DM/Std. anzunehmen. Alle Arbeiter erhalten Vermögensbildung und eine Leistungszulage von 0,40 DM/Std. Die Sozialausgaben wurden von der Buchhaltung mit 96,8 % ermittelt. An Lohnnebenkosten entstehen pro Woche für 40 Tage Auslösung und 320,00 DM Sonstiges. Für Stellung von Regenkleidung usw. entstehen wöchentliche Umlagekosten von 360,00 DM.

Die Berechnung ergibt in diesem Fall einen Mittellohn von 62,06 DM/Std. (ML APSLU). Wenn ein Stundenlohn von 70,50 DM genannt wurde, so muß noch mehr eingerechnet worden sein. Was das ist und warum man das auch so machen kann, werden wir später kennenlernen.

Flexible Arbeitszeit

Die gesetzlichen und tariflichen Arbeitszeitregelungen hatten für den Baubetrieb und für die Bauarbeiter erhebliche Nachteile. Eine Verbesserung für beide Partner wurde mit flexiblen Arbeitszeitregelungen angestrebt. Damit werden zwei Ziele erreicht:

– Die Anzahl der Überstunden mit Zahlung von Überstundenzuschlägen kann gesenkt werden.

Wenn wir das erste Beispiel der Mittellohnberechnung betrachten, so würde sich bei der Vermeidung der 3 Überstunden pro Woche und Arbeiter eine Einsparung von 0,47 DM/Std. beim Mittellohn ergeben. Unter Berücksichtigung der Lohnzusatzkosten (ca. 100 %) bedeutet das eine Einsparung von 0,94 DM/Std.

Beim zweiten Beispiel mit 4 Überstunden pro Woche und Arbeiter würde sich bei Vermeidung dieser Überstunden folgende Einsparung ergeben:

Wöchentliche Arbeitszeit $39 + 4 = 43$ Std./Wo.
Gewichtete Zeit $39 + 5 = 44$ Std./Wo.

Zuschlag = $(44:43 - 1) \cdot 25{,}96$ DM/Std. = 0,60 DM/Std.
  bei Berücksichtigung
  der Lohnzusatzkosten 1,20 DM/Std.

– Durch Anpassung an die witterungs- und jahreszeitlich bedingten Baustellensituationen können die Leistungswerte (Zeitwerte) erheblich verbessert werden.

Für den Bauunternehmer ist es wichtig, die verschiedenen Vorschriften zu kennen, um sie richtig nutzen zu können.

Die gesetzlichen Arbeitszeitgrenzen nach dem neuen Arbeitszeitrechtsgesetz traten am 1. Juni 1994 in Kraft. Darin sind folgende Höchstarbeitszeiten festgesetzt:

werktäglich (Mo. bis Sa.)	10 Std.
wöchentlich (Mo. bis Sa.)	60 Std.
durchschnittlich wöchentlich im sechsmonatigen Ausgleichszeitraum	48 Std.

Die neuen tariflichen Arbeitszeitregelungen geben dem Baubetrieb die Möglichkeit, die Arbeitszeit flexibel auf die einzelnen Wochentage zu verteilen.

Seit 1. Januar 1997 gilt die gespaltene Arbeitszeit. Diese legt fest, daß die durchschnittliche wöchentliche Arbeitszeit von 39 Stunden so gespalten werden kann, daß im Winterhalbjahr (1. bis 12. und 44. bis 52. Woche) 37,5 Stunden und im Sommerhalbjahr 40 Stunden je Woche gearbeitet werden können. Da diese Regelung nicht bindend ist, kann jeder Betrieb andere Verteilungen vornehmen.

Zeitausgleich innerhalb von 2 Wochen

Entsprechend betrieblichen Regelungen innerhalb von 2 Wochen kann die an einzelnen Werktagen ausfallende Arbeitszeit an anderen Werktagen ausgeglichen werden.

Arbeitszeitverteilung in 12 Monaten

Durch Betriebsvereinbarung oder in Einzelverträgen kann für einen Zeitraum von 12 zusammenhängenden Monaten eine Verteilung der Arbeitszeit ohne Mehrarbeitszuschlag erfolgen, wenn im Sommerhalbjahr ein Monatslohn von 174 Gesamttarifstundenlöhnen, im Winterhalbjahr von 162 Stunden gezahlt wird. Der Arbeitgeber kann innerhalb von 12 Kalendermonaten 150 Arbeitsstunden vor- und 50 Stunden nacharbeiten lassen. Diese Verteilung ist einvernehmlich festzulegen.

Ausgleichskonto

Für jeden Arbeitnehmer wird ein Arbeitszeit- und Entgeltkonto eingerichtet. Darin erfolgt Gutschrift oder Belastung entsprechend tatsächlich geleisteten Arbeitsstunden und dem errechneten »Monatslohn«.
Unter anderem ist vorzusehen, daß das Ausgleichskonto abzusichern, ggf. auch zu verzinsen ist.

Überstundenzuschläge

Überstunden sind vorwiegend:
Bei tariflicher Arbeitszeitverteilung die über die regelmäßige werktägliche Arbeitszeit hinaus geleisteten Arbeitsstunden.
Bei zweiwöchigem Arbeitszeitausgleich die über die werktäglich vereinbarte Arbeitszeit hinaus geleisteten Stunden.

7.5 Mittellohn

Bei betrieblicher Arbeitszeitverteilung die auf dem Ausgleichskonto gutgeschriebenen Arbeitsstunden, von denen die ersten 150 Überstunden innerhalb von 12 Kalendermonaten zuschlagsfrei sind.

Diese Regelungen ermöglichen es den Bauunternehmungen, Überstundenzuschläge fast vollständig zu vermeiden.

Arbeitsausfall infolge Witterung

Wird die Arbeitsleistung ausschließlich durch zwingende Witterungsgründe wie Regen, Schnee oder Frost unmöglich, so entfällt der Lohnanspruch. Ist keine betriebliche Arbeitszeitverteilung vereinbart worden, kann der Arbeitgeber 50 Arbeitsstunden vorarbeiten lassen und den Lohn dem Ansparkonto für die ersten 50 witterungsbedingten Ausfallstunden in der Schlechtwetterzeit als Winterausfallgeld-Vorleistung gutschreiben.

Für jede Vorarbeitsstunde besteht Anspruch auf den Mehrarbeitszuschlag. Betriebliche Regelungen über die Auszahlung oder Gutschrift sind möglich.

Nachholarbeit

Baubetriebe ohne Arbeitszeitregelung können die infolge schlechten Wetters ausgefallenen Arbeitsstunden innerhalb von 24 Werktagen nachholen lassen. Für jede Nachholstunde ist der Mehrarbeitszuschlag zu zahlen.

Betriebliche Arbeitszeitverteilung

Die betriebliche Durchführung erfolgt zweckmäßigerweise durch
- Festlegung des Ausgleichszeitraums
- Aufstellung des Umfangs der Arbeitszeit
- Verteilung auf die einzelnen Werktage

Zu beachten sind folgende Bedingungen:
- Mindestarbeitszeit in der Kalenderwoche: 32 Stunden
  im Kalendermonat: 125 Stunden

- Gesetzliche Arbeitszeitgrenzen:
  10 Stunden täglich,
  60 Stunden wöchentlich,
  48 Stunden wöchentlich im Durchschnitt von 6 Monaten
- Durchschnittliche wöchentliche Arbeitszeit am Ende des Ausgleichszeitraums
- Mindesteinkommen im Kalendermonat
- Schriftlicher Arbeitszeitplan

Flexibler Arbeitszeitplan

Die Baubetriebe werden entsprechend ihrer regionalen, personellen und auftragsbedingten Situation einen Arbeitszeitplan aufstellen. Als Beispiel wird der Jahresplan einer kleineren süddeutschen Bauunternehmung abgebildet.

ARBEITSZEITPLAN FA. WEZSTEIN 1997

1997	1	2	3	4	5	6	7	8	9	10	11	12	13	14	15	16	17	18	19	20	21	22	23	24	25	26	27	28	29	30	31	Gesamt	AT
Januar	F 8,0	8	5,5	8		F 8,0	U 8,0	U 8,0	U 8,0	U 5,5	U 8,0	8	8	8	8	8	5,5	8	8	8	8	8	8	5,5	8		8	8	8	8	5,5	171,5	25
Februar		8,5	8	8	8	U 8,0	5,5	U 8,0	U 8,0	U 8,0	8	8	8	5,5	8		8	8	8	8	5,5	8		8	8	8	8	5,5	X	X	F 8,0	150	20
März			8	8	8	8	5,5	F 8,0		8	8	8	8	5,5	8,5	8,5	8	8,5	F 8,0	8	5,5	8,5		8,5	6	8,5	8,5	F 6,0	F 8,0		F 8,0	160,5	21
April	8,5	8,5	8,5	8,5		8,5	8,5	8,5	8,5	8,5	8,5	8,5		8,5	8,5	8,5	8,5	8,5	8,5		8,5	8,5	8,5	8,5		8,5	8,5	8,5	8,5		X	184,5	22
Mai	F 8,0	8,5	Sa	So	8	8	8,5	F 8,0	8,5	8,5	8	8	8	8,5	8,5	8,5	8,5	8,5	8,5	8,5	8,5	8,5		8,5	6	8,5		8,5	F 8,0	8,5	X	182,5	22
Juni		8,5	8,5	8,5	8,5	8	8,5		8,5	8,5	8,5	8,5	8,5	8,5	8,5	8,5	8,5	8,5	8,5	8,5	8,5	8,5	8,5	8,5	8,5	8,5	6	8,5	8,5	6		176	21
Juli	8,5	8,5	8,5	8,5		8,5	8,5	8,5	8,5	8,5	8,5	8,5	8,5	8,5	8,5	8,5	8,5	8,5	8,5	8,5	8,5	8,5	8,5	8,5	8,5		8,5	8,5	8,5	8,5	8,5	195,5	23
August	6		U 8,0	U 8,0	U 8,0	U 8,0	U 8,0	U 8,0		U 8,0	U 8,0	U 8,0	U 8,0	U 8,0	U 8,0		8,5	U 8,0	8,5		U 8,0	U 8,0	8,5		8,5	8,5	8,5		8,5	8,5	8,5	168,5	22
September	8,5	8,5	F 6,0	8,5	8,5	8	8		8,5	8,5	8,5	8	8,5	8,5	8,5	8,5	8,5	8,5	8,5	8,5	8,5	8,5	8,5	8,5	8,5		8	8	8,5	8,5		184,5	22
Oktober	8,5	8,5	F 6,0	8	8	8,5	8,5	8	8	8	8	8	8	8,5	8	8,5	8	8	8	8	6	8,5	8,5	8	8	8	8	8	8	8	5,5	188	23
November	8		8	8	8	8	5,5		8	8	8	8	8	5,5	8		8	8	5,5	8	6	8	8	L 8,0	L 8,0	L 8,0	8	6	U 8,0	U 8,0	X	150	20
Dezember	8	8	8	8	5,5		8	8	8	8	8	8	8		8	8	8	8	5,5		8	8	8	L 8,0	L 8,0	L 5,5	8		U 8,0	U L 8,0	L 8,0	174	25

		SUMME	2085,5	261

Verschiebungen bzw. Änderungen witterungsbedingt möglich!!

F = Feiertag
L = Lohnausgleichzeitraum
U = Urlaub

7.6 Produktive Löhne – Unproduktive Löhne

Beispiel eines Ausgleichskontos

1977	Arbeitszeitplan Fa. Wezstein Tatsächl. gearb. Stunden	ausbezahlte Stunden (siehe unten)	Guthaben Stunden
Januar	171,5	171,5	0
Februar	150,0	150,0	0
März	160,5	159,5	1,0
April	184,5	172,0	12,5
Mai	182,5	171,0	11,5
Juni	176,0	164,0	12,0
Juli	195,5	180,0	15,5
August	168,5	163,0	5,5
September	184,5	172,0	12,5
Oktober	188,8	177,5	10,5
November	150,0	150,0	0
Dezember	174,0	174,0	0
Summe	2085,5	2004,5	81,0

(Arbeitsentgeltkonto)

Ausbezahlte Stunden

Winterarbeitszeit = 37,5 Std./Woche (1.–12.+ 44.–52. Kalenderwoche)
Sommerarbeitszeit = 39 Std./Woche (13.–43. Kalenderwoche)

*81 vorgeleistete Stunden entsprechen
2 Wochen + 6 Arbeitsstunden bei Schlechtwetter*

Einige betriebliche Untersuchungen ergaben, daß die flexible Arbeitszeitgestaltung Einsparungen von 4 bis 8 % der Lohnzusatzkosten ermöglicht. Andererseits steigt der Verwaltungsaufwand für die gesamte Lohnabrechnung.

7.6 Produktive Löhne – Unproduktive Löhne

Diese Art der Bezeichnung ist nicht ganz richtig und deshalb auch umstritten. Was soll sie aber aussagen? Wenn der Kalkulator die Lohnkosten ermitteln will, so ist ihm das bei den Löhnen, die für die Mauerarbeiten gezahlt werden müssen, möglich. Auch die Materialtransporte lassen sich abschätzen. Diese beiden Löhne sind *direkt* für die eigentliche Herstellung (Produktion) erforderlich, daher *produktive Löhne* oder Fertigungslöhne genannt.

In jedem Betrieb entstehen Lohnkosten für Aufräumungs- und Instandsetzungsarbeiten, für die Tätigkeit des Meisters und vieles mehr. Diese Arbeiten haben aber nur *indirekt* mit der Produktion des Werkes zu tun. Die Bezeichnung *unproduktive Löhne* ist dafür nicht so zutreffend wie die im Lohnkonto auch enthaltenen Zahlungen für Feiertage, Ausfalltage, Urlaub und Krankheit.

Die produktiven Löhne für die einzelnen Teilleistungen lassen sich also direkt ermitteln. Die unproduktiven Löhne dagegen können nur insgesamt erfaßt und in den Gemeinkosten verrechnet werden. Dazu müssen sie aus dem gesamten Lohnkonto herausgenommen werden.

Die Werte müssen der Lohnbuchhaltung entnommen werden. Nur soweit das im Einzelfall nicht möglich oder zu aufwendig ist, dürfen sie geschätzt werden.

Das Lohnkonto ist also zu »bereinigen«, indem die unproduktiven Löhne herausgenommen werden. Der verbleibende Teil entspricht dann dem produktiven Lohn.

Aufteilung der Löhne

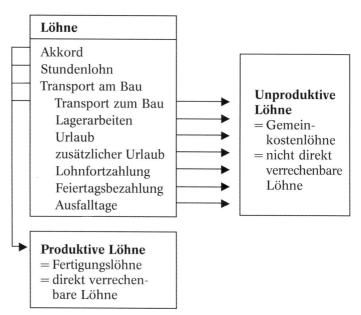

7.7 Zeitwerte

Wenn der Maurermeister eine Angebotskalkulation durchführt, um einem Kunden beispielsweise eine Treppe anzubieten, muß er sich Gedanken darüber machen, welche Zeit seine Gesellen für die Ausführung der Arbeiten benötigen. Er könnte nach seiner Erfahrung, besonders bei schon lange Zeit bei ihm beschäftigten Gesellen, dabei in verschiedener Art vorgehen, z. B.

a) nach Erfahrung und Aufschrieben (Tagesberichten) kann er die Zeit für die ganze Treppe ansetzen.

b) nach Erfahrung kann die ganze Arbeit aufgeschlüsselt werden, z. B.

Aufreißen	_____ Stunden
Schalung herstellen	_____ Stunden
Bewehrung herstellen	_____ Stunden
Betonieren	_____ Stunden
Evtl. Nachbehandlung	_____ Stunden
Ausschalen	_____ Stunden
	_____ Stunden

Für immer wieder auszuführende Arbeiten wird sich bald ein Mittelwert für den Zeitaufwand erkennen lassen. Dieser schwankt in Abhängigkeit von der Qualität der Arbeiter und von der Schwierigkeit der Arbeiten. Es ließe sich aber sicher im Laufe der Zeit eine Tabelle mit gängigen Aufwandswerten aufstellen.

Umfangreiche Zeitwerte sind beispielsweise aufgeführt in »Preisermittlung für Bauarbeiten« von Plümecke in Müller-Verlag und in den ARH Arbeitszeitrichtwerten beim Zeittechnik-Verlag.

Für unsere Übungen sind nachstehende Tabellen mit üblichen Bauarbeiten angelegt, die auf Angaben von Baubetrieben und Innungen beruhen und an die beiden oben genannten Zeitwert-Tabellen angelehnt sind. Darin ist die Bedienung der Maschinen in den Arbeiterstunden enthalten.

Die angegebenen Werte sind für die Struktur eines jeden Betriebes, sogar für jedes Bauobjekt, zu überprüfen. Jeder Maurermeister muß bestrebt sein, durch Kontrollaufzeichnungen eigene Werte zu schaffen.

Nr.	Leistung	Einheit	Std./Einheiten		Anmerkungen	Material/ Sonstiges
			Arbeiter	Maschinen		
1	**Baustelleneinrichtung**					
1.1	**Bauzaun**					
	aus Brettern	m	1,70			Transport
	aus Betonstahlmatten	m	0,80			Vorhaltung
1.2	**Bauschild aufstellen**	St	4,00			
1.3	**Baustraße**	m²	0,10			Schotter
1.4	**Bauwagen aufstellen**					
	Mannschaft	St	4,00			Transport
	Sanitär	St	10,00			Anschluß
	Baustellen-Klosett	St	1,50			Vorhaltung
1.5	**Baugeräte**					
	Mischer, 150 l	St	5,00			
	Kranbahn					
	auf Holzschwellen	m	5,00			
	Turmkran	St	60,00			Transport
	Turmkran, fahrbar auf Sch.					Vorhaltung
	30 m Aufladung					
	aufstellen	St	120,00	4,00	Kranwagen	
	abbauen	St	100,00	4,00	Kranwagen	
1.6	**Anschlüsse**					Anschluß-
	Strom	St	12,00			kosten
	Bauwasser	St	10,00			Zähler
	Die Ansätze enthalten jeweils Aufstellen, Unterhaltung u. Abbau					
2	**Erdarbeiten**					
2.1	**Vorarbeiten**					
2.1.1	Büsche roden	m²	0,15			
2.1.2	Bäume fällen, entästen, aufschneiden und seitlich lagern					
	Durchmesser 10 cm	St	0,25			
	30 cm	St	0,50			
	50 cm	St	1,00			
2.2	**Oberboden**					
2.2.1	Abtrag von Hand					
	seitlich lagern	m³	1,80			
	fördern je 10 m	m³	0,90			

7.7 Zeitwerte

Nr.	Leistung	Einheit	Std./Einheiten		Anmerkungen	Material/Sonstiges
			Arbeiter	Maschinen		
2.2.2	Abtrag mit Planierraupe		2,00	2,00	Rüstzeit je Einsatz	
	bis 40 m Förderweite	m³	0,05	0,04	30–50 kW	
		m³	0,05	0,03	51–90 kW	
	Mehrweite je 10 m	m³		0,01	30–90 kW	
2.2.3	Andecken von Hand					
	Andecken	m³	1,50			
	Transport je 10 m	m³	1,00			
2.2.4	Andecken mit Planierraupe		2,00	2,00	Rüstzeit je Einsatz	
	bis 40 m Transportweite	m³	0,10	0,04	30–50 kW	
		m³	0,10	0,03	51–90 kW	
	Mehrweite je 10 m	m³		0,10	30–90 kW	
2.3	**Baugrubenaushub**		2,00	2,00	Rüstzeit je Einsatz	
2.3.1	Lösen und seitlich lagern					
	Bagger bis 0,35 m³ Löffelinhalt	m³	0,12	0,07	Bodenkl. 3	
		m³	0,14	0,08	Bodenkl. 4	
		m³	0,16	0,10	Bodenkl. 5	
		m³	0,30	0,15	Bodenkl. 6	
	bis 0,90 m³	m³	0,10	0,05	Bodenkl. 3	
		m³	0,12	0,06	Bodenkl. 4	
		m³	0,14	0,08	Bodenkl. 5	
		m³	0,20	0,12	Bodenkl. 6	
	Raupenlader					
	bis 0,80 m³ Schaufelinhalt	m³	0,10	0,06	Bodenkl. 3	
		m³	0,12	0,07	Bodenkl. 4	
		m³	0,15	0,09	Bodenkl. 5	
		m³	0,25	0,15	Bodenkl. 6	
	bis 1,25 m³	m³	0,09	0,04	Bodenkl. 3	
		m³	0,10	0,06	Bodenkl. 4	
		m³	0,13	0,07	Bodenkl. 5	
		m³	0,20	0,10	Bodenkl. 6	
2.3.2	Lösen und laden					
	Bagger bis 0,35 m³	m³	0,12	0,08	Bodenkl. 3	Abfuhr Deponiegebühr
		m³	0,14	0,09	Bodenkl. 4	
		m³	0,16	0,11	Bodenkl. 5	
		m³	0,30	0,16	Bodenkl. 6	
	bis 0,90 m³	m³	0,10	0,06	Bodenkl. 3	
		m³	0,12	0,07	Bodenkl. 4	
		m³	0,14	0,09	Bodenkl. 5	
		m³	0,20	0,13	Bodenkl. 6	

Nr.	Leistung	Ein-heit	Std./Einheiten Ar-beiter	Std./Einheiten Ma-schinen	Anmer-kungen	Material/ Sonstiges
	Raupenlader					
	bis 0,80 m³	m³	0,10	0,07	Bodenkl. 3	
		m³	0,12	0,08	Bodenkl. 4	
		m³	0,15	0,10	Bodenkl. 5	
		m³	0,25	0,16	Bodenkl. 6	
	bis 1,25 m³	m³	0,09	0,05	Bodenkl. 3	
		m³	0,10	0,07	Bodenkl. 4	
		m³	0,13	0,08	Bodenkl. 5	
		m³	0,20	0,11	Bodenkl. 6	
2.4	**Aushub für Fundamente und Rohrleitungsgräben**					
2.4.1	Von Hand					
	bis 0,80 m Tiefe	m³	2,00		Bodenkl. 3	Transport
		m³	2,40		Bodenkl. 4	Deponie-
		m³	3,00		Bodenkl. 5	gebühren
		m³	4,20		Bodenkl. 6	
	bis 1,25 m Tiefe	m³	2,40		Bodenkl. 3	
		m³	2,70		Bodenkl. 4	
		m³	3,30		Bodenkl. 5	
		m³	4,50		Bodenkl. 6	
2.4.2	mit Bagger					
	bis 0,35 m³ Löffelinhalt		2,00	2,00	Rüstzeit je Einsatz	
	Aushubquerschnitt					
	bis 0,50 m²	m³	0,35	0,20	Bodenkl. 3	
		m³	0,45	0,25	Bodenkl. 4	
		m³	0,55	0,30	Bodenkl. 5	
		m³	0,85	0,45	Bodenkl. 6	
	bis 1,00 m²	m³	0,30	0,18	Bodenkl. 3	
		m³	0,40	0,22	Bodenkl. 4	
		m³	0,50	0,28	Bodenkl. 5	
		m³	0,80	0,40	Bodenkl. 6	
	über 1,00 m²	m³	0,25	0,15	Bodenkl. 3	
		m³	0,35	0,20	Bodenkl. 4	
		m³	0,45	0,25	Bodenkl. 5	
		m³	0,70	0,35	Bodenkl. 6	
2.4.3	mit Bagger					
	bis 0,10 m³ Löffelinhalt		1,00	1,00	Rüstzeit je Einsatz	
	Aushubquerschnitt					
	bis 0,50 m²	m³	0,65	0,50	Bodenkl. 3	
		m³	0,80	0,65	Bodenkl. 4	
		m³	0,90	0,75	Bodenkl. 5	
		m³	1,15	1,00	Bodenkl. 6	

Nr.	Leistung	Ein-heit	Std./Einheiten		Anmer-kungen	Material/Sonstiges
			Ar-beiter	Ma-schinen		
	bis 1,00 m²	m³	0,60	0,45	Bodenkl. 3	
		m³	0,70	0,55	Bodenkl. 4	
		m³	0,85	0,70	Bodenkl. 5	
		m³	1,10	0,95	Bodenkl. 6	
	über 1,00 m²	m³	0,50	0,38	Bodenkl. 3	
		m³	0,65	0,50	Bodenkl. 4	
		m³	0,80	0,65	Bodenkl. 5	
		m³	1,00	0,85	Bodenkl. 6	
2.5	**Auffüllung einschließlich Verdichtung**					
2.5.1	Arbeitsräume					
	von Hand	m³	1,30		Bodenkl. 3–4	
	mit Planierraupe/Lader	m³	0,17	0,10	Bodenkl. 3–4	
	mit Bagger	m³	0,25	0,20	Bodenkl. 3–4	
2.5.2	Rohrleitungsgräben					
	von Hand	m³	1,50		Bodenkl. 3–4	
	mit Planierraupe/Lader	m³	0,20	0,10	Bodenkl. 3–4	
	mit Bagger	m³	0,30	0,15	Bodenkl. 3–4	
3	**Entwässerungsleitungen**					
3.1	**Rohre abladen und transportieren**					
3.1.1	Steinzeug und Beton bis 2 m					
	DN 100	St	0,03			
	125 u. 150	St	0,04			
	200	St	0,05			
3.1.2	PVC bis 2 m lang					
	DN 100	St	0,015			
	125 u. 150	St	0,02			
	bis 5 m lang					
	DN 100	St	0,02			
	125 u. 150	St	0,03			

Nr.	Leistung	Ein-heit	Std./Einheiten		Anmer-kungen	Material/Sonstiges
			Ar-beiter	Ma-schinen		
3.2	**Rohre verlegen** für 1 Stück pro Muffe					
3.2.1	Steinzeug, Steckmuffe L in nichtbindigem Boden bis 1,25 m				Steckmuffe K	
	DN 100	St	0,35			
	125	St	0,45			
	150	St	0,50			
	1,50 bis 2,00 m lang					
	DN 150	St	0,55			
	200	St	0,60		0,70 Std./Mu	
	in bindigem Boden bis 1,25 m					
	DN 100	St	0,28			
	125	St	0,35			
	150	St	0,40			
	1,50 bis 2,00 m lang					
	DN 150	St	0,45			
	200	St	0,50		0,60 Std./Mu	
	Zulagen					
	Bogen	St	0,35			
	Abzweige	St	0,45			
3.2.2	PVC-Rohre mit Steckmuffe in nichtbindigem Boden bis 1 m lang				in bindigem Boden	
	DN 100	St	0,10		0,10 Std./Mu	
	150	St	0,15		0,12 Std./Mu	
	200	St	0,20		0,15 Std./Mu	
	1,00–2,00 m lang					
	DN 100	St	0,15		0,12 Std./Mu	
	150	St	0,20		0,15 Std./Mu	
	200	St	0,25		0,20 Std./Mu	
	bis 5,00 m lang					
	DN 100	St	0,20		0,15 Std./Mu	
	150	St	0,25		0,20 Std./Mu	
	200	St	0,30		0,25 Std./Mu	

Nr.	Leistung	Ein-heit	Std./Einheiten		Anmer-kungen	Material/Sonstiges
			Ar-beiter	Ma-schinen		
3.2.3	Sandbett					Sand
	bei Rohren DN 100	m	0,03			
	125 u. 150	m	0,04			
	150	m	0,05			
3.2.4	Drainage, in Sickerkies					
	Tonrohre DN 100	m	0,25			Rohre
	150	m	0,35			Filterkies
	Porenbeton DN 100	m	0,30			
	125	m	0,35			
	150	m	0,40			
	PVC DN 100	m	0,15			
	160	m	0,20			
3.2.5	Schächte					
	Unterteil mit Rinne	St	2,00			
	Schachtring	St	1,10			
	Konus (Hals)	St	1,40			
	Ausgleichsring, 10 cm hoch	St	0,20			
	Abdeckung					
	in Grundstücken	St	1,10			
	in Fahrbahnen	St	1,80			
3.2.6	Abläufe					
	Kellerablauf	St	1,00			
	mit Rückstauverschluß	St	1,40			
	Hofablauf	St	2,00			

4 Mauerarbeiten

4.1 Natursteinmauerwerk

Nr.	Leistung	Ein-heit	Ar-beiter	Ma-schinen	Anmer-kungen	Material/Sonstiges
4.1.1	Trockenmauerwerk, einhäuptig	m³	5,50			1,35 m³ Bruchsteine
4.1.2	Mauerwerk, zweihäuptig					
	als Bruchsteinmauerwerk	m³	7,50			1,26 m³ St 380 l Mör.
	als unregelmäßiges Schichtmauerwerk	m³	11,00			
	als regelmäßiges Schichtmauerwerk	m³	13,00			
4.1.3	Verblendmauerwerk					
	als unregelmäßiges Schichtm.	m²	6,00			
	als regelmäßiges Schichtm.	m²	7,50			

Nr.	Leistung	Ein-heit	Std./Einheiten Ar-beiter	Std./Einheiten Ma-schinen	Anmer-kungen	Material/Sonstiges
4.2	**Mauerziegel**, DIN 105 Innen- und Außenwände, Kranbaustelle					*Steinangabe ist ohne Bruch u. Verh.(2–4% zu ver-rechnen)*
	Die Zeitwerte basieren auf 100 m² bzw. 50 m³; bei Mindermengen Zuschlag 10%; enthalten sind Maschinist und Bockgerüste;					
	Stark gegliedertes Mauerwerk 5% Zuschlag Großflächig, wenig Öffnungen 5% Abzug					*Mörtel ist einschl. Verlust*
	Mörtel mischen	m³	0,76			
						Steine (St)/ Mörtel (l)
4.2.1	Mz und HLz				(Nut u. Feder)	
	Wanddicke 11,5 cm					
	DF (240x115x 52)	m²	1,10			64/ 31
	NF (240x115x 71)	m²	0,90			48/ 28
	2 DF (240x115x113)	m²	0,80			32/ 20
	4 DF (240x115x238)	m²	0,55		(0,50)	16/ 13
	8 DF (490x115x238)	m²	0,35		(0,30)	8/ 10
	Wanddicke 17,5 cm					
	3 DF (240x175x113)	m²	0,90			32/ 30
	6 DF (240x175x238)	m²	0,80		(0,75)	16/ 25
	12 DF (490x175x238)	m²	0,65		(0,60)	8/ 20
	Wanddicke 24 cm					
	NF (240x115x 71)	m²	1,40			96/ 70
	2 DF (240x115x113)	m²	1,20			64/ 55
	3 DF (175x240x113)	m²	1,10			46/ 48
	4 DF (240x240x113)	m²	1,00			32/ 41
	10 DF (300x240x238)	m²	0,90		(0,80)	14/ 25
	16 DF (490x240x238)	m²	0,77		(0,65)	8/ 22
	Wanddicke 30 cm					
	2 DF + 3 DF	m³	4,50			108 + 108/250
	5 DF (240x300x113)	m³	3,80		(3,40)	107/166
	10 DF (240x300x238)	m³	3,40		(3,00)	54/115
	20 DF (490x300x238)	m³	3,00		(2,60)	27/ 90

7.7 Zeitwerte

Nr.	Leistung	Einheit	Std./Einheiten		Anmerkungen	Material/Sonstiges
			Arbeiter	Maschinen		
	Wanddicke 36,5 cm					
	2 DF (240x115x113)	m^3	4,80			263/245
	6 DF (240x365x113)	m^3	3,80		(3,65)	88/160
	12 Df (240x365x238)	m^3	3,00		(2,80)	46/100
	24 DF (490x365x238)	m^3	2,80		(2,70)	22/ 90
4.2.2	Porotonziegel (Porosierte Ziegel T) können wie HLz gerechnet werden. Als Planhochlochziegel TE mit Stoßverzahnung in Dünnbettmörtel					
	Wanddicke 24 cm					
	8 DF (248x240x249)	m^2	0,72			16/ 5 kg
	Wanddicke 30 cm					
	10 DF (248x300x249)	m^3	2,60			56/20 kg
	Wanddicke 36,5 cm					
	12 DF (248x365x249)	m^3	2,50			44/20 kg
4.3	**Kalksandsteine**, DIN 106					
	Wanddicke 11,5 cm					
	DF (240x115x 52)	m^2	1,40			64/ 27
	NF (240x115x 71)	m^2	1,00			48/ 24
	2 DF (240x115x113)	m^2	0,85			32/ 17
	8 DF (490x115x238)	m^2	0,40		(0,35)	8/ 10
	Wanddicke 17,5 cm					
	3 DF (240x175x113)	m^2	0,85			32/ 26
	6 DF (240x175x238)	m^2	0,80		(0,70)	16/ 20
	12 DF (490x175x238)	m^2	0,75		(0,66)	8/ 15
	Wanddicke 24 cm					
	NF (240x115x 71)	m^2	1,40			96/ 52
	2 DF (240x115x113)	m^2	1,25			64/ 46
	3 DF (240x175x113)	m^2	1,10			45/ 40
	5 DF (300x240x113)	m^2	1,00		(0,85)	29/ 34
	8 DF (240x240x238)	m^2	0,90		(0,80)	16/ 24
	16 DF (490x240x238)	m^2	0,80		(0,75)	8/ 19
	Wanddicke 30 cm					
	2 DF + 3 DF	m^3	4,80			108 + 108/208
	5 DF	m^3	3,90		(3,50)	107/160
	10 DF (240x300x238)	m^3	3,35		(3,00)	54/ 92

Nr.	Leistung	Einheit	Std./Einheiten Arbeiter	Std./Einheiten Maschinen	Anmerkungen	Material/Sonstiges
	Wanddicke 36,5 cm					
	2 DF (240x115x113)	m³	5,10			263/200
	6 DF (240x365x113)	m³	3,80		(3,60)	88/135
	12 DF (240x365x238)	m³	3,00		(2,90)	44/ 85
4.4	**Porenbeton** (Gasbeton) DIN 4165 Innen- und Außenwände					
4.4.1	PB – Blocksteine (G) in MG II bis III					
	Wanddicke 11,5 cm					
	(490x115x240)	m²	0,65		(0,60)	8/ 10
	Wanddicke 15 cm					
	(490x150x240)	m²	0,70		(0,65)	8/ 14
	Wanddicke 17,5 cm					
	(490x175x240)	m²	0,70		(0,67)	8/ 15
	(615x175x240)	m²	0,65		(0,60)	7/ 13
	Wanddicke 24 cm					
	(490x240x240)	m²	0,88		(0,82)	8/ 20
	(615x240x240)	m²	0,84		(0,78)	9/ 19
	Wanddicke 30 cm					
	(323x300x240)	m³	3,40		(3,20)	42/100
	(490x300x240)	m³	3,30		(3,10)	27/ 85
	(615x300x240)	m³	3,10		(2,90)	22/ 75
	Wanddicke 36,5 cm					
	(323x365x240)	m³	3,20		(3,10)	34/ 90
	(490x365x240)	m³	3,10		(2,90)	22/ 80
4.4.2	PP – Plansteine (GP) in Dünnbettmörtel					
	Wanddicke 11,5 cm					
	(499x115x249)	m²	0,62			8/ 2 kg
	(624x115x249)	m²	0,60			6,5/ 2 kg
	Wanddicke 17,5 cm					
	(499x175x249)	m²	0,65		(0,58)	8/ 4 kg
	(624x175x249)	m²	0,60		(0,54)	7/ 4 kg
	Wanddicke 25 cm					
	(499x250x249)	m³	3,10		(2,85)	32/20 kg
	(624x250x249)	m³	3,00		(2,75)	26/20 kg

7.7 Zeitwerte

Nr.	Leistung	Einheit	Std./Einheiten		Anmerkungen	Material/ Sonstiges
			Arbeiter	Maschinen		
	Wanddicke 30 cm					
	(332x300x249)	m³	2,90		(2,70)	40/20 kg
	(499x300x249)	m³	2,85		(2,65)	27/20 kg
	(624x300x249)	m³	2,75		(2,55)	21,5/20 kg
	Wanddicke 36,5 u. 37,5 cm					
	(332x365x249)	m³	2,85		(2,75)	33/20 kg
	(499x365x249)	m³	2,85		(2,75)	22/20 kg
	(249x375x249)	m³	3,00		(2,90)	44/20 kg
4.5	**Hohlblocksteine** (Hohlblöcke Hbl) aus Leichtbeton, DIN 18151 Wanddicke 17,5 cm					
	(495x175x238)	m²	0,72			8/ 18
	Wanddicke 24 cm					
	(305x240x238)	m²	1,05			13/ 26
	(370x240x238)	m²	1,00			11/ 24
	(495x240x238)	m²	0,90			8/ 22
	Wanddicke 30 cm					
	(245x300x238)	m³	3,70			54/110
	(370x300x238)	m³	3,60			36/ 90
	(495x300x238)	m³	3,30			27/ 80
	Wanddicke 36,5 cm					
	(495x365x238)	m³	2,95			22/ 75
4.6	**Vollsteine u. Vollblöcke aus Leichtbeton,** DIN 18152					
4.6.1	Vollsteine (V) Wanddicke 11,5 cm					
	NF (240x115x 71)	m²	0,75			48/ 25
	2 DF (240x115x113)	m²	0,70			32/ 20
	Wanddicke 17,5 cm					
	3 DF (240x175x113)	m²	0,80			30/ 32
	Wanddicke 24 cm					
	4 DF (240x240x115)	m²	0,97			31/ 40
	5 DF (300x240x115)	m²	0,91			26/ 40
	8 DF (490x240x115)	m²	0,84			16/ 26
	Wanddicke 30 cm					
	5 DF (240x300x115)	m³	3,50			107/170
	Wanddicke 36,5 cm					
	2 DF (240x115x113)	m³	4,80			256/225

Nr.	Leistung	Ein-heit	Std./Einheiten Ar-beiter	Std./Einheiten Ma-schinen	Anmer-kungen	Material/ Sonstiges
4.6.2	Vollblöcke (Vbl) Wanddicke 11,5 cm					
	8 DF (495x115x238)	m²	0,70			8/ 8
	Wanddicke 17,5 cm					
	6 DF (245x175x238)	m²	0,72			15/ 21
	12 DF (495x175x238)	m²	0,62		(0,59)	8/ 18
	Wanddicke 24 cm					
	8 DF (245x240x238)	m²	0,94			16/ 26
	10 DF (305x240x238)	m²	0,82			13/ 25
	12 DF (370x240x238)	m²	0,80		(0,72)	11/ 22
	16 DF (495x240x238)	m²	0,78		(0,71)	8/ 19
	Wanddicke 30 cm					
	10 DF (245x300x238)	m³	3,25		(2,90)	54/115
	15 DF (370x300x238)	m³	3,15		(2,85)	36/100
	20 DF (495x300x238)	m³	3,05		(2,75)	27/ 95
	Wanddicke 36,5 cm					
	12 DF (245x365x238)	m³	2,90		(2,70)	44/105
	18 DF (370x365x238)	m³	2,85		(2,65)	30/ 75
	24 DF (495x365x238)	m³	2,80		(2,60)	22/ 70
4.7	**Sonstige Mauerarbeiten**					
4.7.1	Pfeiler, freistehend					
	24/24 cm, NF	m	1,10			24/18
	2 DF	m	1,00			16/14
	4 DF	m	0,85			8/ 8
	36,5/36,5 cm, NF	m	1,65			54/45
	2 DF	m	1,50			36/35
4.7.2	Sparrenausmauerung					
	bei Wanddicke 11,5 cm	m²	1,70			
	24 cm	m²	3,00			
4.7.3	Zulage für Sichtmauerwerk, 24 cm dick					
	einseitig NF	m²	1,05			
	zweiseitig NF	m²	1,25			
	einseitig 2 DF	m²	0,85			
	zweiseitig 2 DF	m²	1,00			
4.7.4	Schornsteine aus Mz, HLz, KS Rohrquerschnitt 13,5/20 cm					
	einrohrig NF	m	1,35			
	zweirohrig NF	m	2,20			
	einrohrig 2 DF	m	1,05			
	zweirohrig 2 DF	m	1,70			

7.7 Zeitwerte

Nr.	Leistung	Einheit	Std./Einheiten		Anmerkungen	Material/Sonstiges
			Arbeiter	Maschinen		
	Rohrquerschnitt 20/20 cm					
	einrohrig 2 DF	m	1,15			
	zweirohrig 2 DF	m	2,00			
	Rohrquerschnitt 26/26 cm					
	einrohrig 2 DF	m	1,45			
	zweirohrig 2 DF	m	2,75			
	Schornsteinkopf als Sichtmauerwerk					
	einrohrig NF	m^3	16,00			
	zweirohrig NF	m^3	13,50			
	einrrohrig 2 DF	m^3	12,50			
	zweirohrig 2 DF	m^3	11,50			
4.7.5	Schornsteine aus Formstücken					
	Mantelsteine, 33 cm hoch					
	Grundfl. bis 0,25 m^2	m	0,80			
	bis 0,50 m^2	m	1,00			
	bis 0,75 m^2	m	1,50			
	Innenrohr, 33 cm hoch					
	bis ø 20 bzw. 15/20 cm	m	0,30			
	über ø 20 bzw. 15/20 cm	m	0,33			
	Wärmedämmschicht	m	0,13			
	Kragplatte					
	Grundfl. bis 0,50 m^2	St	0,65			
	bis 1,00 m^2	St	0,75			
	Abdeckung					
	Grundfl. bis 0,50 m^2	St	0,70			
	bis 1,00 m^2	St	0,80			
	Reinigungstür versetzen	St	0,60			
	Kopf-Ummantelung, 11,5 cm					
	NF	m^2	1,50			
	DF	m^2	2,00			
4.7.6	Balken-, Pfettenanker aus Flachstahl versetzen	St	0,30			
	Steinschrauben setzen	St	0,25			
4.7.7	Rolladenkasten versetzen	m	0,40			
	Gurtkasten versetzen beim Aufmauern	St	0,25			
4.7.8	Sperrschicht aus Bitumenpappe					
	11,5 u. 17,5 cm breit	m	0,03			
	24, 30, 36,5 cm breit	m	0,04			

Nr.	Leistung	Einheit	Std./Einheiten		Anmerkungen	Material/Sonstiges
			Arbeiter	Maschinen		
5	**Schalarbeiten** *Die Angabe »Schalen« enthält das Ein-, Ausschalen, Reinigen und Vorbereitungsarbeiten.*					
5.1	**Fundamentschalung**					
5.1.1	Einzel- und Streifenfundamente mit Schaltafeln mit Brettern mit Rahmenschalung	m^2 m^2 m^2	0,90 1,15 0,50			
5.1.2	Randschalung für Fundamentplatten	m^2	1,80			
5.2	**Wandschalungen** *Die Zeitwerte werden hier für Flächen von ca. 100 m² angenommen, wesentlich kleinere erhalten ca. 5 % Zuschlag, größere 5 % Abschlag.* *Die Werte gelten für den 1. Einsatz*				(mehrmaliger Einsatz)	
5.2.1	Aus Kanthölzern, Schalträgern, Schaltafeln, Brettern Bretter Schaltafeln Verbundplatten	m^2 m^2 m^2	1,20 0,90 0,60		(1,10) (0,80) (0,50)	
	Zulage für Sichtbeton-Bretterschalung	m^2	0,10			
5.2.2	Großflächenschalung einschl. Stirn- u. Eckschalung *als Mittelwert für Stahl-Holz-Elemente; für Holz-Holz-Elemente 15 % Zuschlag; für Stahl-Stahl-Elemente 15 % Abschlag* Elementgröße bis 6 m² Element montieren und demontieren Schalen	m^2 m^2	1,40 0,65		(0,55)	

7.7 Zeitwerte

Nr.	Leistung	Einheit	Std./Einheiten Arbeiter	Maschinen	Anmerkungen	Material/ Sonstiges
	Elementgröße 6 bis 9 m²					
	Element montieren und demontieren	m²	1,35			
	Schalen	m²	0,50		(0,41)	
	Elementgröße 9 bis 12 m²					
	Element montieren und demontieren	m²	1,30			
	Schalen	m²	0,38		(0,30)	
5.2.3	Rahmenschalung, einschließl. Ecken- und Stirnschalung					
	Die Zeitwerte sind systemabhängig. Hier sind Mittelwerte angesetzt.					
	Einzelelemente mit					
	2 Spannstellen/Stoß	m²	0,40			
	3 Spannstellen/Stoß	m²	0,44			
	Kombination bei zwei und mehr Elementen					
	2 Spannstellen/Stoß	m²	0,35			
	3 Spannstellen/Stoß	m²	0,38			
	Zulage für Aufstockung	m²	0,20			
	Zulage für Sichtschalung	m²	0,05			
5.3	**Stützenschalung** bis 3,50 m hoch					
5.3.1	Rechteckige Stützen bis 1,60 m Abwicklung					
	aus Brettern	m²	2,00		(1,80)	
	aus Verbundplatten	m²	1,80		(1,60)	
	aus Rahmenschalung	m²	0,80			
	über 1,60 m Abwicklung					
	aus Brettern	m²	1,35		(1,20)	
	aus Verbundplatten	m²	1,20		(1,10)	
	aus Rahmenschalung	m²	0,55			
	Zulage für Sichtschalung	m²	0,30			
5.3.2	Runde Stützen bis ø 30 cm					
	aus Latten	m²	3,00		(2,50)	
	aus Systemschalung	m²	0,90			
	über ø 30 cm					
	aus Latten	m²	2,40		(2,00)	
	aus Systemschalung	m²	0,75			

Nr.	Leistung	Ein-heit	Std./Einheiten		Anmer-kungen	Material/Sonstiges
			Ar-beiter	Ma-schinen		
5.4	**Stahlbetonbalken** schalen, einschließlich Montieren und Demontieren					
5.4.1	Plattenbalken					
	Unterzüge bis 1,00 m Abwicklung, aus					
	Brettern	m²	2,20		(1,80)	
	Mehrschichtplatten	m²	1,90		(1,50)	
	Systemschalung	m²	1,30		(1,05)	
	über 1,00 m Abwicklung, aus					
	Brettern	m²	1,80		(1,50)	
	Mehrschichtplatten	m²	1,40		(1,10)	
	Systemschalung	m²	0,90		(0,70)	
	Randunterzüge bis 1,00 m Abwicklung, aus					
	Brettern	m²	2,40		(2,00)	
	Mehrschichtplatten	m²	2,10		(1,70)	
	Systemschalung	m²	1,60		(1,30)	
	über 1,00 m Abwicklung, aus					
	Brettern	m²	2,00		(1,70)	
	Mehrschichtplatten	m²	1,60		(1,30)	
	Systemschalung	m²	1,10		(0,80)	
	Zulage für Sichtbeton	m²	0,30			
5.4.2	Balken, ohne Verband mit der Deckenschalung bis 1,00 m Abwicklung, aus					
	Brettern	m²	2,40		(2,20)	
	Mehrschichtplatten	m²	2,00		(1,80)	
	über 1,00 m Abwicklung, aus					
	Brettern	m²	1,90		(1,70)	
	Mehrschichtplatten	m²	1,60		(1,40)	
	Zulage für Sichtbeton	m²	0,30			
5.4.3	Ringanker und ähnliches, aus					
	Brettern	m²	1,60		(1,50)	
	Mehrschichtplatten	m²	1,40		(1,30)	

7.7 Zeitwerte 153

Nr.	Leistung	Einheit	Std./Einheiten		Anmerkungen	Material/Sonstiges
			Arbeiter	Maschinen		
5.5	**Deckenschalung**					
5.5.1	Deckenschalung aus Schalungsplatten auf Holzträgern, mit Stahlrohrstützen					
	bis 100 m² Schalungsfläche	m²	0,80			
	über 100 m² Schalungsfläche	m²	0,75		(0,68)	
5.5.2	Decken-Systemschalung mit Systemstützköpfen und Dreifuß					
	bis 100 m² Schalungsfläche	m²	0,60			
	über 100 m² Schalungsfläche	m²	0,55		(0,48)	
5.5.3	Balkone, *vgl. 5.5.1*	m²	1,30		(1,20)	
5.5.4	Randschalung	m²	1,75		(1,60)	
5.5.5	Abschalung für Decken auf der Deckenschalung					
	bei einlagiger Bewehrung	m²	0,90			
	bei zweilagiger Bewehrung	m²	1,70			
5.6	**Fertig-Elementdecken**					
	mit 4–6 cm dicker Betonschale einschließlich abladen, lagern; Stellen und Abbau der Joche; Verlegen der Elemente und Herstellung der Abschalung.	m²	0,50			
5.7	**Treppenschalung**					
	Treppenlaufplatte	m²	1,70		(1,55)	
	Wangen und Setzbretter der Stufen	m²	2,20		(2,10)	
	Treppenlaufplatte unter gewendelten Stufen	m²	4,50		(4,00)	
	Treppenlaufplatte einer Wendeltreppe	m²	5,50		(5,00)	
	Wangen und Setzbretter bei gewendelten und bei Wendeltreppen	m²	4,70		(4,20)	
	Podeste	m²	1,10		(1,00)	

Nr.	Leistung	Ein-heit	Std./Einheiten		Anmer-kungen	Material/Sonstiges
			Ar-beiter	Ma-schinen		
5.8	**Rand- und Nebenleistungen** sind in den Zeitwerten der bisher aufgeführten Schalarbeiten enthalten. Sollten sie einzeln verrechnet werden, so wären das folgende					
5.8.1	Nebenleistungen		ca.			
	– Auf- und Abladen	m²	0,15			
	– Erstmontage	m²	0,15			
	– Demontage, Schlußreinigung und Stapeln	m²	0,30			
	– Einarbeitungsmehraufwand	m²	0,10			
5.8.2	Zwischenmontage, Zwischenlagerung, Einmessen	m²	0,15			
5.8.3	Besondere Schwierigkeiten der Bauteile und der Baustelle sind mit gesondert einzuschätzenden Zuschlägen zu berücksichtigen.					

6 Bewehrungsarbeiten

Nr.	Leistung	Ein-heit	Std./Einheiten		Anmer-kungen	Material/Sonstiges
			Ar-beiter	Ma-schinen		
6.1	**Schneiden und Biegen von Betonstabstahl**					
	$d_s =$ 6 mm	t	13,00			
	8	t	11,00			
	10, 12, 14	t	7,50			
	16	t	6,50			
	20	t	5,50			
	25	t	4,50			
6.2	**Verlegen von Betonstabstahl** in Platten		*waage-recht*		*senkrecht*	
	$d_s =$ 6 mm	t	38,00		41,00	
	8	t	33,00		36,00	
	10, 12, 14	t	23,00		27,00	
	16	t	19,00		22,00	

7.7 Zeitwerte

Nr.	Leistung	Einheit	Std./Einheiten Arbeiter	Std./Einheiten Maschinen	Anmerkungen	Material/Sonstiges
	in Balken und in Stützen		*Balken*		*Stützen*	
	$d_s =$ 6 mm	t	42,00		44,00	
	8	t	37,00		39,00	
	10	t	31,00		34,00	
	12	t	28,00		30,00	
	14	t	25,00		27,00	
	16	t	23,00		24,00	
	20	t	19,00		21,00	
	25	t	15,00		16,00	
	in Fundamenten		*Streifen-Einzel-F.*		*Fundamentplatten*	
	$d_s =$ 6 mm	t	32,00		29,00	
	8	t	27,00		23,00	
	10, 12, 14	t	22,00		17,00	
	16	t	18,00		11,00	
	20	t	14,00		9,00	
	25	t	10,00		7,00	
	Mittelwert insgesamt (für Übungen)	t	27,00			
	in Treppen		*gerade*		*gewendelt*	
	$d_s =$ 6 mm	t	40,00		45,00	
	8	t	35,00		40,00	
	10, 12, 14	t	30,00		40,00	
6.3	**Betonstahlmatten**					
6.3.1	Verlegen		*waagerecht*		*senkrecht*	
	bis Q 131 und R 188	t	33,00		36,00	
	bis Q 188 und R 317	t	21,00		24,00	
	bis Q 257 und R 443	t	17,00		19,00	
	bis Q 377 und R 589 u. K 664	t	14,00		15,00	
	bis Q 513 und K 884	t	11,00		13,00	
	Mittelwert (für Übungen)	t	18,00			
6.3.2	Biegen je Kante	St	0,02			
6.3.3	Schneiden pro Schnittlinie	St	0,03			

Nr.	Leistung	Ein-heit	Std./Einheiten		Anmer-kungen	Material/Sonstiges
			Ar-beiter	Ma-schinen		
7	**Betonierarbeiten**					
	Die Zeitwerte gelten für unbe-wehrten Beton.					
	Zuschlag für bewehrten Beton (oder 10 %)	m³	0,10			
7.1	**Transportbeton Kranbetrieb**		*Kübel 250 l*		*Kübel 500 l*	
7.1.1	Rüstzeit je Betonierabschnitt	BA	2,00		2,00	
7.1.2	Sauberkeitsschicht	m³	0,55		0,45	
7.1.3	Einzel- und Streifenfundamente	m³	0,60		0,55	
7.1.4	Betonplatten, Decken					
	Dicke bis 10 cm	m³	0,70		0,65	
	Dicke 10 bis 20 cm	m³	0,65		0,60	
	Dicke über 20 cm	m³	0,60		0,55	
7.1.5	Balken, Stürze, Unterzüge	m³	0,65		0,55	
7.1.6	Stützen					
	Querschnitt bis 400 cm²	m³	2,00		1,80	
	bis 1000 cm²	m³	1,90		1,70	
	über 1000 cm²	m³	1,80		1,60	
7.1.7	Wände, Brüstungen					
	Dicke bis 10 cm	m³	2,20		2,00	
	Dicke 10 bis 20 cm	m³	1,40		1,30	
	Dicke 20 bis 30 cm	m³	1,00		0,90	
	Dicke über 30 cm	m³	0,80		0,70	
7.1.8	Treppen und Podeste	m³	1,80		1,60	
7.1.9	Zulagen für Platten, Böden, Treppen					
	Abgleichen	m²	0,05			
	Abziehen	m²	0,08			
	Abreiben	m²	0,12			
7.2	**Baustellenbeton Kranbetrieb**		*Kübel 250 l*		*Kübel 500 l*	
7.2.1	Rüstzeit je Bauabschnitt	BA	3,50		4,00	
7.2.2	Sauberkeitsschicht	m³	1,20		0,90	
7.2.3	Einzel- und Streifenfundamente	m³	1,05		0,80	

7.7 Zeitwerte

Nr.	Leistung	Einheit	Std./Einheiten		Anmerkungen	Material/Sonstiges
			Arbeiter	Maschinen		
7.2.4	Betonplatten, Decken					
	Dicke bis 10 cm	m³	1,10		0,90	
	Dicke 10 bis 20 cm	m³	1,00		0,85	
	Dicke über 20 cm	m³	0,90		0,80	
7.2.5	Balken, Stürze, Unterzüge	m³	1,10		0,95	
7.2.6	Stützen					
	Querschnitt bis 400 cm²	m³	2,70		2,20	
	bis 1000 cm²	m³	2,50		2,00	
	über 1000 cm²	m³	2,30		1,85	
7.2.7	Wände, Brüstungen					
	Dicke bis 10 cm	m³	3,10		2,70	
	Dicke 10 bis 20 cm	m³	2,10		1,70	
	Dicke 20 bis 30 cm	m³	1,50		1,20	
	Dicke über 30 cm	m³	1,25		0,90	
7.2.8	Treppen und Podeste	m³	2,50		2,10	
7.2.9	Zulagen für Platten, Böden, Treppen					
	Abgleichen	m²	0,05			
	Abziehen	m²	0,08			
	Abreiben	m²	0,12			
7.3	**Transportbeton** **Betonpumpe** (Fahrzeugpumpe)					
7.3.1	Rüstzeit je Bauabschnitt	BA	2,50			
7.3.2	Sauberkeitsschicht	m³	0,30			
7.3.3	Einzel- und Streifenfundament	m³	0,35			
7.3.4	Betonplatten, Decken					
	Dicke bis 10 cm	m³	0,35			
	Dicke 10 bis 20 cm	m³	0,30			
	Dicke über 20 cm	m³	0,27			
7.3.5	Balken, Stürze, Unterzüge	m³	0,35			
7.3.6	Stützen					
	Querschnitt bis 400 cm²	m³	1,50			
	bis 1000 cm²	m³	1,40			
	über 1000 cm²	m³	1,30			
7.3.7	Wände, Brüstungen					
	Dicke bis 10 cm	m³	1,90			
	Dicke 10 bis 20 cm	m³	1,25			
	Dicke 20 bis 30 cm	m³	0,70			
	Dicke über 30 cm	m³	0,50			

Nr.	Leistung	Ein-heit	Std./Einheiten		Anmer-kungen	Material/Sonstiges
			Ar-beiter	Ma-schinen		
7.3.8	Treppen und Podeste	m³	1,50			
7.3.9	Zulagen für Platten, Böden, Treppen					
	Abgleichen	m²	0,05			
	Abziehen	m²	0,08			
	Abreiben	m²	0,12			
7.4.	**Transportbeton direkt in die Einbaustelle**					
7.4.1	Rüstzeit je Bauabschnitt	BA	1,50			
7.4.2	Sauberkeitsschicht	m³	0,55			
7.4.3	Einzel- und Streifenfundamente	m³	0,40			
7.4.4	Betonplatten					
	Dicke bis 10 cm	m³	0,40			
	Dicke 10 bis 20 cm	m³	0,37			
	Dicke über 20 cm	m³	0,32			
7.4.5	Wände					
	Dicke 10 bis 20 cm	m³	0,90			
	Dicke 20 bis 30 cm	m³	0,70			
	Dicke über 30 cm	m³	0,50			
8	**Gerüste**					
	(Arbeits- und Schutzgerüste) Transportaufwand ist ab-hängig von der Gerüstart und den Transportwegen.					
8.1	**Stahlrohrgerüste** bis 3,0 kN/m², bis 1,50 m breit					
	Auf- und Abladen	m²	0,10		Lkw	
	Auf- und Abbauen					
	Gerüsthöhe bis 6 m	m²	0,30			
	6 bis 12 m	m²	0,40			
	12 bis 22 m	m²	0,50			

7.7 Zeitwerte

Nr.	Leistung	Ein-heit	Std./Einheiten		Anmer-kungen	Material/Sonstiges
			Ar-beiter	Ma-schinen		
8.2	**Rahmengerüste**					
	bis 0,70 m breit					
	Auf- und Abladen	m²	0,08	Lkw		
	Auf- und Abbauen					
	Gerüsthöhe bis 6 m	m²	0,18			
	6 bis 12 m	m²	0,20			
	12 bis 22 m	m²	0,25			
	bis 1,00 m breit					
	Auf- und Abladen	m²	1,00	Lkw		
	Auf- und Abbauen					
	Gerüsthöhe bis 6 m	m²	0,22			
	6 bis 12 m	m²	0,24			
	12 bis 22 m	m²	0,30			
8.3	**Auslegergerüst**					
	als Schutzgerüst,					
	bis 1,30 m breit	m	0,60	Lkw		
	bis 1,80 m breit	m	0,85			
	(einschl. Auf- und Abladen)					
8.4	**Konsolgerüst**					
	als Schutzgerüst	m	0,35	Lkw		
	(einschl. Auf- und Abladen)					
9	**Estriche**					
	Nur soweit sie in Verbindung mit Mauerarbeiten hergestellt werden.					
9.1	**Reinigen des Untergrundes**	m²	0,03			
9.2	**Verbundestrich**					
	als Zementstrich,					
	von Hand geglättet					
	Dicke 20 mm	m²	0,40			
	Dicke 25 mm	m²	0,42			
	Dicke 30 mm	m²	0,44			
9.3	**Zulage für Gefälleestrich**					
	zum Bodenablauf	m²	0,08			

Nr.	Leistung	Einheit	Std./Einheiten		Anmerkungen	Material/Sonstiges
			Arbeiter	Maschinen		
10	**Abbrucharbeiten**					
	Mittelwerte, ohne Laden und Abfuhr					
10.1	**Mauerwerk**					
	von Hand	m³	5,50			
	mit Drucklufthammer	m³	3,00	2,50	Kompressor	
	mit Bagger	m³	0,20	0,15	Bagger	
10.2	**Mauerwerk bei Umbauten**					
	von Hand	m³	8,00			
	mit Drucklufthammer	m³	4,00	3,00	Kompressor	
10.3	**Fenster- und Türöffnungen in Mauerwerk** mit Drucklufthammer					
	Wanddicke 24 cm	m²	2,50	2,00	Kompressor	
	Wanddicke 36,5 cm	m²	3,40	3,00	Kompressor	Laden, Abfuhr, Deponiegebühr
10.4	**Beton**, mit Drucklufthammer					
	unbewehrt	m³	3,70	3,00	Kompressor	
	bewehrt	m³	8,00	6,00	Kompressor	
10.5	**Beton bei Umbauten**					
	unbewehrt	m³	6,50	5,00	Kompressor	
	bewehrt	m³	12,00	9,00	Kompressor	
10.6	**Bodenplatte,** bis 20 cm dick, mit Drucklufthammer					
	unbewehrt	m²	1,20	1,00	Kompressor	
	bewehrt	m²	2,40	1,80	Kompressor	
10.7	**Deckenplatten** mit Drucklufthammer	m²	5,00	2,50	Kompressor	
10.8	**Deponiegebühren** *(regional sehr verschieden!)*					
	Bauschutt	t				25,– DM
	Hausmüll (Bauschutt mit Beimischungen)	t				65,– bis 90,– bis
	Sondermüll	t				300,– DM

8 Kalkulation

Kalkulation bedeutet dem Sinne des Wortes entsprechend nichts anderes als *Kostenrechnung*. Je nach dem Ziel, das man mit dieser Kostenrechnung verfolgt, unterscheidet man viele verschiedene Arten.

8.1 Kalkulationsarten

Die Einteilung dieser Kalkulationsarten kann nach verschiedenen Gesichtspunkten erfolgen. Hier soll einmal nach der zeitlichen Lage und zum anderen nach dem Verfahren unterschieden werden.

8.1.1 Arten nach der zeitlichen Lage

Vorkalkulation

Die Vorkalkulation wird vor der Ausführung der Bauarbeiten erstellt. Sie kann entsprechend ihrer Aufgabe unterteilt werden in:

a) **Angebotskalkulation,** die der Unterbreitung von Angeboten dient.

b) **Auftragskalkulation.** Während der Auftragsverhandlung kann es zur Änderung von Materialien und der Art der Ausführung kommen. Auch Mengenänderungen und Fortfall oder Erweiterung um neue Teilleistungen führen zur Prüfung der Angebotskalkulation mit Bildung neuer Angebotspreise.

c) **Nachtragskalkulation.** Sie dient der Berechnung von zusätzlich auszuführenden Arbeiten. Diese können bei den Vorverhandlungen oder während der Ausführung der Bauleistung als notwendig erscheinen.

d) **Arbeitskalkulation.** Wenn man den Zuschlag, den Auftrag, erhalten hat, muß für größere Projekte in der Arbeitsvorbereitung berechnet werden, mit welchem Verfahren und mit welchen Mitarbeitern die Mauerarbeiten zu den vertraglichen Preisen erstellt werden können.

Zwischenkalkulation

Bei großen Baustellen sind Zwischenkalkulationen erforderlich, um in kurzen Abständen zu kontrollieren, ob die Arbeiten wirtschaftlich ausgeführt werden.

Nachkalkulation

Nach Fertigstellung der Arbeiten werden für das jeweilige Bauobjekt alle angefallenen Kosten aufgrund von Baustellenberichten, Lohnabrechnungen und Materialrechnungen ermittelt.

Man erkennt dann, ob mit Gewinn oder Verlust gearbeitet wurde. Außerdem erhält man wichtige Anhaltspunkte über Aufwandswerte, die künftige Angebotskalkulationen realistischer berechenbar machen. Im Kapitel 10 werden wir die Nachkalkulation ausführlicher kennenlernen.

8.1.2 Kalkulationsverfahren und -methoden

Für die Bauwirtschaft gibt es erst seit 1929 eine Kalkulationsmethode. Sie wurde als »Selbstkostenermittlung für Bauarbeiten« von G. Opitz entwickelt. Darauf wurde weiter aufgebaut.

Selbstkostenrechnung = Vollkostenrechnung

Bei der Selbstkostenrechnung, die auch mit Vollkostenrechnung bezeichnet wird, werden dem Kostenträger, also der Baustelle, die vollen Kosten zugerechnet.

In großen Unternehmungen mit verschiedenartigen Baustellen kann die Selbstkostenrechnung nach dem *Umlageverfahren* durchgeführt werden.

Als *Zuschlagskalkulation* wird die Vollkostenrechnung meistens im Handwerk angewendet. Sie ist relativ einfach und bei richtiger Anwendung auch genau genug. Sie arbeitet, wie der Name schon sagt, mit vorausbestimmten Zuschlägen.

Teilkostenrechnung

Hier werden alle Kosten in variable (veränderliche) und fixe (feste) Kosten unterteilt. Übernimmt man einen Auftrag, so werden variable Kosten für Material und Lohn entstehen.

Übernimmt man den Auftrag nicht, so werden diese Kosten nicht anfallen. Die Kosten für Verwaltung, Lager und Ausstellungsraum bestehen aber weiter. Es sind also feste = fixe Kosten.

Deckungsbeitragsrechnung

Es handelt sich hierbei um eine Weiterentwicklung der Teilkostenrechnung. Sie behauptet von sich, flexibler als die Vollkostenrechnung zu sein. Hauptvorteil sei, daß die Preisuntergrenze einfach auf folgende Weise ermittelbar sei: Die variablen Kosten müssen auf jeden Fall in die Angebotspreise eingerechnet werden, denn sie werden wirklich in vollem Umfang entstehen.

Die Fixkosten dagegen werden in Form von Deckungsbeiträgen auf die einzelnen Angebote so verteilt, wie es bei der Bearbeitung zur Erlangung des Auftrags als richtig erscheint.

8.2 Die Angebotskalkulation als Vollkostenrechnung

Wenn wir uns überlegen, zu welchem Preis wir 1 m³ Mauerwerk anbieten sollten, müssen wir versuchen, die entstehenden Kosten zu ermitteln. Welche Kosten fallen an? Sicherlich Steine, Mörtel, Löhne, Kran, Mischmaschine, Baubuden, Bauwagen, Bürokosten, Bauhof, Unternehmerlohn usw. Wie kann man diese Kosten auf den einen m³ Mauerwerk verrechnen?

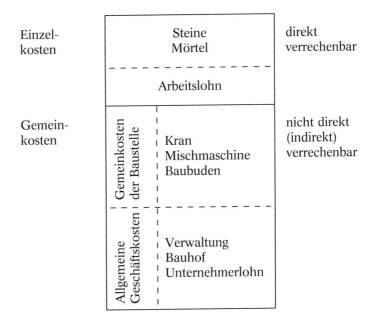

Wenn wir diese uns selbst entstehenden Kosten voll auf den m³ Mauerwerk berechnen, so nennen wir diese Kalkulationsmethode die **Vollkostenrechnung** oder auch **Selbstkostenrechnung**.

Es entsteht jetzt die Frage, wie wir diese Kosten auf den m³ Mauerwerk berechnen. Die Steine und der Mörtel sind sicher einzeln (Einzelkosten) direkt zu ermitteln, ebenso die Lohnkosten. Aber wie hoch ist der Anteil am Kran und all den anderen Kosten, die man nicht direkt berechnen kann, also indirekt zurechnen muß?

Im Bauwesen wird meistens mit der Vollkostenrechnung kalkuliert. Dabei haben sich zwei Arten als sinnvoll erwiesen, das **Zuschlagsverfahren** und das **Umlageverfahren**.

```
┌─────────────────────────────────────────┐
│         Vollkostenrechnung              │
│        = Selbstkostenrechnung           │
└─────────────────────────────────────────┘
         entweder              oder
```

| mit vorausberechneten Zuschlägen = Zuschlagsverfahren | über die Angebotsendsumme = Umlageverfahren |

Das Zuschlagsverfahren wird eingesetzt, wenn eine Trennung in Gemeinkosten der Baustelle und Allgemeine Geschäftskosten nicht zweckmäßig und wegen gleichartiger Struktur der Baustellen nicht nötig ist.

Gemeinkosten trennen in

| Gemeinkosten der Baustelle | Allgemeine Geschäftskosten |

für jedes einzelne Bauvorhaben gesondert ermitteln

8.2.1 Die Zuschlagskalkulation

Der Handwerksmeister, der ein großes Aufgabengebiet, von der Betriebswirtschaft über Recht, Technik bis zur Gestaltung, zu bewältigen hat, braucht einfache Kalkulationsverfahren, die aber trotzdem genaue Werte ergeben. Diese Forderung erfüllt die Zuschlagskalkulation.

Aufbau der Zuschlagskalkulation

Für irgendeine Mauerarbeit wird angenommen bzw. ermittelt: Materialkosten 4.500,00 DM, drei Arbeiter arbeiten fünf Tage zu acht Stunden im Stundenlohn daran.

Außerdem fallen weitere Kosten für Sozialleistungen und für das Betreiben des Geschäftes an. Diese bezeichnet man als Gemeinkosten.

Ferner möchte man einen Wagnis- und Gewinnzuschlag berücksichtigen, den wir später noch genauer begründen werden.

Die Zuschlagskalkulation wird dann wie abgebildet aufgebaut.

8.2 Die Angebotskalkulation als Vollkostenrechnung

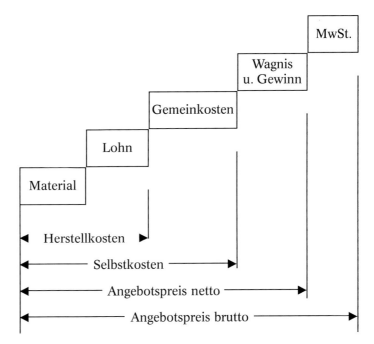

Material und Lohn werden zur Herstellung benötigt und stellen die *Herstellkosten* dar.

Zählt man die Gemeinkosten (als %-Satz der Lohnkosten) hinzu, so erhält man die *Selbstkosten*.

Wagnis und Gewinn wird als %-Satz der Selbstkosten hinzugezählt. Das ergibt dann den *Angebotspreis* (netto).

Addiert man die Mehrwertsteuer, z. Zt. 15 %, so erhält man den *Brutto-Angebotspreis*.

Die Berechnung ist dann folgendermaßen durchzuführen:

Materialkosten	4.500,00 DM
Lohnkosten 3 · 5 · 8 = 120 Stunden zu 25,05 DM	= 3.006,00 DM
Gemeinkosten z. B. 172 % von 3.006,00 DM	= 5.170,32 DM
= Selbstkosten	12.676,32 DM
+ Wagnis und Gewinn z. B. 5 % von 12.676,32 DM	= 633,82 DM
= Angebotspreis netto	13.310,14 DM
+ 15 % Mehrwertsteuer	= 1.996,52 DM
= Angebotspreis brutto	15.306,66 DM

Wir haben hier die Gemeinkosten, die wir noch genauer untersuchen werden, in Form eines %-Satzes auf den Lohn berechnet. Das muß nicht so sein. Wir sollten uns jetzt Gedanken über die Arten bzw. die Berechenbarkeit der Kosten machen.

Direkte Kosten

Wir können die **Materialkosten** und die **Lohnkosten** direkt ermitteln, berechnen oder schätzen. Damit haben wir eine *Basis* für die Berechnung und können diese Kosten auch Basiskosten nennen.

Indirekte Kosten

Anders ist das mit den Gemeinkosten. Wieviel der Sozialkosten entfällt auf die Herstellung eines m³ Mauerwerks? Wieviel der Kosten der Betriebsführung? Diese Kosten können nur indirekt auf die m³-Kosten berechnet werden. Das geschieht über einen zu ermittelnden *Zuschlag*.

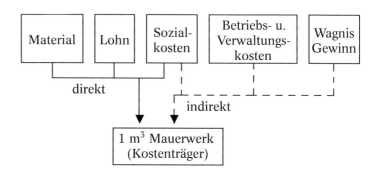

Basis

Wir haben im Beispiel die Lohnkosten als Basis für die Berechnung der Gemeinkosten, die Selbstkosten als Basis für die Berechnung von Wagnis und Gewinn gewählt. Das muß aber nicht so sein.

Man kann auch zusätzlich die Materialkosten und in großen Unternehmungen auch die Gerätekosten als Basis wählen, wie aus den Abbildungen zu ersehen ist.

Formen der Basis für Zuschläge

Entsprechend den gewählten Basisgrößen kann man im wesentlichen vier Möglichkeiten unterscheiden.

Um diese Formen besser zu verdeutlichen, sollen sie am Beispiel einer einfachen Mauerarbeit (ohne Einzelberechnungen) gezeigt werden. Dabei gehen wir von 1.850,00 DM Mate-

8.2 Die Angebotskalkulation als Vollkostenrechnung

rialkosten und 2.860,00 DM Lohnkosten aus. Die Zuschlagssätze werden zunächst ohne nähere Erläuterungen eingesetzt. Man erkennt dabei aber, daß diese Prozentsätze sich ändern müssen, damit keine unterschiedlichen Angebotspreise entstehen.

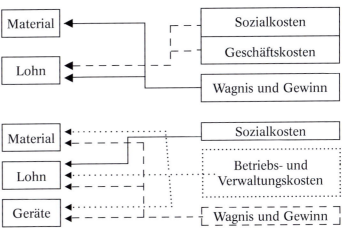

Form A

Material	DM	1.850,00
+ Lohn	DM	2.860,00
+ 210 % Gemeinkosten (von Lohn)	DM	6.006,00
= Selbstkosten	DM	10.716,00
+ 6 % Wagnis und Gewinn	DM	643,00
= Angebotspreis (netto)	DM	11.359,00

Form B

Material	DM	1.850,00	
+ 10 % Materialgemeinkosten	DM	185,00	DM 2.035,00
Lohn	DM	2.860,00	
+ 203,5 % Gemeinkosten	DM	5.821,00	DM 8.681,00
= Selbstkosten			DM 10.716,00
+ 6 % Wagnis und Gewinn			DM 643,00
Angebotspreis (netto)			DM 11.359,00

Form C

Material		DM	1.850,00	
+ 10 % Materialgemeinkosten		DM	185,00	DM 2.035,00
Lohn		DM	2.860,00	
+ lohnabhängige Sozialkosten				
96 % vom Lohn		DM	2.746,00	
+ 93,6 % Gemeinkosten vom Lohn		DM	2.679,00	DM 8.285,00
Maschinenkosten		DM	360,00	
+ 10 % Maschinengemeinkosten		DM	36,00	DM 396,00
= Selbstkosten				DM 10.716,00
+ 6 % Wagnis und Gewinn				DM 643,00
= Angebotspreis (netto)				DM 11.359,00

Form D

Material	DM	1.850,00	
+ 10 % Materialgemeinkosten	DM	185,00	
	DM	2.035,00	
+ 10 % Wagnis und Gewinn	DM	204,00	DM 2.239,00
Lohn	DM	2.860,00	
+ 96 % lohnabh. Sozialkosten	DM	2.746,00	
+ 93,6 % Gemeinkosten	DM	2.679,00	
	DM	8.285,00	
+ 4,8 % Wagnis und Gewinn	DM	400,00	DM 8.685,00
Maschinenkosten	DM	360,00	
+ 10 % Maschinengemeinkosten	DM	36,00	
	DM	396,00	
+ 9,8 % Wagnis und Gewinn	DM	39,00	DM 435,00
= Angebotspreis (netto)			DM 11.359,00

Die **Form A** entspricht dem allgemeinen Aufbau der Zuschlagskalkulation in seiner ursprünglichen Form. Dabei sind alle Gemeinkosten prozentual auf den Lohn berechnet. Wagnis und Gewinn werden auf die gesamten Selbstkosten bezogen.

Die **Form B** unterteilt die Gemeinkosten in materialabhängige und in übrige Gemeinkosten. Erstere werden als %-Satz vom Material, letztere prozentual auf den Lohn gerechnet. Wagnis und Gewinn werden auf die Selbstkosten bezogen.

Die **Form C** unterteilt weiter. Als dritte Basis werden die Maschinenkosten eingesetzt. Die Gemeinkosten werden auf Material, Lohn und Maschinen verteilt. Dabei werden die lohnbezogenen Gemeinkosten nochmals in die direkt berechenbaren Sozialkosten und die übrigen (betrieblichen) Gemeinkosten unterteilt. Wagnis und Gewinn werden wieder auf die gesamten Selbstkosten bezogen.

Die **Form D** will noch flexibler in der Preisgestaltung sein. Deshalb verrechnet sie Wagnis und Gewinn jeweils bei Material, Lohn und Maschinen, ggf. mit verschiedenen Prozentsätzen.

8.2.2 Zuschlagskalkulation im Maurerhandwerk

Jeder Maurermeister muß für sich eine der gezeigten Formen A, B, C oder D als Grundmodell seiner Kalkulationsform auswählen.

Stundenverrechnungssatzkalkulation

Im Maurerhandwerk wird meistens mit Stundenverrechnungssätzen kalkuliert. Das bedeutet nichts anderes, als daß man die Zuschläge auf den Stundenlohn bezieht und somit für jede Arbeitsstunde (oder Arbeitsminute) einen fertigen Verrechnungssatz zur Verfügung hat.

Dabei kann man zwischen den Formen A, B, C oder D wählen. Die Ermittlung dieses Satzes, aus der Mittellohnberechnung heraus, werden wir später in Abschnitt 8.10 durchführen.

Kalkulationsschema

Die Kalkulation kann grundsätzlich formlos auf einem leeren Blatt Papier durchgeführt werden. Man erleichtert sich aber die Arbeit, wenn ein Schema auf einem Formblatt zugrunde gelegt wird. Die Kalkulation wird übersichtlicher.

Formblatt 1   Dieses Formblatt eignet sich immer.

Pos.	Gegenstand	Zeit je Einheit	Lohn DM/Einh.	Sonstiges DM	Einheits-preis
x	Aushub und Verfüllen von (m³)				
	Rohrleitungsgräben, Bodenkl. 4,				
	einschließlich Sandbettung				
	von i. M. 0,15 m³ Sand je m³ Aushub				
	Aushub mit Kleinbagger 0,65 Std.	0,80		17,62	
	Verfüllen	1,50			
	Sand frei Bau 0,15 m³ · 1,8 t/m³ · 41,22 DM			11,13	
		2,30	138,00	28,75	
	Wagnis und Gewinn 5%		6,90	1,44	
			144,90	30,19	175,09

Formblatt 2   Dieses Formblatt ist für gesonderte Berechnung von Maschinenkosten gedacht und deshalb um eine entsprechende Spalte erweitert.

Objekt:		Lohn je Einheit		Maschinen je Einheit		Material	Einheits-preis
Pos.	Gegenstand	Std.	DM	Std.	DM	DM/Einh.	DM/Einh.
y	Aushub und Verfüllen						
	von Rohrleitungsgräben						
	Bodenklasse 4 (m³)						
	Aushub mit Kleinbagger	0,80		0,65	17,62		
	Verfüllen von Hand	1,50					
	Sand frei Bau	2,30	138,00			11,13	
	Wagnis u. Gewinn 5%		6,90		0,88	0,56	
			144,90		18,50	11,69	175,09

8.2 Die Angebotskalkulation als Vollkostenrechnung 171

Formblatt 3 Dieses Formblatt weist je eine Spalte für die fast immer anfallenden Lohnstunden, die daraus entstehenden Löhne in DM und für die Materialkosten aus. Maschinenkosten oder Sonstiges, wie etwa Fremdleistungen (Fuhrunternehmer, Statische Berechnungen, Spezialabdichtungen usw.) können in einer weiteren Spalte aufgeführt werden. Wir werden in unseren Übungsbeispielen dieses Formblatt bevorzugen.

Pos.	Gegenstand	Arbeiter-Stunden	Lohn DM/Einh.	Maschinen Sonstiges DM/Einh.	Material DM/Einh.	Einheitspreis DM/Einh.
x	*Aushub und Verfüllen*					
	von Rohrleitungsgräben,					
	Bodenkl. 4, einschließ-					
	lich Sandbettung von					
	i. M. 0,15 m³ Sand					
	je m³ Aushub (m³)					
	Aushub mit Kleinbagger	*0,80*				
	0,65 Std. · 27,10 DM/Std.			*17,62*		
	Verfüllen von Hand	*1,50*				
	Sand frei Bau	*2,30*	*138,00*			
	0,15 m³ · 1,8 t/m³ · 41,22 DM				*11,13*	
	Wagnis und Gewinn 5%		*6,90*	*0,88*	*0,56*	
			144,90	18,50	11,69	175,09

8.2.3 Das Umlageverfahren

Wenn eine Bauunternehmung sehr unterschiedliche Bauobjekte erstellt, z. B. Wohnhäuser, Fabriken, Brücken, Kanalisationen und Straßen, so ist die Einrichtung der Baustellen, der Einsatz von Maschinen und Geräten und die Entsendung von Stammarbeitern sehr unterschiedlich. Dann müssen die Gemeinkosten jeder Baustelle gesondert ermittelt werden. Und diese Kosten müssen dann auf die einzelnen Teilleistungen (Positionen) umgelegt werden (Umlageverfahren) und zwar über die Endsummen der Teilleistungen (Angebotsendsumme).

Die Berechnung der Zuschlagssätze kann nach folgendem Schema erfolgen:

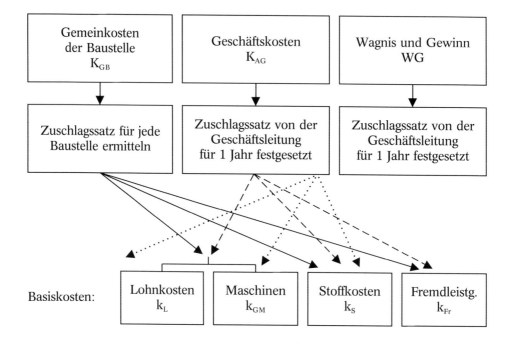

Entsprechend dieser Gliederung müssen die Gemeinkosten der Baustelle ermittelt werden. Über die Summen der Basiskosten (Lohn-, Maschinen-, Stoffkosten und Fremdleistungen) werden die Zuschlagssätze berechnet.

8.2 Die Angebotskalkulation als Vollkostenrechnung

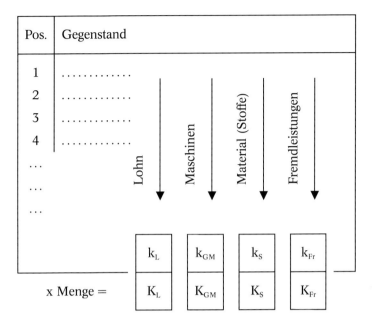

Statt mit Zuschlagssätzen kann auch mit Faktoren (Umlagefaktoren) gerechnet werden. Es ist leicht zu ersehen, daß ein Zuschlagssatz von 160% einem Faktor von 2,6 entspricht:

z. B. Lohn in Höhe von 1.500,00 DM + 160% ergibt
1.500,00 DM + 2.400,00 DM = 3.900,00 DM
das entspricht
1.500,00 DM x 2,6 = 3.900,00 DM.

Die **Allgemeinen Geschäftskosten** müssen zunächst aus dem betrieblichen Rechnungswesen ermittelt werden. Die Geschäftsleitung bildet daraus, ggf. in Abhängigkeit von der Marktlage, die für bestimmte Zeitabschnitte gültigen Zuschlagssätze.

Die Zuschlagssätze für **Wagnis und Gewinn** werden genauso von der Geschäftsleitung, oft aber für das einzelne Objekt verschieden, festgesetzt.

Die Umlagefaktoren werden folgendermaßen berechnet:

z. B. % der Geschäftskosten

$$a = \frac{\text{Allg. Geschäftskosten}}{\text{Umsatz}}$$

$$= \frac{521.000,00 \text{ DM}}{4.740.000,00 \text{ DM}} \cdot 100 = 11\%$$

z. B. festgesetzt Wagnis und Gewinn $\quad b = 4\%$
$\qquad\qquad\qquad\qquad\qquad\qquad\qquad\qquad d = 15\%$

Bezogen auf die Herstellsumme ergibt das

$$d' = \frac{d \cdot 100}{100 - d} = \frac{15 \cdot 100}{100 - 15} = 17{,}65\%$$

Die Umlegung auf die Basiskosten erfolgt dann nach folgendem Schema:

Aus Erfahrungssätzen weiß man, daß der durch die *Stoffe* verursachte Anteil an den Gemeinkosten $s = 10$ bis 15% der Stoffkosten, die in den Einzelkosten enthalten sind, beträgt. Die Stoffkosten müssen also mit dem Faktor

$$1 + \frac{s}{100}$$

multipliziert werden.

Die *Lohnkosten* werden, wenn die Maschinen über die Gemeinkosten der Baustelle verrechnet werden, mit dem restlichen Anteil der Gemeinkosten bezuschlagt, also

$$l = \frac{\text{Gemeinkosten} - \frac{s}{100} \cdot \text{Stoffkosten}}{\text{Lohnkosten}}$$

Die Lohnkosten müssen also mit dem Faktor

$$1 + \frac{l}{100}$$

multipliziert werden.

Werden die Gerätekosten in den Einzelkosten der Teilleistungen erfaßt, so werden sie zusammen mit den Lohnkosten als eine Basisgröße zusammengefaßt. Der Anteil der Gerätekosten (Vorhaltekosten) an den Gesamtkosten beträgt:

8.2 Die Angebotskalkulation als Vollkostenrechnung

Wohnungsbau ca. 1,5 %
Ingenieurhochbau ca. 2 %
Straßendeckenbau ca. 15 %
gleisloser Erdbau ca. 20 %

Der Anteil aus Lohn- oder Vorhaltekosten ergibt sich zu

$$g = \frac{\text{Gemeinkosten} - \frac{s}{100} \cdot \text{Stoffkosten}}{\text{Lohn + Vorhaltekosten}}$$

Die Lohn- und Vorhaltekosten müssen also mit dem Faktor

$$1 + \frac{g}{100}$$

multipliziert werden.

Unter Berücksichtigung der Allgemeinen Geschäftskosten und des Wagnis und Gewinns (d') ergeben sich folgende Umlagefaktoren:

Basis	Umlagefaktoren
1. Stoffkosten k_s	$u_1 = (1 + \frac{s}{100}) \cdot (1 + \frac{d'}{100})$
2a Lohnkosten k_L	
2b Kosten für Geräte und Maschinen k_{GM}	$u_2 = (1 + \frac{g}{100}) \cdot (1 + \frac{d'}{100})$
3. Fremdleistungen k_{Fr}	$u_3 = (1 + \frac{d'}{100})$

$$d' = \frac{100 \cdot d}{100 - d} \, ; \, (d = \% \text{ für } K_{AG} + \% \text{ für WG})$$

Einheitspreis $\boxed{k = k_s \cdot u_1 + (k_L + k_{GM}) \cdot u_2 + k_{Fr} \cdot u_3}$

In Abschnitt 8.11 werden wir an einem Beispiel diese Berechnungen durchführen.

8.2.4 Direkte Vollkostenrechnung (Stundenverrechnungssatz direkt über die Kosten)

Hierbei handelt es sich um ein Verfahren, welches im Baubetrieb nicht üblich ist. Es wurde von Betriebsberatern für Handwerksbetriebe entwickelt und geht davon aus, daß der Umweg über Zuschläge oder Deckungsbeiträge eingespart werden kann. Das wird erreicht, wenn man sämtliche Kosten, außer Materialkosten, für den gesamten Betrieb direkt in einem Block erfaßt. Diese Kostenrechnung wird in vereinfachter Form entsprechend der Abbildung aufgebaut:

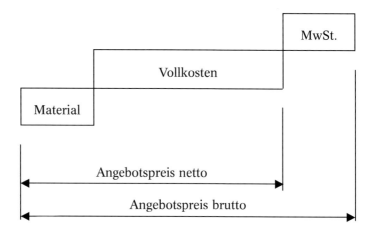

Als Nachteil dieses sehr einfach zu handhabenden Kalkulationsverfahrens muß die geringe Transparenz angesehen werden. Man kann die Kostenzusammensetzung, vor allem den preispolitischen Spielraum, nicht unterscheiden. Bei Nachtragsangeboten kann es Schwierigkeiten geben, falls der Bauleitung eine Kostenstruktur vorgelegt werden soll. Auch die Gliederung nach dem Baupreisrecht ist hier nicht vorhanden. Der KLR Bau, vom Hauptverband der Deutschen Bauindustrie und vom Zentralverband des Deutschen Baugewerbes aufgestellt, erwähnt diese Art der Kalkulation nicht.

Die Direkte Vollkostenrechnung bezieht ihre Kosten auf die verrechenbaren Arbeitsstunden pro Jahr und nennt diese die Kapazität. Das entspricht etwa den Stunden des produktiven Lohnes.

Die jährlichen Arbeitsstunden können aus Vorjahresrechnungen ermittelt oder als Planungswerte vorgegeben werden.

Die tatsächlichen Arbeitstage für 1997 werden auf Seite 186 zu 203 Tage/Jahr ermittelt. Daraus ergibt sich die Anzahl der produktiven Arbeitsstunden pro Jahr wie folgt:

8.2 Die Angebotskalkulation als Vollkostenrechnung

203 Arbeitstage · 7,8 Std./Tag	=	1583 Std./Jahr
− 10 % unproduktive Zeit	=	158 Std./Jahr
Produktive tarifliche Arbeitsstunden	=	1425 Std./Jahr
+ Überstunden		75 Std./Jahr
Produktive Arbeitsstunden je Arbeiter	=	1500 Std./Jahr

Die gesamten Arbeitsstunden, das sind die zu bezahlenden Stunden, betragen:

Tatsächliche Arbeitsstunden	=	1500 Std./Jahr
+ 13. Monatseinkommen	=	130 Std./Jahr
+ unproduktive Zeit	=	158 Std./Jahr
+ 8 Krankheitstage · 7,8 Std./Tag		62 Std./Jahr
Gesamte (= bezahlte) Stunden/Arbeiter	=	1850 Std./Jahr

Für „unseren zugrunde gelegten Betrieb" ergeben sich folgende Zeiten:

Arbeiter	produktiv	produktive Std.	bezahlte Std.
Meister	0,2	300	300
Werkpolier	0,8	1200	1850
Maurer	4	6000	7400
Baufachwerker	5	7500	9250
Auszubildender	0,5	750	1850
	15	15.750	20.650

Der Durchschnittslohn beträgt 23,10 DM/Std.

Produktiver Lohn	=	15.750 Std./Jahr · 23,10 DM/Std.
	=	363.825,− DM/Jahr
Gesamtlohn	=	20.650 Std./Jahr · 23,10 DM/Std.
	=	477.015,− DM/Jahr

Daraus ist zu ersehen, daß die Ergebnisse und Zahlenwerte beider Verfahren weitgehend übereinstimmen.

In der nachfolgenden Tabelle werden weitere Kosten zusammengestellt:

Kosten	DM/Jahr
Löhne 20.650 Std./Jahr · 23,10 DM/Std. + Lohnzusatzkosten (49,1 %)	477.015 234.215
+ Gehälter + Gehaltszusatzkosten	37.000 19.000
+ Betriebs- und Verwaltungskosten einschließlich AfA und Neutrale Kosten	300.000
= Selbstkosten	1.067.230
: Produktive Stunden (= 15.750 Std./Jahr) = Selbstkostenstundensatz (DM/Std.)	67,76
+ Unternehmerlohn + 40% Sozialkosten + Gewinn	68.000
+ kalkulatorische Abschreibungen, Zinsen und Mieten	10.000
+ Risikozuschlag (z.B. 4% von Selbstkosten und Umsatz	42.000
= Direkte Vollkosten	1.187.230
: Produktive Stunden (195.750 Std./Jahr) = Vollkosten-Stundenverrechnungssatz	75,38 (DM/Std.)

Im Vergleich ergibt die Zuschlagskalkulation

Durchschnittslohn	23,10 DM/Std.
+ 205,8 % Gemeinkosten	47,54 DM/Std.
= Selbstkosten	70,64 DM/Std.
+ 4 % Wagnis und Gewinn	2,83 DM/Std.
= Stundenverrechnungssatz	73,47 DM/Std.

Die relativ kleine Differenz ergibt sich aus einigen unterschiedlichen Ansätzen und Zuordnungen.

8.3 Baustelleneinrichtung

Sowohl in der Zuschlagskalkulation als auch beim Umlageverfahren ist auf die verschiedenen Ausschreibungsmöglichkeiten zu achten:

1. Nach VOB, DIN 18199, ist das Einrichten und Räumen sowie das Vorhalten der Baustelleneinrichtung eine Nebenleistung und somit in die Einheitspreise einzurechnen.

2. Das Einrichten und Räumen der Baustelle wird oft als besondere Leistung ausgeschrieben.

3. Neben Einrichten und Räumen der Baustelle wird auch das Vorhalten der Baustelleneinrichtung oft als gesonderte Leistung ausgeschrieben.

In diesen beiden letzten Fällen sind die jeweiligen Baustelleneinrichtungs-Kosten aus den Gemeinkosten herauszunehmen bzw. gar nicht erst in den Gemeinkosten der Baustelle zu berücksichtigen.

Dem Bauunternehmer ist es angenehm, wenn die Baustelleneinrichtung als besondere Leistung ausgeschrieben wird, da er diese relativ hoch ansetzen und schon bei der ersten Abschlagzahlung weitgehend in Rechnung stellen kann.

Wir werden beide Möglichkeiten in Abschnitt 8.10 bearbeiten.

8.4 Gemeinkosten in der Zuschlagskalkulation

Wir haben gesehen, wie die Gemeinkosten in der Zuschlagskalkulation behandelt werden. Wir sollten sie aber genauer kennen und ihre Größe feststellen. Dazu müssen wir sie irgendwie unterteilen. Das kann in folgender Weise geschehen:

Gemeinkosten	Unproduktiver Lohn
	Lohnabhängige Sozialkosten
	Betriebs- und Verwaltungskosten (Geschäftskosten)

8.4.1 Unproduktiver Lohn

Als Basis für die Gemeinkosten haben wir den Lohn gewählt. Da wir aber nur den Lohn im voraus ermitteln können, den wir direkt für die Herstellung einer Teilleistung aufwenden müssen, kann nur dieser produktive Lohn, der Fertigungslohn, als Basis verwendet werden. Alle anderen Löhne, also die unproduktiven Löhne, müssen als Gemeinkosten in den Zuschlagssatz eingerechnet werden.

Ermittlung des produktiven Lohnes		
Firma	Beschäftigte	Bruttolohn
Fritz Uffinger	*Meister produktiv*	*15.000,00*
Bergstr. 12	*1 Werkpolier*	*56.500,00*
XXXXX Beispielingen	*4 Maurer*	*198.000,00*
	5 Baufachwerker	*210.500,00*
	1 Auszubildender	*18.000,00*
Steuerpflichtige Brutto-Lohnsumme 19*92* (ohne Aushilfslöhne)		DM *498.000,00*
1. Das Lohnkonto ist zu bereinigen um:		
1.01 Feiertagsbezahlung ohne Weihnachten und Neujahr = *7* Tage *DM 1.585 + 5.510 + 5.910 + 515*		*13.520,00*
1.02 Unproduktive Hilfsdienste		
1.021 Gesellen (Fahren, Helfen)		*2.400,00*
1.022 Helfen/Fahrer		*2.400,00*
1.03 Lohnfortzahlung *DM 15.540 ·/. 70 % Erstattung AOK*		*4.660,00*
1.04 Vermögensbildung (Arbeitgeberzulage) *10 · DM 372,−*		*3.720,00*
1.05 Ausbildungsvergütung *unproduktiv 40 % von DM 18.000,00*		*7.200,00*
1.06 Lohn für Gewährleistungs-/Nacharbeiten und Mängelbeseitigung		−
1.07 Wartezeiten, Abladezeiten usw.		*2.500,00*
1.08 Bezahlte Arbeitsausfälle, (z. B. Umzug, Eheschließung, Entbindung, Todesfall etc.) oder Musterung		*4.200,00*
1.09 Ausfallstunden außerhalb der Schlechtwetterzeit		−
1.10 Weihnachtsgeld (TV 13. Monatseinkommen) *DM 3.770 + 13.140 + 14.070 + 690*		*31.670,00*
1.11 Urlaubs- und zusätzliches Urlaubsentgelt		
2. Durchlaufende Posten (z. B. ULAK-Rückerstattungen)		*72.270,00*
2.12 Lohnausgleich	DM *8.750,00*	
2.13 Urlaubsgeld	DM *42.559,00*	
2.14 Sonstiges (AOK-Erstattung)	DM *10.880,00*	
	DM *62.190,00*	
Bruttolohnsumme DM *498.000,00*		
·/. durchlaufende Posten DM *62.190,00*		
·/. unproduktive Löhne DM *72.270,00*		
= Produktiver Lohn DM *363.540,00*		

Ermittlung von unproduktivem und produktivem Lohn

Im Abschnitt 7.5 wurde schon aufgezeigt, daß die Lohnarten getrennt werden müssen. Die Buchhaltung hilft uns dabei mit dem Lohnartenschlüssel. Im Beispiel Seite 180 soll die Trennung vollzogen und der produktive Lohn berechnet werden. Ausgewählt wird ein Betrieb mit einem Werkpolier, vier Maurern, fünf Baufachwerkern und einem Lehrling. Die eingesetzten Zahlenwerte können nur als ungefähre Mittelwerte angesehen werden.

8.4.2 Lohnabhängige Gemeinkosten

Die Sozialkosten, die hier zu verrechnen sind, wurden schon im Abschnitt 7.3 zusammengestellt.

8.4.3 Betriebs- und Verwaltungskosten

Wenn wir uns die Situation eines jungen Maurermeisters, der sich selbständig machen will, vorstellen, so müssen wir mit ihm überlegen, was zur Errichtung des Betriebes und zu seiner Unterhaltung und Führung erforderlich ist:

Betriebskosten

Für den eigenen Bauhof, die eigene Lagerhalle und das Bürogebäude sind AfA und Unterhaltungskosten zu rechnen, für angemietete Plätze und Gebäude Miete oder Pacht.

Einrichtungen wie Regale, Büromöbel, Büromaschinen usw. verursachen Sachkosten.

Maschinen wie Krane, Mischmaschinen usw., Kleingeräte, Kraftfahrzeuge und ihre Kostenermittlung haben wir schon kennengelernt. Maschinen lassen sich direkt oder unter den Betriebskosten verrechnen.

Werkzeug, soweit nicht vom Gesellen gestellt, umfaßt Handsägen, Schaufel, Spitzhacke, Fäustel, Meißel, Hammer, Zange, Wasserwaage, Senkel, Bauwinkel, Setzlatten, Schutzkleidung, Kabeltrommeln usw.

Gerüste, Gerüstböcke, Leitern, Bretter, Kanthölzer, Absperrgerät, Bauschilder, Betriebsstoffe (Diesel, Strom) usw. sind ebenfalls als Betriebskosten zu verrechnen, soweit sie nicht direkt auf die Teilleistungen berechnet werden.

Verwaltung

Zur Verwaltung zählen neben den Kosten für Gebäude und Einrichtung vor allem:

Gehälter entsprechend der Größe des Unternehmens. In kleinsten und kleinen Betrieben erledigen oft die Ehefrauen des Meisters die Büroarbeiten. Wächst der Betrieb, so werden kaufmännische Angestellte für das Büro und technische Angestellte für Bauhof, Lager und Baustelle erforderlich.

Reinigung und Unterhaltung verursachen regelmäßig Lohn- und Stoffkosten.

Telefon, Telefax, Porto sind Kosten, die nicht zu unterschätzen sind.

Bürobedarf wie Ordner, Schreibpapier, Formulare usw. wird ebenso benötigt wie Zeitschriften und Zeitungen.

Versicherungen sind, soweit vorgeschrieben und soweit möglich, abzuschließen, besonders Haftpflicht-, Unfall-, Feuer- und Einbruchversicherungen.

Handwerkskammer und **Innungen** erhalten Beiträge. Für verschiedene Genehmigungen usw. fallen Gebühren an.

Die **Gewerbesteuer** belastet besonders die mit Gewinn abschließenden Betriebe.

EDV-Anlagen werden wir in Kapitel 11 kennenlernen. Ihre Kosten werden in der Regel unter den Gemeinkosten erfaßt.

Ohne **Steuer- und Rechtsberatung** ist eine Geschäftsführung kaum noch möglich. Oft werden auch Teile der Buchhaltung dorthin vergeben.

Die **Werbung** ist besonders in Zeiten schlechter Auftragslage wichtig. Fahrzeug- und Baustellenbeschriftung, Zeitungsanzeigen oder gezielte Rundschreiben sind übliche Möglichkeiten.

Zinsen

Zinsen fallen für kurzfristige oder langfristige Inanspruchnahme von Geldern an. Man gewährt sehr oft Skonto, was eine Erlösschmälerung darstellt. Nicht zu vergessen ist das investierte Kapital, das bei anderer Anlage Zinsen erbringen würde.

Unternehmerlohn

Der »Kopf« des Baubetriebes ist der Meister oder Bauingenieur als Unternehmer. Er ist entsprechend der Zahl von beschäftigten Gesellen zeitlich gebunden. Für die Zeit, die er für

- Kundenbetreuung
- Bemühen um Aufträge
- Angebotsbearbeitung
- Aufmaß und Abrechnung
- Materialbestellung
- Verwaltung

aufwenden muß, während der er selbst nicht praktisch arbeiten kann, muß er doch einen Lohn bekommen. Dieser sollte wenigstens so hoch sein, wie er als Maurer verdienen würde.

8.4 Gemeinkosten in der Zuschlagskalkulation

Richtiger aber wäre so viel, wie er einem eingestellten Meister vergüten müßte, einschließlich der Sozialversicherungskosten, des Urlaubsaufwandes und einer evtl. Urlaubs- oder Krankheitsvertretung.

Gestaltung und Planung

Von den Arbeiten eines Maurers wird erwartet, daß sie den Gesamteindruck eines Gebäudes entscheidend prägen. Der Meister muß ständig bemüht sein, seine gestalterischen Fähigkeiten zu schulen und der Entwicklung anzupassen. Es ist also

– ein zeitlicher Aufwand und
– eine gestalterische Leistung

zu erbringen. Womit und wie wird das honoriert? Für besonders gut gestaltete Arbeiten müßte ein höherer Preis möglich sein, den mancher Kunde zu zahlen bereit ist. Sollen wir eine Verrechnung für die Gestaltung direkt in den Angebotspreis aufnehmen? Das könnte nur in Einzelfällen zu machen sein. In der Regel wird die Gestaltung wohl im »Unternehmerlohn« oder im »Gewinn« abgegolten sein.

Bauschutt, Abfall, Entsorgung

Wir haben bei den Zeitwerten schon erkannt, daß wir es hier mit Kosten zu tun haben, die sich schlecht auf die einzelnen Teilleistungen verrechnen lassen. Es wird daher zweckmäßig sein, sie als Gemeinkosten zu erfassen. Ihr Anteil beträgt nach derzeitigen Kenntnissen ca. 1 % der produktiven Löhne.

Zusammensetzung der Gemeinkosten

Mit einem Schaubild soll die Übersicht über die Gemeinkosten verdeutlicht werden.

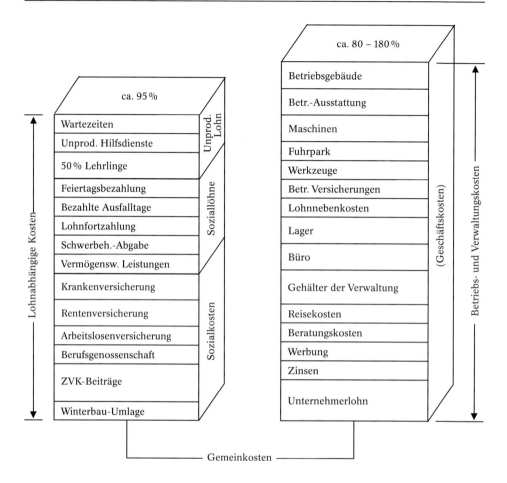

8.5 Ermittlung des Zuschlagssatzes

Es gibt verschiedene Möglichkeiten, die Gemeinkosten und damit die Höhe des Zuschlagssatzes zu ermitteln. Wir wollen hier die lohngebundenen und die betrieblichen Kosten zunächst trennen.

Lohngebundene Kosten

Wir haben schon gesehen, wie die produktiven und die unproduktiven Löhne für einen Betrieb mit einem Werkpolier, vier Maurern, fünf Baufachwerkern und einem Lehrling ermittelt wurden. Die gesamten lohngebundenen Kosten können folgendermaßen ermittelt werden:

8.5 Ermittlung des Zuschlagssatzes

Ermittlung des Zuschlagssatzes für lohngebundene Kosten			
1.	Unproduktiver Lohn		DM 72.270,00
2.	Sozialkosten		
2.01	Gesetzliche Sozialabgaben (Renten-, Kranken-, Arbeitslosen- und Pflege-Versicherung)	21,0 %	DM 104.580,00
2.02	Sozialkassenbeiträge und Winterbau	20,1 + 1 %	DM 105.080,00
2.03	Lohnfortzahlung zur AOK, IKK	2,5 %	DM 12.125,00
2.04	Berufsgenossenschaft	4,5 %	DM 22.410,00
Summe Lohngebundene Kosten			DM 316.790,00

$$\text{Zuschlagssatz} = \frac{100\,\% \cdot \text{lohngebundene Kosten}}{\text{produktiver Lohn}}$$

$$= \frac{100\,\% \cdot 316.790,00 \text{ DM}}{363.540,00 \text{ DM}} = 87,1\,\%$$

Berechnung des Zuschlagssatzes für Lohnzusatzkosten durch Verbände

Die lohngebundenen Kosten werden jährlich von Verbänden der Bauwirtschaft ermittelt und ihren Mitgliedern zur Verfügung gestellt.

Muster für die Berechnung des Zugschlagssatzes für Lohnzusatzkosten (lohngebundene und lohnbezogene Kosten)

– Stand Juli 1997 –

			alte Bundesländer
I.		Ermittlung der tatsächlichen Arbeitstage	Tage
	1.	Samstage und Sonntage	104
	2.	Jahresarbeitszeit (Arbeitstage)	260
	3.	Gesetzliche Feiertage, soweit nicht Samstage oder Sonntage, oder Feiertage im Lohnausgleichszeitraum	6

4.	Regionale Feiertage, soweit nicht Samstage oder Sonntage		1
5.	Lohnausgleichszeitraum, soweit nicht Samstage oder Sonntage		5
6.	Tarifliche und gesetzliche Ausfalltage nach § 4 BRTV, Betriebsverfassungsgesetz, Arbeitsförderungsgesetz, Arbeitnehmerweiterbildungsgesetz sowie Unfallverhütungsvorschriften u. ä.		3
7.	Schlechtwetter-Ausfalltage a) innerhalb der gesetzlichen Schlechtwetterzeit b) außerhalb der gesetzlichen Schlechtwetterzeit c) abzüglich der durch Vor- und Nacharbeit ausgeglichenen Ausfalltage		14 2 −16
8	Krankheitstage a) mit Entgeltfortzahlung b) ohne Entgeltfortzahlung		10 2
9	Ausfalltage wegen Kurzarbeit		–
10.	Urlaubstage nach § 8 BRTV		30
	Summe der Ausfalltage		57
	Jahresarbeitszeit (ohne Samstage und Sonntage)		260
	Ausfalltage		−57
	Tatsächliche Arbeitstage		203

		alte Bundesländer	
II.	Berechnung des Zuschlagssatzes für lohngebundene Kosten	v. H.	v. H.
1.	**Grundlöhne**		100,00
2.	**Lohngebundene Kosten**		
2.1	Soziallöhne		
2.1.1	Gesetzliche und tarifliche Soziallöhne (bezahlte arbeitsfreie Tage)		
2.1.11	Feiertage (I Nrn. 3,4)	3,45	
2.1.12	Ausfalltage (I Nr. 6)	1,48	
2.1.13	Schlechtwetter-Ausfalltage (I Nr. 7)	0,00	
2.1.14	Krankheitstage mit Entgeltfortzahlung (1 Nr. 8a)	4,63	
2.1.15	13. Monatseinkommen	7,70	
2.1.2	Betriebliche Soziallöhne	0,00	
	Soziallöhne (Zwischensumme)	17,26	17,26
	Grund- und Soziallöhne		117,26
2.1.3	Urlaub und zusätzliches Urlaubsgeld	19,92	
2.1.4	Ausgleichsbetrag für Krankheit	0,12	
2.1.5	Lohnausgleich	2,46	
	Soziallöhne insgesamt	39,76	
	Bruttolöhne (II Ziff. 1 und 2.1) als Basis für Sozialkosten und lohnbezogene Kosten		**139,76**

8.5 Ermittlung des Zuschlagssatzes

				alte Bundesländer
		v.H.	v.H.	v.H.
Übertrag: Soziallöhne (Zwischensumme)				17,26

2.2	**Sozialkosten**			
2.2.1	Gesetzliche Sozialkosten			
2.2.11	Rentenversicherung – allgemein – für WAG-Empfänger – Kurzarbeiter	10,15	0,00 0,00	
2.2.12	Arbeitslosenversicherung	3,25		
2.2.13	Krankenersicherung – allgemein – für WAG-Empfänger – Kurzarbeiter	6,80	0,00 0,00	
2.2.14	Pflegeversicherung – allgemein – für WAG-Empfänger – Kurzarbeiter	0,85	0,00 0,00	
2.2.15	Unfallversicherung	4,68		
2.2.16	Konkursausfallgeld	0,16		
2.2.17	Rentenlast-Ausgleichsverfahren	0,10		
2.218	Arbeitsmedizinischer Dienst	0,09		
2.2.19	Schwerbehindertenausgleich		0,36	
2.2.20	Arbeitsschutz und -sicherheit			
2.2.21	Winterbauumlage	1,00		
2.2.3	Tarifliche Sozialkosten			
2.2.31	Urlaub	14,45 ⎤		
2.2.32	Lohnausgleich	1,45 ⎥		
2.2.33	Überbrückungsgeld	0,00 ⎬ 20,10		
2.2.34	Zusatzversorgung	1,40 ⎥		
2.2.35	Berufsbildung	2,80 ⎦		
2.2.36	Pauschalversteuerung des Beitrages der Arbeitgeber für die tarifvertragliche Zusatzversorgung der gewerblichen Arbeitnehmer im Baugewerbe		0,45	
2.2.4	Freiwillige betriebliche Sozialkosten Summe 2.2.1–2.2.4 Sozialkosten auf Basis Grundlohn Bruttolohn x Sozialkosten (Spalte 1) Sozialkosten	47,18	0,00 1,92 65,94 <u>67,86</u>	<u>67,86</u>
	Summe lohngebundene Kosten			85,12

Die Erläuterungen zu den Berechnungen sind beispielsweise der Broschüre »Tarifverträge für das Baugewerbe«, Verlagsgesellschaft Rudolf Müller Bau-Fachinformationen GmbH & Co.KG, Köln 1997 zu entnehmen.

Muster für die Berechnung des Zuschlagssatzes für lohnbezogene Kosten (Ost)

– Stand Juli 1997 –

		neue Bundesländer
		Tage
I.	**Ermittlung der tatsächlichen Arbeitstage**	
1.	Samstage und Sonntage	104
2.	Jahresarbeitszeit (Arbeitstage)	260
3.	Gesetzliche Feiertage soweit nicht Samstage oder Sonntage, oder Feiertage im Lohnausgleichszeitraum	6
4.	Regionale Feiertage, soweit nicht Samstage oder Sonntage	1
5.	Lohnausgleichszeitraum, soweit nicht Samstage oder Sonntage	4
6.	Tarifliche und gesetzliche Ausfalltage nach § 4 BRTV, Betriebsverfassungsgesetz, Arbeitsförderungsgesetz, Arbeitnehmerweiterbildungsgesetz sowie Unfallverhütungsvorschriften u. ä	3
7.	Schlechtwettergeld – Ausfalltage a) innerhalb der gesetzlichen Schlechtwetterzeit b) außerhalb der gesetzlichen Schlechtwetterzeit c) abzüglich der durch Vor- und Nacharbeit ausgeglichenen Ausfalltage	10 2 12
8.	Krankheitstage a) mit Entgeltfortzahlung b) ohne Entgeltfortzahlung	10 2
9.	Ausfalltage wegen Kurzarbeit	–
10.	Urlaubstage nach § 8 BRTV	30
	Summe der Ausfalltage	56
	Jahresarbeitszeit (ohne Samstage und Sonntage)	260
	Ausfalltage	–56
	Tatsächliche Arbeitstage	204

8.5 Ermittlung des Zuschlagssatzes

			neue Bundesländer	
II.	**Berechnung des Zuschlagssatzes für lohngebundene Kosten**			
		v. H.	v. H.	
1.	**Grundlöhne**		100,00	
2.	**Lohngebundene Kosten**			
2.1.	**Soziallöhne**			
2.1.1	Gesetzliche und tarifliche Soziallöhne (bezahlte arbeitsfreie Tage)			
2.1.11	Feiertage (I Nrn. 3, 4)	3,45		
2.1.12	Ausfalltage (I Nr. 6)	1,47		
2.1.13	Schlechtwetter-Ausfalltage (I Nr. 7)	0,00		
2.1.14	Krankheitstage mit Entgeltfortzahlung (I Nr. 8 a)	4,61		
2.1.2	Betriebliche Soziallöhne	0,00		
	Soziallöhne (Zwischensumme)	9,51	9,51	
	Grund- und Soziallöhne		109,51	
2.1.3	Urlaub und zusätzliches Urlaubsgeld	18,55		
2.1.4	Ausgleichsbetrag für Krankheit	0,13		
2.1.5	Lohnausgsleich	1,96		
	Soziallöhne insgesamt	30,15		
	Bruttolöhne (II Nrn. 1 und 2.1) als Basis für Sozialkosten und lohnbezogene Kosten		130,15	
2.2	**Sozialkosten**			
2.2.1	Gesetzliche Sozialkosten			
2.2.11	Rentenversicherung			
	– allgemein	10,15		
	– für WAG-Empfänger		0,00	
	– Kurzarbeiter		0,00	
2.2.12	Arbeitslosenversicherung	3,25		
			13,40	

2.2.13	Krankenversicherung				
	– allgemein		6,80		
	– für WAG-Empfänger			0,00	
	– Kurzarbeiter			0,00	
2.2.14	Pflegeversicherung				
	– allgemein		0,85		
	– für WAG-Empfänger			0,00	
	– Kurzarbeiter			0,00	
2.2.15	Unfallversicherung		4,68		
2.2.16	Konkursausfallgeld		0,16		
2.2.17	Rentenlast-Ausgleichsverfahren		0,10		
2.2.18	Arbeitsmedizinischer Dienst		0,09		
2.2.19	Schwerbehindertenausgleich			0,38	
2.2.20	Arbeitsschutz und -sicherheit			1,19	
2.2.21	Winterbauumlage		1,00		
2.2.3	Tarifliche Sozialkosten				
2.2.31	Urlaub	14,45			
2.2.32	Lohnausgleich	1,15			
2.2.33	Überbrückungsgeld	0,00	18,40		
2.2.34	Zusatzversorgung				
2.2.35	Berufsbildung	2,80			
2.2.4	Freiwillige betriebliche Sozialkosten			0,00	
	Summe 2.2.1–2.2.4		45,48	1,57	
	Sozialkosten auf Basis Grundlohn				
	Bruttolöhne x Sozialkosten (Spalte 1)			59,19	
	Sozialkosten			<u>60,76</u>	<u>60,76</u>
	Summe lohngebundene Kosten				70,27

8.5 Ermittlung des Zuschlagssatzes

Zuschlagssatz für Betriebs- und Verwaltungskosten

Diese Kostengruppe kann jeder Unternehmer aus seiner Buchhaltung zusammenstellen. Das kann entsprechend der abgebildeten tabellarischen Aufstellung, die beliebig erweitert werden kann, erfolgen. Die Punkte 3.01 bis 3.04 dieser Tabelle auf Seite 193 wollen wir für »unseren« Betrieb (1 Werkpolier, 4 Maurer, 5 Baufachwerker, 1 Auszubildender) nachstehend ermitteln, die übrigen mit durchschnittlichen Beträgen einsetzen.

3.01 Die Baukosten der Gebäude betragen
220.000,00 DM

AfA 2 %	4.400,00 DM/Jahr
Zinsen 7 % aus 1/2 Bausumme	7.700,00 DM/Jahr
Unterhaltung 1 %	2.200,00 DM/Jahr
	14.300,00 DM/Jahr

3.02 Regale, Schränke, Werkbänke usw.
im Wert von 20.000,00 DM

AfA 1/10 %	2.000,00 DM/Jahr
Zinsen 7 % aus halbem Wert	700,00 DM/Jahr
Unterhaltung 2 %	400,00 DM/Jahr
	3.100,00 DM/Jahr

3.03 Vorhaltekosten der Maschinen und Geräte
aus der Tabelle der Maschinenkosten

1 Turmkran, 11 tm	29.085,00 DM/Jahr
1 Turmkran, 20 tm	36.556,00 DM/Jahr
1 Flächenrüttler	2.097,00 DM/Jahr
1 Vibrostampfer	1.327,00 DM/Jahr
1 Mörtelmischer	772,00 DM/Jahr
1 Betonmischer	10.605,00 DM/Jahr
1 Tellermischer	1.928,00 DM/Jahr
2 Innenrüttler	5.000,00 DM/Jahr
1 Betonstahl-Biegetisch	1.126,00 DM/Jahr
1 Draht-Biegemaschine	806,00 DM/Jahr
1 Kompressor	5.100,00 DM/Jahr
2 Drucklufthammer	1.770,00 DM/Jahr
2 Baustellen-Kreissägen	1.576,00 DM/Jahr
3 Bauwagen	7.798,00 DM/Jahr
2 Baustellenaborte	1.428,00 DM/Jahr
1 Toiletten-Waschbox	997,00 DM/Jahr
Stahlrohrgerüst 100 m²	4.118,00 DM/Jahr
Auslegergerüst, 40 m	3.360,00 DM/Jahr
	115.449,00 DM/Jahr

Die Energiekosten werden unter 3.10 erfaßt. Die Schalungskosten werden bei den Teilleistungen direkt verrechnet. Falls Gerüstkosten, Bauwagen, Krane usw. direkt in den Teilleistungen bzw. bei der Baustelleneinrichtung vergütet werden, ist der Betrag der Gemeinkosten um deren Anteil zu kürzen.

3.04 Der Fuhrpark besteht aus

1 Pkw	20.058,00 DM/Jahr
1 Kombi	23.237,00 DM/Jahr
1 Pritschenwagen	20.349,00 DM/Jahr
1 Lkw, 4 t	42.008,00 DM/Jahr
	105.652,00 DM/Jahr

Der **Zuschlagssatz für Gemeinkosten** beträgt dann:

	aus eigener Buchhaltung	Bauverband
Lohngebundene Kosten	87,1 %	85,12 %
+ Betriebs- und Verwaltungskosten	118,7 %	118,70 %
= Zuschlagssatz auf den produktiven Lohn (Fertigungslohn)	205,8 %	203,82 %

Wenn wir einen Teil der Kosten direkt in die Baustelleneinrichtung einrechnen, verringert sich der Satz für die Gemeinkosten. Wir wollen das sogleich berechnen, indem wir die Gerätekosten (außer Gerüste) abziehen, also

431.501,00 – 115.449,00
+ 4.118,00 + 3.360,00   = 323.530,00 DM

Der prozentuale Anteil für die Betriebs- und Verwaltungskosten wäre dann:

$$\frac{100\,\% \cdot 323.530{,}00 \text{ DM}}{363.540{,}00 \text{ DM}} = 89\,\%$$

Der Gesamtzuschlagssatz betrüge demnach

	87,1 %	85,12 %
+	89,0 %	89,00 %
=	176,1 %	174,12 %

wenn die **Baustelleneinrichtung** und Unterhaltung als **besondere Position** ausgewiesen ist.

8.5 Ermittlung des Zuschlagssatzes

Zuschlagssatz für Betriebs- und Verwaltungskosten		
3.01	Betriebsgebäude (AfA, Miete, Unterhaltung)	DM 14.300,00
3.02	Betriebsausstattung (AfA, Unterhaltung)	DM 3.100,00
3.03	Maschinen und Geräte	DM 115.449,00
3.04	Fuhrpark	DM 105.652,00
3.05	Werkzeuge, Kleingeräte	DM 5.200,00
3.06	Betriebliche Versicherungen	DM 2.400,00
3.07	Lohnnebenkosten (Fahrgelder, Auslösung usw.)	DM 3.000,00
3.08	Lagerkosten (AfA, Miete, Unterhaltung) *(unter 3.01)*	DM –
3.09	Frachtkosten	DM 1.600,00
3.10	Energiekosten, Wasser usw.	DM 6.300,00
3.11	Büro (AfA, Miete, Unterhaltung)	DM 4.800,00
3.12	Büroeinrichtung (Unterhaltung, AfA)	DM 1.800,00
3.13	Büromaterial, Postkosten	DM 4.800,00
3.14	Gehälter (Angestellte, Bauleiter, ggf. Ehefrau)	DM 56.000,00
3.15	Reisekosten	DM 2.400,00
3.16	Betriebliche Steuern	DM 10.500,00
3.17	Sonstige Abschreibungen	DM 1.000,00
3.18	EDV-Anlage	DM 3.000,00
3.19	Steuer- und Rechtsberatung	DM 12.000,00
3.20	Werbung	DM 3.000,00
3.21	Kurzfristige Zinsen	DM 4.800,00
3.22	Darlehenszinsen *(in 3.01 enthalten)*	DM –
3.23	Erlösschmälerung, Wertberichtigung, Garantierückstell.	DM 2.400,00
3.24		DM
3.25		DM
3.26	Unternehmerlohn	DM 68.000,00
3.27		DM
	Summe der Betriebs- und Verwaltungskosten	DM 431.501,00

$$\text{Zuschlagssatz} = \frac{100\% \cdot \text{Gemeinkosten (Betr./Verw.)}}{\text{produktiver Lohn}}$$

$$= \frac{100\% \cdot 431.501,00 \text{ DM}}{363.540,00 \text{ DM}} = 118,7\%$$

Aufteilung der Gemeinkosten

Will man die Gemeinkosten auf **Material, Lohn** und **Maschinen** verteilt berechnen, so muß man ihre Anteile ermitteln. Dazu wird zweckmäßigerweise der Betriebsabrechnungsbogen (BAB) verwendet.

Wir wollen dabei die Maschinen- und Gerätekosten, außer Gerüste, direkt bzw. über die Baustelleneinrichtung verrechnen. Sie erscheinen dann nicht mehr unter den Gemeinkosten! Anteile der Gemeinkosten werden jetzt sogar den Maschinen zugewiesen, soweit sie mit Beschaffung, Verwaltung und Unterhaltung zusammenhängen.

Für unseren Betrieb führen wir die Aufteilung im abgebildeten BAB durch.

Danach ermitteln wir die drei Zuschlagssätze auf Material, Lohn und Maschinen:

Materialgemeinkosten, deren Höhe im BAB mit 60.750,00 DM ermittelt wurde.

Die Materialkosten betrugen im Jahr 486.000,00 DM. Der Materialgemeinkostenzuschlagssatz beträgt dann:

486.000,00 DM –
1,00 DM –
60.750,00 DM –
$$\frac{100\,\% \cdot 60.750{,}00\ \text{DM}}{486.000{,}00\ \text{DM}} = 12{,}5\,\% \ (= s\,\%)$$

Lohngemeinkosten für Aufwendungen auf Baustellen und in der Verwaltung entstehen nach dem BAB in Höhe von 504.798,00 DM.

Bei einem produktiven Lohn (Fertigungslohn) in Höhe von 363.540,00 DM pro Jahr ergibt das folgenden Zuschlagssatz:

363.540,00 DM –
1,00 DM –
504.798,00 DM –
$$\frac{100\,\% \cdot 504.798{,}00\ \text{DM}}{363.540{,}00\ \text{DM}} = 138{,}9\,\%$$

8.5 Ermittlung des Zuschlagssatzes

Gemeinkosten aufteilen mit Betriebsabrechnungsbogen				
Kostenstelle / Kostenart	Gesamt-betrag DM	Material Lager DM	Baustellen Verwaltung DM	Maschinen Bauhof DM
Unproduktiver Lohn	72.270,00	14.000,00	33.448,00	24.822,00
Soziallöhne	130.700,00	2.900,00	121.800,00	6.000,00
Sozialkosten	113.820,00	2.450,00	105.820,00	5.550,00
Betriebsgebäude	14.300,00	6.000,00	2.300,00	6.000,00
Betriebsausstattung	3.100,00	1.100,00	1.000,00	1.000,00
Maschinen (Gerüste)	7.478,00	–	7.478,00	–
Fuhrpark	105.652,00	20.600,00	70.052,00	15.000,00
Werkzeuge, Kleingeräte	5.200,00	–	5.200,00	–
Lohnnebenkosten	3.000,00	200,00	2.300,00	500,00
Lagerkosten	–	–	–	–
Frachtkosten	1.600,00	600,00	500,00	500,00
Büro insgesamt + Versich.	13.800,00	1.000,00	11.000,00	1.800,00
Gehälter	56.000,00	4.000,00	48.000,00	4.000,00
Reisekosten	2.400,00	800,00	800,00	800,00
Steuern	10.500,00	1.500,00	8.000,00	1.000,00
EDV-Anlage	3.000,00	500,00	2.000,00	500,00
Werbung	3.000,00	–	3.000,00	–
Zinsen	4.800,00	800,00	3.200,00	800,00
Sonstige AfA, Erlösschm.	3.400,00	–	3.400,00	–
Energiekosten	6.300,00	300,00	3.500,00	2.500,00
Unternehmerlohn	68.000,00	4.000,00	60.000,00	4.000,00
Steuer- und Rechtsberatung	12.000,00	–	12.000,00	–
Summe Gemeinkosten	640.320,00	60.750,00	504.798,00	74.772,00
Summe, mit Maschinen	748.291,00			

Die **Maschinengemeinkosten** haben wir im BAB in Höhe von 74.772,00 DM ermittelt.

Die direkt oder über die Baustelleneinrichtung zu verrechnenden Maschinenkosten betragen

115.449,00 − 7.478,00 DM (Gerüste) = 107.971,00 DM.

Die Energiekosten sind in den Maschinengemeinkosten enthalten. Somit ergibt sich folgender Maschinengemeinkostensatz (ohne Bedienungspersonal):

$$\frac{107.971,00 \text{ DM} - 1,00 \text{ DM} - \frac{100\,\% \cdot 74.772,00 \text{ DM}}{107.971,00 \text{ DM}}}{74.772,00 \text{ DM}} = 68,8\,\% \ (= m\,\%)$$

Vielfach setzt ein Unternehmer der Einfachheit wegen seinen Materialzuschlag (s in %) und den Maschinenzuschlag (m in %) fest. Dann ergibt sich für die lohnbezogenen Gemeinkosten ein Zuschlag von

$$\frac{\text{Gemeinkosten} - \frac{s}{100} \cdot \text{Materialkosten} - \frac{m}{100} \cdot \text{Maschinenkosten}}{\text{produktiven Lohn}}$$

Wenn in unserem Beispiel der Unternehmer 10 % auf Material und 30 % auf Maschinen berechnen würde, verbliebe als Zuschlag für die Lohngemeinkosten:

$$\frac{640.320,00 \text{ DM} - \frac{10}{100} \cdot 486.000,00 \text{ DM} - \frac{30}{100} \cdot 107.971,00 \text{ DM}}{363.540,00 \text{ DM}}$$

$$= \frac{640.320,00 - 48.600,00 - 32.391,30}{363.540,00} = \frac{559.328,70 \text{ DM}}{363.540,00 \text{ DM}}$$

$$= 1,538 = 153,8\,\%$$

Der Leser kann zur Kontrolle nachrechnen, ob bei s = 12,5 % und m = 68,8 % für die Gemeinkosten bei dieser Berechnungsart auch ein Lohngemeinkostenzuschlag von 138,9 % entsteht.

8.6 Betriebsvergleich über die Gemeinkosten

Es sollte selbstverständlich sein, daß jeder Bauunternehmer die Gemeinkosten für seinen Betrieb ermittelt, daß er *nicht* die hier abgeleiteten Werte ohne Überarbeitung übernimmt, daß er *nicht* durch »erlauschten Vergleich« seinen Zuschlagssatz bildet. Trotzdem wäre es nützlich, durch einen Vergleich mit anderen Betrieben festzustellen, ob man mit seinen Kosten nicht in einen extremen Bereich geraten ist.

Nur im Rahmen einer umfangreicheren, gebietsübergreifenden Erhebung könnten vielleicht allgemein gültigere Werte, allerdings auch wieder nur als Mittelwerte mit betriebsbedingten Abweichungen, ermittelt werden.

In einigen Bundesländern wurden Kennzahlen ermittelt. Diese ergaben beispielsweise Zuschlagssätze auf Material von 10 bis 14 %, auf Fertigungslöhne 150 bis 197 % und auf Fremdleistungen 5 bis 10 %.

8.7 Abhängigkeit des Zuschlagssatzes von Betriebsveränderungen

Wenn der Betrieb unseres Beispiels im Laufe des Jahres einen ausscheidenden Gesellen wegen rückläufiger Beschäftigungslage nicht wieder ersetzt, so würde die Gesamtlohnsumme z. B. auf ca. 440.000,00 DM sinken. Der produktive Lohnanteil würde ca. 310.000,00 DM betragen.

Bei den Gemeinkosten würde sich der lohngebundene Anteil auch verringern.

Die Geschäftskosten dagegen würden in annähernd gleicher Höhe bestehenbleiben, wenn wir das Verhältnis von produktiver zu unproduktiver Tätigkeit des Unternehmers vernachlässigen.

Der Zuschlagssatz von 87,1 + 118,7 % = 205,8 % würde sich folgendermaßen ändern:

Die Gemeinkosten verringern sich um

unproduktive Löhne	ca. 5.800,00 DM
Lohnabhängige Gemeinkosten	ca. 20.000,00 DM
Betriebs- und Verwaltungskosten	ca. 1.500,00 DM
	27.300,00 DM

Gemeinkosten = 748.291,00 − 27.300,00 = 720.991,00 DM

$$\text{Zuschlagssatz} = \frac{100\,\% \cdot 720.991,00\ \text{DM}}{310.500,00\ \text{DM}} = 232,6\,\%$$

Wenn unser Betrieb dagegen einen weiteren Gesellen im Laufe des Jahres eingestellt hätte, so wäre der produktive Lohn auf ca. 405.000,00 DM angestiegen. Die Betriebs- und Verwaltungskosten würden sich nur unwesentlich erhöhen.

Die Gemeinkosten würden dann ca. 776.000,00 DM betragen.

$$\text{Zuschlagssatz} = \frac{100\% \cdot 776.000,00 \text{ DM}}{405.000,00 \text{ DM}} = 191,6\%$$

Ein neuer Zuschlagssatz würde sich auch ergeben, wenn bei Einstellung von zwei weiteren Gesellen eine Halbtagskraft für das Büro eingestellt und ein weiteres Kraftfahrzeug und eine Maschine angeschafft werden müßten.

Einem produktiven Lohn von ca. 445.000,00 DM würden dann ca. 866.000,00 DM Gemeinkosten gegenüberstehen.

$$\text{Zuschlagssatz} = \frac{100\% \cdot 866.000,00 \text{ DM}}{445.000,00 \text{ DM}} = 194,6\%$$

Diese beispielhaften Berechnungen sind in der Praxis jeweils mit exakten Werten aus Buchhaltung und Rechnungswesen durchzuführen. Sie zeigen jedoch deutlich, wie sich die Zuschlagssätze verändern können. Eine Anpassung muß ständig vorgenommen werden, etwa auch bei Änderung von tariflichen oder gesetzlichen Sozialabgaben.

8.8 Zuschlagssatz für Wagnis und Gewinn

Das mehr oder weniger vorhandene Bauwagnis und das allgemeine Unternehmerwagnis müssen abgedeckt werden.

Der gesamte Bereich des Wagnisses kann auf verschiedene Art gegliedert werden. Zweckmäßig ist die Unterteilung in:

a) Einzelwagnisse
b) Besondere Bauwagnisse
c) Allgemeines Unternehmerwagnis.

a) Einzelwagnisse

Eine eindeutige Abgrenzung zwischen Einzelwagnissen und allgemeinem Unternehmerwagnis wird nicht in allen Fällen möglich sein. Es soll deshalb eine Gliederung nach der überwiegenden Zugehörigkeit erfolgen. Als Einzelwagnis sind Gefahren anzusehen, die sich auf folgende Bereiche auswirken:

1. Wahl des Kalkulationsverfahrens
Birgt kein Risiko in sich, wenn die gewählte Methode richtig angewendet wird.

2. Angebotsfrist
In der Regel ist die Angebotsfrist für den einzelnen Auftrag, der VOB entsprechend, ausreichend bemessen. Durch jahreszeitlich bedingte Häufung von Ausschreibungen kann aber nur ein Teil dieser Frist für das jeweilige Angebot genutzt werden.

Als Folge sind u. a. falsche Ansätze für Stoffkosten, Lohnkosten, Geräteeinsatz, Rechenfehler, Nichtbeachtung von besonderen Schwierigkeiten oder von Vertragsklauseln anzusehen.

3. Vertragsbedingungen
Die Angebotsunterlagen enthalten alle möglichen Arten von Vertragsbedingungen, die mit der Unterzeichnung und Abgabe des Angebots anerkannt werden. Diese Bedingungen werden oft nicht genügend beachtet, so daß empfindliche Einbußen erfolgen können.

Es sei hier nur auf einige der besonders zu beachtenden Bedingungen hingewiesen: Ausführungsfrist und Vertragsstrafe, Ausschluß von Teilen der VOB (z. B. keine Preisänderung bei Mengenänderung), Ausschluß von Lohn- und Materialgleitklauseln bei nicht festgelegter Ausführungszeit, Bietungsbürgschaften, Sicherheitsleistungen, Zahlungsbedingungen, zusätzliche und technische Vorschriften.

4. Bauherrenbedingte Wagnisse
Unvollständige Angebotsunterlagen, verspätet vorgelegte Pläne und Änderungen in der Ausführungsart können zu Fehlorganisationen führen. Nicht rechtzeitig veranlaßte Leistungen von vorbereitenden Maßnahmen anderer Unternehmer bedingen Verzögerung der Bauarbeiten.

5. Standort der Baustelle
Hier ist der Anfall an Lohnnebenkosten, die Baustellenversorgung und die Anfuhr- und Entladebedingung für die Materialanlieferung zu berücksichtigen.

6. Lohnwagnis
Wenn der angesetzte Zeitaufwand überschritten wird, können erhebliche Verluste eintreten. Die gesamte Lohnberechnung muß fehlerfrei erfolgen. Lohngleitklauseln im Angebot vermeiden das Wagnis tariflicher Lohnerhöhungen.

7. Stoffpreiswagnis
Die Möglichkeit der Einschätzung dieses Wagnisses wurde im Jahre 1973 deutlich in Frage gestellt, als die Energiekrise die Brennkosten (Ziegel, Zement) und Kunststoffpreise stark erhöhte. Das Wagnis steigt bei Fehlen von Gleitklauseln mit einer Hinauszögerung oder Verlängerung der Ausführungszeit.

8. Mengenwagnis
Die Gemeinkosten werden auf die Teilleistungen umgelegt. Verringern sich die Leistungen, so findet keine volle Deckung dieser Kosten statt. Rabatte können nicht in vorgesehenem Umfang erzielt werden. Baustelleneinrichtungen und bereitgestelltes Gerät können nicht wirtschaftlich genutzt werden.

9. Organisation
Nicht selten ist in mangelhafter Organisation das größte Wagnis zu sehen. Eine gute Arbeitsvorbereitung und Betriebsplanung sind Voraussetzung für eine kostendeckende Produktion.

10. Wagnis aus konstruktiver Bearbeitung
Oft ist der Maurer bei der Wahl der Konstruktion beteiligt und mitverantwortlich.

11. Witterung
Die Witterung beeinflußt alle Arbeiten im Freien.

12. Nachunternehmerleistung
Besondere Bedeutung ist der Haftung beizumessen. Gefahren bergen auch mögliche Insolvenzen der Nachunternehmer in sich.

13. Haftung
Die VOB regelt in Teil B, daß der Auftragnehmer dann gegen Schäden, die aus dem Baubetrieb einem Dritten entstehen, haftet, wenn eine Versicherung abgeschlossen wurde oder hätte abgeschlossen werden können. Beispielhaft ist die Beschädigung von Straßenbelägen, Sperrschichten usw.

14. Gewährleistung
Die VOB regelt in Teil B ferner die Gewährleistung. Danach ist der Unternehmer dafür verantwortlich, daß seine Leistung zur Zeit der Abnahme die zugesicherten Eigenschaften hat. Während der Verjährungsfrist, die heute häufig gegenüber der Zweijahresfrist nach VOB über das BGB mit fünf Jahren geregelt wird, sind auftretende Mängel zu beseitigen.

15. Gefahrtragung
Der Unternehmer trägt die Verantwortung für den Bestand und Zustand der Bauleistung bis zur Abnahme durch den Bauherrn in der Regel allein. Witterungseinflüsse, andere Personen, falsche Materialanwendung oder falsche Konstruktion können zu Schäden führen. Eine Erneuerung bedeutet mindestens eine Verdoppelung der Kosten.

16. Zugeständnisse
In Gesprächen während der Zuschlagsfrist erklärt sich der Unternehmer gern bereit, Zugeständnisse hinsichtlich der Zahlungsfrist, der Art der Fertigung oder der Verschiebung von Ausführungsfristen zu machen.

17. Entwicklungswagnis
Die Entwicklung von rationelleren Methoden oder dauerhafteren Konstruktionen erfordert einen erheblichen Aufwand. Können diese Entwicklungen dann nicht in genügendem Umfang eingeführt werden oder stellen sie sich als unbrauchbar heraus, belasten sie das Unternehmen.

18. Abrechnung
Reine Aufmaß- und Rechenfehler fallen genauso ins Gewicht wie Kürzungen des Rechnungsbetrages. Rechtsstreitigkeiten sind dann oft nicht zu umgehen, es sei denn, der Unternehmer verzichtet im Hinblick auf künftige Auftragserteilungen auf gerichtliche Klärung.

b) Besondere Bauwagnisse

Die VOB sagt in Teil A aus, daß dem Unternehmer kein ungewöhnliches Wagnis aufgebürdet werden soll für Umstände oder Ereignisse, auf die er keinen Einfluß hat und deren Einwirkung auf Preise und Fristen er nicht im voraus schätzen kann.

Dem Unternehmer werden im Bauvertrag vielfach Risiken übertragen, die den von der VOB gesteckten Rahmen überschreiten. Das gilt, wenn dem Maurer die Gewährleistung für die gesamte Konstruktion, etwa im Thermalbadhallenbau, übertragen wird. Besondere Wagnisse können auch bei Bauwerken im Gebirge oder auch an Bauteilen, die großer Hitzeeinwirkung unterliegen, vorkommen.

c) Allgemeines Unternehmerwagnis

Viele Baubetriebe arbeiten jahrelang vorwiegend für die florierenden Wohnungsbaugesellschaften. Doch ab etwa Mitte 1973 gerieten viele dieser Gesellschaften wegen der sinkenden Nachfrage und der unvorhersehbaren Zinsentwicklung in Schwierigkeiten, und durch ihre Zahlungseinstellungen wurden viele Maurer hart betroffen. Wenn durch solch beispielhaftes Geschehen auch jede Baustelle mehr oder weniger direkt berührt sein kann, so treffen diese Ereignisse doch in erster Linie das Unternehmen als ganzes.

Ursachen und Auswirkungen können mannigfacher Art sein und in ihrem Ausmaß nicht erfaßt werden. Ihr Eintreten kann aus verschiedenen Anzeichen nur mit »unternehmerischem Spürsinn« vorausgesehen werden. Besonders betreffen das Unternehmen als solches:

1. Konjunkturwagnis
Konjunkturschwankungen gehören zum Wesen der Marktwirtschaft. Bei rückläufiger Konjunktur besteht die Gefahr ungenügender Beschäftigung mit sinkenden Angebotspreisen. Hochkonjunktur kann zu übertariflichen Lohnzahlungen, geringerem Arbeitseffekt und bei geringerer Arbeitsqualität zu erhöhten Gewährleistungsansprüchen führen.

2. Spartenwagnis
Die Festlegung auf bestimmte Bauausführungen – Wohnungsbau, Industriebau; Klein- oder Großbaustellen – kann bei Veränderungen der Nachfrage zu kostspieligen Umstellungsbemühungen führen.

3. Standort
Der Standort eines Baubetriebes muß sich nach der zu erwartenden Nachfrage und den schon vorhandenen Bauunternehmungen richten.

4. Bestände
Die ständige Neuentwicklung auf dem Baumarkt und der ständige Wandel der Kundenwünsche stellen für die Lagerhaltung heute ein erhebliches Wagnis dar.

5. Investitionen
Büro- und Lagergebäude, Ausstellungsräume, Maschinen und Geräte können sich unter veränderten Marktbedingungen als überflüssig erweisen.

6. Finanzierungswagnis
Maßnahmen der Bundesbank können, der Lage am Geldmarkt entsprechend, zu Zinserhöhungen führen, die den Einsatz von Fremdkapital erheblich verteuern können. Insolvenzen von Auftraggebern können zu völlig unerwarteten, unverschuldeten Gefahren nicht nur für die eigene Liquidität, sondern für den Bestand des ganzen Unternehmens führen.

7. Rufwagnis
Überschreitungen von Terminen, mangelhafte Ausführungen oder Rechtsstreitigkeiten können dem guten Ruf einer Unternehmung schaden. Keine Berücksichtigung bei beschränkter Ausschreibung oder die Einstufung als »unzuverlässiger Bewerber« gemäß VOB Teil A wären zu erwartende Folgen.

Erfassung und Bewertung der Wagnisse

Die zahlreichen Konkurse gerade in der Bauwirtschaft zeigten, daß es keine volle Sicherung gegen die verschiedenen Wagnisse gibt. Es müßte vielmehr angestrebt werden, daß die Einzel- und besonderen Wagnisse in den Kostenansätzen berücksichtigt werden. Das ist mit den Methoden der Statistik und der Wahrscheinlichkeitstheorie möglich, in Handwerks-

8.8 Zuschlagssatz für Wagnis und Gewinn 203

Wagnis	Einfluß auf:				
	Material	Wagnis Gewinn	Lohn	Wagnis Gewinn	Gemein-kosten
a) Einzelwagnisse					
1 Kalkulationsverfahren				▨	
2 Angebotsfrist	▨		▨		
3 Vertragsbedingungen	▨	▨	▨	▨	▨
4 Bauherrbedingte Wagnisse	▨		▨	▨	
5 Standort der Baustelle	▨		▨	▨	
6 Lohnwagnis			▨		▨
7 Stoffpreiswagnis	▨				
8 Mengenwagnis				▨	
9 Organisation		▨	▨		▨
10 Konstruktive Bearbeitung		▨	▨		
11 Witterung			▨		
12 Nachunternehmerleistung		▨			▨
13 Haftung	▨		▨		
14 Gewährleistung		▨			▨
15 Gefahrtragung			▨		
16 Zugeständnisse		▨			▨
17 Entwicklungswagnis		▨			▨
18 Abrechnung		▨	▨		▨
b) Besondere Bauwagnisse	▨		▨	▨	
c) Allgemeines Unternehmerwagnis					
1 Konjunkturwagnis				▨	▨
2 Spartenwagnis					▨
3 Standort					▨
4 Bestände				▨	▨
5 Investitionen				▨	▨
6 Finanzierungswagnis					▨
7 Rufwagnis					▨

Einfluß der Wagnisse auf die Kosten- und Preisbildung

betrieben aber zu aufwendig. Die Zusammenstellung auf Seite 203 zeigt, welche einzelnen Wagnisse beurteilt werden müßten und welchen Bereichen sie bei der Aufstellung der Angebotskalkulation zuzuordnen wären.

Gewinn

Der **Gewinn** soll eine angemessene Vergütung und Anreiz für technische und organisatorische Leistungen des Unternehmens darstellen. Soll eine Ausweitung, Vergrößerung und Modernisierung des Betriebes erfolgen, so ist das nur möglich, wenn Überschüsse (Gewinn) erwirtschaftet werden.

Wagnis und Gewinn wird meist als ein Zuschlagssatz in die Kalkulation eingesetzt. Der %-Satz bezieht sich dabei auf die Selbstkosten, gelegentlich auch auf den Umsatz. Da dieser Satz vom Unternehmer meist der Marktlage angepaßt wird, ist es unerheblich, ob vom Umsatz oder von den Selbstkosten ermittelt wird. Man sollte sich jedoch des Unterschiedes bewußt sein.

Beispiel

Selbstkosten 4.000,00 DM
Wagnis und Gewinn 6%

a) von Selbstkosten: $\dfrac{4.000 \cdot 6}{100} = 240{,}00$ DM

b) vom Umsatz: dabei wäre der Umsatz als 100% anzusetzen, die Selbstkosten entsprechen dann
$100 - 6 = 94\%$

$$\dfrac{4.000 \cdot 6}{94} = 255{,}32 \text{ DM}$$

Oft wird auch der Unternehmerlohn zusammen mit dem Gewinn verrechnet, so daß nur der Anteil für das Risiko (Wagnis) hier eingesetzt wird. Damit wird aber die Transparenz, die klare Übersicht, vermindert.

8.9 Mehrwertsteuer

Die Mehrwertsteuer ist kein Kostenfaktor. Sie wird deshalb in der Kalkulation selbst nicht berücksichtigt. Erst bei der Anfertigung des Angebots wird sie der Summe aller Leistungen, der Netto-Angebotssumme, hinzugerechnet.

Die Mehrwertsteuer beträgt z. Zt. 15% vom Netto-Angebots- bzw. Netto-Rechnungsbetrag, wie wir im Kap. 1 schon gesehen haben.

8.10 Beispiele zur Zuschlagskalkulation

Wir wollen jetzt an einigen Beispielen die Anwendung der Zuschlagskalkulation üben. Dazu sind Beispiele ausgewählt, in denen die Bauleistungen zu Einheitspreisen, zu Pauschalpreisen oder im Stundenlohn ausgeführt werden sollen.

In den Beispielen wird nach den Tabellen in den Kap. 5, 6 und 7 gerechnet. Auch die vorhergehenden Abschnitte dieses Kap. 8 werden verwendet. Dabei kann auf regionale Preise nicht eingegangen werden.

Ferienhaus

Für das abgebildete Ferienhaus, das nicht unterkellert wird, sind die Einheitspreise der Mauer- und Betonarbeiten entsprechend dem nachstehend aufgeführten Leistungsverzeichnis zu ermitteln.

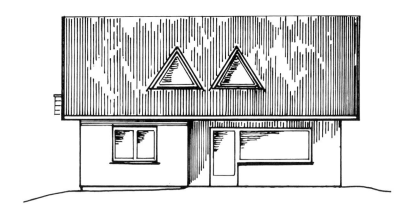

Pos. 1　Oberboden nach DIN 18300 in einer Dicke von 30 cm abtragen und seitlich lagern.

　　　　ca. 65 m^3　　　zu DM _____　　DM _____

Pos. 2　Boden der Klasse 4 für Streifenfundamente und Entwässerungsleitungen, i. M. 0,50 m breit und 0,90 m tief, ausheben und seitlich lagern.

　　　　ca. 40 m^3　　　zu DM _____　　DM _____

Pos. 3　Rohrleitungsgräben mit Aushubmaterial der Pos. 2 verfüllen, einschließlich Abdecken der Rohre mit 0,10 m^3 Sand je m, (i. M. 0,5 m^3 Aushubverf./m Rohrleitung).

(Anmerkung: Diese nicht übliche Art ist nur zur Übung gewählt)

　　　　ca. 12 m^3　　　zu DM _____　　DM _____

Pos. 4　Entwässerungsleitung nach DIN 1986 aus Steinzeugrohren, mit Steckmuffe L, 1,25 m, herstellen.

　　　　a) DN 100
　　　　　 ca. 30 m　　　zu DM _____　　DM _____

　　　　b) DN 125
　　　　　 ca. 15 m　　　zu DM _____　　DM _____

Pos. 5　Formstücke als Zulage zu Pos. 4

　　　　a) Bogen DN 100
　　　　　 ca. 4 St　　　 zu DM _____　　DM _____

　　　　b) Bogen DN 125
　　　　　 ca. 2 St　　　 zu DM _____　　DM _____

　　　　c) Abzweige DN 100/125
　　　　　 ca. 2 St　　　 zu DM _____　　DM _____

Pos. 6　Schalung der Streifenfundamente und der Ränder der Bodenplatte, ca. 30 cm hoch, herstellen.

　　　　ca. 40 m^2　　　zu DM _____　　DM _____

Pos. 7　Streifenfundamente aus B15, teils in Gräben nach Pos. 2, teils in Schalung nach Pos. 6, herstellen.

　　　　ca. 20 m^3　　　zu DM _____　　DM _____

Pos. 8　Kiesschüttung aus Grobkies, 30 cm dick, einbringen und verdichten.

　　　　ca. 35 m^3　　　zu DM _____　　DM _____

8.10 Beispiele für Zuschlagskalkulation

Pos. 9   Abdecken der Kiesschüttung mit PE-Folie

         ca. 120 m²   zu DM _____   DM _____

Pos. 10   Bodenplatte aus B25, 12 cm dick, mit Bewehrung nach Pos. 18, herstellen.

         ca. 117 m²   zu DM _____   DM _____

Pos. 11   Stahlbetondecke über EG, 18 cm dick, aus B25 herstellen, einschließlich Schalung. Die Bewehrung wird nach Pos. 18 verrechnet.

         ca. 140 m²   zu DM _____   DM _____

Pos. 12   Mauerwerk der Außenwände, 30 cm dick, aus Hochlochziegeln nach DIN 105 in Mörtel Gruppe II herstellen.

         ca. 36 m³   zu DM _____   DM _____

Pos. 13   Mauerwerk der Innenwände, 24 cm dick, sonst wie Pos. 12.

         ca. 50 m²   zu DM _____   DM _____

Pos. 14   Mauerwerk der Innenwände, 11,5 cm dick, sonst wie Pos. 12.

         ca. 60 m²   zu DM _____   DM _____

Pos. 15   Bitumenpappe, besandet, 333 g/m², 10 cm an den Stößen überlappt, unter allen Wänden des EG einlegen.

         a) 30 cm breit
            ca. 44 m   zu DM _____   DM _____

         b) 24 cm breit
            ca. 15 m   zu DM _____   DM _____

         c) 11,5 cm breit
            ca. 10 m   zu DM _____   DM _____

Pos. 16   Stahlbetonstürze aus B25, einschließlich Schalung, herstellen.

         ca. 1 m³   zu DM _____   DM _____

Pos. 17   Bewehrung aus Betonstabstahl IV S herstellen.

         ca. 500 kg   zu DM _____   DM _____

Pos. 18   Bewehrung aus Betonstahlmatten IV M herstellen.

   ca. 1.000 kg   zu DM _____   DM _____

Pos. 19   Rolladenkästen, Fabrikat _____, liefern und einbauen.

   ca. 15 m   zu DM _____   DM _____

Die Kalkulation wird von einem Betrieb ausgeführt, in dem folgende Mitarbeiter beschäftigt sind:

- 1 Werkpolier (Arbeitet voll produktiv mit)
- 2 Maurer (Spezialbaufacharbeiter)
- 1 Geselle im 1. Berufsjahr (geh. Baufacharbeiter)
- 3 Bauhelfer (Baufachwerker)

Für vier dieser Mitarbeiter, die auch die Maschinenbedienung mitübernehmen, wird eine betriebliche Stammarbeiterzulage von 0,45 DM/Std. gewährt. Für durchschnittlich drei Arbeiter wird eine Zulage von 0,30 DM/Std. erstattet (Erschwernisse usw.). Es wird damit gerechnet, daß jeder Mitarbeiter zwei Überstunden pro Woche über die zuschlagsfreie Zeit hinaus leistet und entsprechend vergütet bekommt. Der betriebliche Anteil zur Vermögensbildung soll für jeden Arbeitnehmer eingerechnet werden.

Die Gemeinkosten sollen aufgeteilt werden, und zwar in Materialgemeinkosten mit 11 % und in Lohngemeinkosten einschließlich aller Kosten für die Baustelleneinrichtung und -unterhaltung, da dafür keine eigene Position ausgewiesen ist. Die Buchhaltung hat dafür folgende Werte ermittelt:

Sozialkosten	96,0 % des produktiven Lohns
Lohnnebenkosten	5,0 % des produktiven Lohns
Geräte und Maschinen	20,0 % des produktiven Lohns
Fuhrpark	17,0 % des produktiven Lohns
Allgemeine Baustelleneinrichtung	7,9 % des produktiven Lohns
Verwaltung und Betrieb	49,0 % des produktiven Lohns

Für Wagnis und Gewinn will der Maurermeister 7 % der Selbstkosten ansetzen.

Die Kalkulation soll als Zuschlagskalkulation mit Stundenverrechnungssätzen auf einem der vorgestellten Formblätter durchgeführt werden. Dabei geht es uns um das Prinzip der Kostenberechnung mit den bisher aufgestellten Werten für Material-, Lohn-, Maschinen- und Gemeinkosten. Ob man mit den errechneten Angebotspreisen den Auftrag erhalten würde, wollen wir im Kap. 9 diskutieren.

8.10 Beispiele für Zuschlagskalkulation

Mittellohn-Berechnung

Beruf	Gruppe	Anzahl	Produktiv	Lohn in DM/Std. (GTL)	
				Einzeln	Gesamt
Werkpolier	*I*	*1*	*1,0*	*29,03*	*29,03*
Maurer	*III*	*2*	*2,0*	*25,26*	*50,52*
Maurer im 1. Jahr (geh. Baufacharb.)	*IV*	*1*	*1,0*	*23,18*	*23,18*
Bauhelfer (Baufachwerker)	*VI*	*3*	*3,0*	*21,65*	*64,95*
Summe		*7*	*7*		*167,68*
Durchschnittslohn A mit P (S : pr. A)			(1)	*: 7*	*23,95*
Zuschläge Faktor (1,00 + %)				Std./Wo.	Gew. Std./Wo.
Tarifliche Arbeitszeit 1,00				*39*	*39*
Überstunden (1,00+*0,2*)				*2*	*2,50*
Nachtarbeit 0,				–	
Sonn- u. Feiertage 0,				–	
Arbeitszeit/Woche				*41*	*41,50*
Zuschlag (Gew. Std.: Std./Wo. – 1,00) x DL (1) DM (2)					*0,29*
Zulagen			DM/Std.	Std./Wo.	DM/Wo.
Stammarbeiter *4 x 41*			*(0,45 DM/Std.)*	*164*	*73,80*
Schmutz-, Wasser *3 x 41*			*(0,30 DM/Std.)*	*123*	*36,90*
Vermögensbildung *7 x 41*			*(0,25 DM/Std.)*	*287*	*71,75*
Leistungszulage					
Gesamt/Woche					*182,45*
Zulage DM/Wo. : Arbeitsstunden/Wo. DM (3)				*182,45 : 287*	*0,63*
Mittellohn ML (AP) (4) = (1) + (2) + (3) DM/Std. (4)					*24,87*
Sozialaufwendungen *96* % = DM/Std. (5)					*23,87*
Mittellohn ML (APS) (6) = (4) + (5) DM/Std. (6)					*48,74*
Lohnnebenkosten *5% von 24,87* DM/Std. (7)					*1,24*
Mittellohn ML (APSL) (8) = (6) + (7) DM/Std. (8)					*49,98*
Sonstige Umlagen DM/Std. (9)					–
Mittellohn ML (APSLU) (10) = (8) + (9) DM/Std. (10)					*49,98*
Betrieb und Verwaltung *93,9* % von ML (4) DM/Std. (11)					*23,35*
Stunden-Verrechnungssatz (10) + (11) DM/Std.					*73,33*

Pos.	Gegenstand	Arbeiter-Stunden	Lohn DM/Einh.	Maschinen Sonstiges DM/Einh.	Material DM/Einh.	Einheitspreis DM/Einh.
1	Oberbodenabtrag (m³)					
	Planierraupentransport					
	(1 Lkw/Std. 98,00 : 70 m³)			1,40		
	Planierraupe					
	41 PS/70,60 DM/Std.					
	Rüstzeit 2 Std. : 70 m³					
	· 70,60 DM/Std.			2,02		
	Abtragen 0,04 Std. ·					
	70,60 DM/Std.	0,05	3,67	2,82		
				6,24		
	Wagnis und Gewinn 7%		0,26	0,44		
			3,93	6,68		10,61
	(+ Rüstzeit Arbeiter	0,03				12,96)
2	Aushub f. Fundam. u. Entw. (m³)					
	Baggertransport					
	98,00 : 40 m³			2,45		
	Rüstzeit 1 Std. · 17,10 : 40 m³			0,43		
	0,65 Std. · 17,10 DM/Std.			11,12		
	Lohn 73,33 DM/Std.	0,80	58,66	14,00		
	Wagnis und Gewinn 7%		4,11	0,98		
			62,77	14,98		77,75
	(+ Rüstzeit Arbeiter	0,025				79,71)
3	Rohrleitungsgräben					
	verfüllen (m³)					
	Sand					
	0,1 m : 0,5 m³ · 1,8 · 41,22				14,84	
	Materialgemeinkosten 11%				1,63	
	Verfüllen von Hand	1,50	110,00		16,47	
	Wagnis und Gewinn 7%		7,70		1,15	
			117,70		17,62	135,32

8.10 Beispiele für Zuschlagskalkulation

Pos.	Gegenstand	Arbeiter-Stunden	Lohn DM/Einh.	Maschinen Sonstiges DM/Einh.	Material DM/Einh.	Einheits-preis DM/Einh.
4	Steinzeugrohre (m)					
a	DN 100					
	(21,70 DM : 1,25 m)				17,36	
	Anfuhr					
	12,12 DM : 1000 · 15 : 1,25	0,03			0,15	
	Bruch u. Verschnitt 4 %				0,69	
					18,20	
	Materialgemeinkosten 11 %				2,00	
	Verlegen 0,45 Std. : 1,25 m	0,28			20,20	
		0,31	22,73			
	Wagnis und Gewinn 7%		1,59		1,41	
			24,32		21,61	45,93
b	DN 125					
	(26,60 DM : 1,25 m)				21,28	
	Anfuhr 12,12 : 1000 · 19 : 1,25	0,04			0,18	
	Bruch und Verschnitt 4 %				0,85	
					22,31	
	Materialgemeinkosten 11%				2,45	
	Verlegen	0,35			24,76	
		0,39	28,60			
	Wagnis und Gewinn 7%		2,00		1,73	
			30,60		26,49	57,09
5	Formstücke als Zulage (St)					
	Bogen					
a	DN 100				28,50	
	abzügl. gerades					
	Rohr ca. 0,4 m · 17,36				6,94	
					21,56	
	Materialgemeinkosten 11%				2,37	
	Verlegen (Zulage)	0,35	25,67		23,93	
	Wagnis und Gewinn 7%		1,80		1,68	
			27,47		25,61	53,08

Pos.	Gegenstand	Arbeiter-Stunden	Lohn DM/Einh.	Maschinen Sonstiges DM/Einh.	Material DM/Einh.	Einheits-preis DM/Einh.
b	DN 125				34,25	
	abzügl. ca. 0,40 · 21,28				8,51	
					25,74	
	Materialgemeinkosten 11%				2,83	
	Verlegen (Zulage)	0,35	25,67		28,57	
	Wagnis und Gewinn 7%		1,80		2,00	
			27,47		30,57	58,04
c	Abzweig 100/125 (St)				56,80	
	abzügl. ca. 0,70 m · 21,28				14,90	
					41,90	
	Materialgemeinkosten 11%				4,61	
	Verlegen (Zulage)	0,45	33,00		46,51	
	Wagnis und Gewinn 7%		2,31		3,26	
			35,31		49,77	85,08
6	Fundamentschalung (m^2)					
	Kleinflächenrahmenschalg.					
	Vorhaltekosten					
	20,00 DM/Mon.					
	bei 5 Einsätzen im Monat			4,00		
	Einschalen	0,50	36,67			
	Wagnis und Gewinn 7%		2,57	0,28		
			39,24	4,28		43,52
7	Streifenfundamente (m^3)					
	B 15, Transportbeton				120,50	
	Anfuhr				20,00	
					140,50	
	Streuverluste 5 %				7,03	
					147,53	
	Materialgemeinkosten 11 %				16,23	
					163,76	
	Kranbetrieb,					
	Rüstzeit 2 Std. : 20 m^3	0,10				
	Betonieren	0,60				
	Lohn 73,33 DM/Std.	0,70	51,33			
	Wagnis und Gewinn 7%		3,59		11,46	
			54,92		175,22	230,14

8.10 Beispiele für Zuschlagskalkulation

Pos.	Gegenstand	Arbeiter-Stunden	Lohn DM/Einh.	Maschinen Sonstiges DM/Einh.	Material DM/Einh.	Einheits-preis DM/Einh.
8	*Kiesschüttung* (m^3)					
	Grobkies 18,20 DM/t					
	Anfuhr 12,10 DM/t					
	30,30 DM/t · 1,83 t/m^3				55,45	
	Verdichtung 10 %				5,55	
					61,00	
	Materialgemeinkosten 11 %				6,71	
					67,71	
	Einbauen u. Verdichten	0,60	44,00			
	Wagnis und Gewinn 7%		3,08		4,74	
			47,08		72,45	119,53
9	*PE-Folie* (m^2)				0,60	
	Verschnitt- u. Überlappung 5%				0,03	
					0,63	
	Materialgemeinkosten 11 %				0,07	
	Verlegen	0,02	1,47		0,70	
	Wagnis und Gewinn 7%		0,10		0,05	
			1,57		0,75	2,32
10	*Bodenplatte, 12 cm* (m^2)					
	B 25, Transportbeton,					
	0,12 m^3 · 132,30 DM/m^3				15,88	
	Anfuhr 0,12 · 20,00				2,40	
					18,28	
	Schüttverluste (0,5-1%)				0,11	
					18,39	
	Materialgemeinkosten 11 %				2,02	
	Rüstzeit 2 Std./117 m^2	0,017				
	Betonieren					
	(bewehrt) 0,12 · 0,75	0,09				
	Abziehen	0,08				
	(Verr.-Lohn 73,33 DM/Std.)	0,187	13,71		20,41	
			0,96		1,43	
			14,67		21,84	36,51

Pos.	Gegenstand	Arbeiter-Stunden	Lohn DM/Einh.	Maschinen Sonstiges DM/Einh.	Material DM/Einh.	Einheits-preis DM/Einh.
11	Stahlbetondecke, 18 cm (m^2)					
	B 25, Transportbeton					
	0,18 m^3 · 137 DM/m^3				24,66	
	Anfuhr (je m^3 20 DM)				3,60	
	Schüttverluste 1%				0,28	
					28,54	
	Materialgemeinkosten 11 %				3,14	
	Schalung-Vorhaltekosten				31,68	
	Schaltafeln					
	2,15 DM/Mon./m^2					
	GT 24 0,5 m/m^2					
	0,73 DM/Mon./m^2					
	VT 16 2m/m^2					
	1,76 DM/Mon./m^2					
	Stahlrohrst. 0,33/m^2					
	1,27 DM/Mon./m^2					
	Verschwertung					
	0,50 DM/Mon./m^2					
	2 Einsätze/Mon.					
	6,41 DM/Mon./m^2 : 2	0,75		3,21		
	Randschalung					
	anteilig je m^2	0,12		0,25		
	Betonieren 0,65 · 0,18	0,12		3,46		
	Abziehen	0,08				
		1,07	78,46			
	Wagnis und Gewinn 7%		5,49	0,24	2,22	
			83,95	3,70	33,90	121,55
12	Mauerwerk, HLz, 30 cm (m^3)					
	HLz W 12-08, 5 DF 107 St				131,61	
	Anfuhr (Zone 1)				13,38	
	Bruch u. Verhau 3%				3,95	
	Mörtel					
	166 l · 140,21 DM/1000				23,27	
					172,21	
	Materialgemeinkosten 11 %				18,94	
	Mauern 3,4 + 10 %	3,74			191,15	
	Mörtel anmachen					
	0,76 · 0,166	0,13				
		3,87	283,79			
	Wagnis und Gewinn 7%		19,87		13,38	
			303,66		204,53	508,19

8.10 Beispiele für Zuschlagskalkulation 215

Pos.	Gegenstand	Arbeiter-Stunden	Lohn DM/Einh.	Maschinen Sonstiges DM/Einh.	Material DM/Einh.	Einheits-preis DM/Einh.
13	Mauerwerk, 24 cm (m^2)					
	HLz 12-1,0, 2 DF,					
	64 St · 0,50 DM/St				32,00	
	Anfuhr 64 · 0,06				3,84	
	Bruch u. Verhau				1,08	
	Mörtel					
	55 l · 140,21 DM/1000 l				7,71	
					44,63	
	Materialgemeinkosten 11 %				4,91	
	Mauern 1,2 Std. + 10 %	1,32				
	Mörtel anmachen					
	0,76 · 0,055	0,04				
	(73,33 DM/Std.)	1,36	99,73		49,54	
			6,98		3,47	
			106,71		53,01	159,72
14	Mauerwerk, 11,5 cm (m^2)					
	HLz 12-1,0, 2 DF 32 St				16,00	
	Anfuhr				1,20	
	Bruch u. Verhau 3 %				0,48	
	Mörtel					
	20 l · 140,21 DM/1000 l				2,80	
					20,48	
	Materialgemeinkosten 11 %				2,25	
	Mauern 0,8 Std. + 10 %	0,88			22,73	
	Mörtel anmachen					
	0,76 · 0,020	0,02				
		0,90	66,00			
	Wagnis und Gewinn 7%		4,62		1,59	
			70,62		24,32	94,94
15	Bitumenpappe (m)					
a	30 cm breit	0,04	2,93		0,60	
	Überlappung u. Verschnitt 3%				0,02	
	Materialgemeinkosten 11 %				0,07	
					0,69	
	Wagnis und Gewinn 7%		0,21		0,05	
			3,14		0,74	3,88

Pos.	Gegenstand	Arbeiter-Stunden	Lohn DM/Einh.	Maschinen Sonstiges DM/Einh.	Material DM/Einh.	Einheits-preis DM/Einh.
b	24 cm breit	0,04	2,93		0,48	
	Überlappung u. Verschnitt 3%				0,01	
	Materialgemeinkosten 11%				0,05	
					0,54	
	Wagnis und Gewinn 7%		0,21		0,04	
			3,14		0,58	3,72
c	11,5 cm breit	0,03	2,20		0,25	
	Materialgemeinkosten 11%				0,03	
					0,28	
	Wagnis und Gewinn 7%		0,15		0,02	
			2,35		0,30	2,65
16	Stahlbetonstürze (m³)					
	B 24				137,00	
	Anfuhr				20,00	
	Schüttverluste 5%				7,85	
					164,85	
	Materialgemeinkosten 11%				18,13	
	Schalung ca. 10 m²/m³			32,00	182,98	
	Einschalen ca. 10 m²/m³	24,00				
	Betonieren u. Rüstzeiten	2,65				
		26,65	1.954,24	32,00		
	Wagnis und Gewinn 7%		136,80	2,24	12,81	
			2.091,04	34,24	195,79	2.321,07
17	Bewehrung (kg)					
	BSt IV S gebogen, frei Bau				1,24	
	Anfuhr-Zuschlag-Kleinm.				0,03	
	Materialgemeinkosten 11%				0,14	
					1,41	
	Verlegen	0,027	1,98			
	Wagnis und Gewinn 7%		0,14		0,10	
			2,12		1,51	3,63

8.10 Beispiele für Zuschlagskalkulation

Pos.	Gegenstand	Arbeiter-Stunden	Lohn DM/Einh.	Maschinen Sonstiges DM/Einh.	Material DM/Einh.	Einheits-preis DM/Einh.
18	*Bewehrung mit* (kg)					
	Betonstahlmatten IV M, fr. B.				1,05	
	Abstandhalter ca. 10 %				0,10	
					1,15	
	Materialgemeinkosten 11 %				0,13	
	Verlegen	0,018	1,32		1,28	
	Wagnis und Gewinn 7%		0,09		0,09	
			1,41		1,37	2,78
19	*Rolladenkästen* (m)					
	Rolladenkasten				82,00	
	Materialgemeinkosten 11 %				9,02	
	Versetzen	0,40	29,33		91,02	
	Wagnis und Gewinn 7%		2,05		6,37	
			31,38		97,39	128,77

Garage Pauschal

Ein junger Maurermeister ist in einer größeren Bauunternehmung angestellt. Von seiner Geschäftsleitung erhält er den Auftrag, den Pauschal-Angebotspreis für die abgebildete Doppelgarage zu berechnen.

Die üblichen Materialpreise solle er den vorhandenen Preislisten entnehmen. Der Mittellohn (MLAP) der Gruppe betrage einschließlich aller Zulagen 25,30 DM/Std. Die Lohngemeinkosten betragen einschließlich aller Maschinen, außer Bagger, 178 %, die Materialgemeinkosten 10 %. Wagnis und Gewinn solle mit 4 % angesetzt werden.

Zunächst wird der Meister die Mengen berechnen. Das kann mittels abgebildetem Aufmaßformular durchgeführt werden.

Danach wird der Meister den Stundenverrechnungssatz für die Löhne wie folgt ermitteln:

Mittellohn (MLAP)	= 25,30 DM/Std.
+ 178 % Gemeinkosten	= 45,03 DM/Std.
Verrechnungssatz	= 70,33 DM/Std.

Die ganze Kalkulation kann dann mit Formblättern durchgeführt werden.

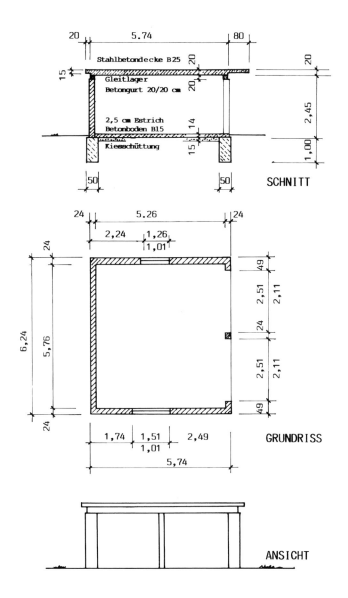

8.10 Beispiele für Zuschlagskalkulation

Auftraggeber _____ Ort _____

Baustelle/-teil *Doppelgarage*

Blatt Nr. 1

_____ Datum _____

Pos.	Gegenstand	Stück	Abzug Stück	Abmessungen Länge	Breite	Höhe	Brutto-Maß	Abzug	Netto-Maß
1	*Aushub B-Kl. 4*								
	für Betonboden	1		6,00	6,50	0,14	5,460		
	für Kiesschüttung	1		5,00	5,50	0,15	4,125		
	für Fundamente	2		6,50	0,50	1,00	6,500		
		2		5,00	0,50	1,00	5,000		21,085
2	*Kies* m^3	1		5,00	5,50	0,15			4,125
3	*Fundamentbeton*	2		6,50	0,50	1,00	6,50		
	m^3	2		5,00	0,50	1,00	5,00		11,500
4	*Betonboden* m^2	1		5,26	5,76		30,30		
		2		2,51	0,24		1,20		31,50
5	*Estrich* m^2/m^3	1		5,26	5,76		30,30		
		2		2,51	0,24		1,20		
	2,5 cm dick (m^3)					0,025	31,50		0,788
6	*Mauerwerk KS* m^2	2		6,24		2,25	28,08		
	24 cm, 2 DF	2		5,26		2,25	23,67		
	Tore		2	2,51		2,11+0,14		11,30	
	Fenster		1	1,26		1,01		1,27	
	Fenster		1	1,51		1,01		1,53	
							51,75	14,10	37,65

Summe/Übertrag

Auftraggeber						Ort			

Baustelle/-teil *Doppelgarage*

Blatt Nr. *2*

Datum

Pos.	Gegenstand	Stück	Abzug Stück	Abmessungen			Brutto-Maß	Abzug	Netto-Maß
				Länge	Breite	Höhe			
7	*Sichtmauerwerk,*	*2*		*6,24*		*2,25*	*28,08*		
	einseitig, außen	*2*		*5,74*		*2,25*	*25,83*		
	Leibungen	*4*			*0,24*	*1,01*	*0,97*		
		4			*0,24*	*2,25*	*2,16*		
	Tore		*2*	*2,51*		*2,25*		*11,30*	
	Fenster		*1*	*1,26*		*1,01*		*1,27*	
			1	*1,51*		*1,01*		*1,53*	
							57,04	*14,10*	*42,94*
8	*Betongurt* *m³*	*2*		*6,24*	*0,20*	*0,20*	*0,499*		
		2		*5,26*	*0,20*	*0,20*	*0,421*		*0,920*
9	*Gleitlager* *m*	*2*		*6,24*			*12,48*		
		2		*5,26*			*10,52*		*23,00*
10	*Stahlbetondecke m²*			*6,16*	*5,66*				*34,86*
						0,20	*6,973*		
11	*Dachvorsprünge*	*1*		*6,56*	*0,20*	*m² (1,31)*			
		2		*5,66*	*0,20*	*(2,26)*			
		1		*6,56*	*0,80*	*(5,25)*			
	Dicke 0,15 m					*(8,82)*	*1,323*		*8,296 m³*
12	*Betonstahl IV S*								*80 kg*
	nach Liste								
13	*Betonstahlmatten*								*300 kg*
	nach Liste								
				Summe/Übertrag					

8.10 Beispiele für Zuschlagskalkulation

Pos.	Gegenstand	Arbeiter-Stunden	Lohn DM/Einh.	Maschinen Sonstiges DM/Einh.	Material DM/Einh.	Einheits-preis DM/Einh.
	Doppelgarage pauschal					
1	Aushub B-Kl. 4					
	mit Kleinbagger (0,04 m³)					
	Rüstzeit 1 Std.	1,00				
	Aushub 21,085 · 0,80/0,65	16,87				
	Bagger (1 Std. + 13,7 Std.)					
	· 17,10 DM/Std.			251,37		
	Baggertransport Lkw			88,50		
2	Kiesschüttung 0/56 mm					
	(4,125 m³ + 20 %)					
	· 1,83 · 18,20 DM/t				164,86	
	Anfuhr (4,125 + 20 %)					
	· 1,83 · 12,10 DM/t				109,61	
	Einbauen u. Verdichten					
	4,125 m³ · 0,60 Std./m³	2,48				
3	Fundamente					
	B 15, Transportbeton					
	frei Bau					
	11,50 m³ · 140,50 DM/m³				1.615,75	
	Betonieren direkt v. Fahrzg.					
	Rüstzeit	1,50				
	11,50 m³ · 0,40 Std./m³	4,60				
	Schüttverluste 1 %				16,16	
4	Betonboden					
	B 15					
	31,5 · 0,14 m³ · 140,50 DM/m³				619,75	
	Schüttverlust 1 %				6,20	
	Betonieren direkt v. Fahrzg.					
	Rüstzeit	1,50				
	Betonieren 4,411 · 0,37 Std.	1,63				
	Abziehen					
	31,5 m² · 0,08 Std./m²	2,52				
	Übertrag	32,10		339,87	2.532,33	

Pos.	Gegenstand	Arbeiter-Stunden	Lohn DM/Einh.	Maschinen Sonstiges DM/Einh.	Material DM/Einh.	Einheits-preis DM/Einh.
	Übertrag	32,10		339,87	2.532,33	
5	Estrich					
	Mörtel					
	788 l · 6,90 DM : 25 l				217,49	
	Verlust 5 %				10,87	
	Mischen	1,00				
	Einbauen					
	31,50 m^2 · 0,42 Std.	13,23				
6	Mauerwerk, KS, 2 DF, 24 cm					
	37,65 m^2 · 64 St/m^2 · 0,53 DM/St				1.277,09	
	Anfuhr					
	37,65 · 64 · 5,8 kg ·					
	12,12 DM : 1000 kg				169,38	
	Bruch u. Verhau 3 %				43,39	
	Mörtel					
	37,65 · 46 l · 0,14 DM/l				242,47	
	Mauern					
	37,65 · (1,25 St + 10 %)	51,77				
	Mörtel anmachen					
	37,65 · 0,046 · 0,76	1,32				
7	Sichtmauerwerk, einseitig					
	42,94 m^2 · 0,85 Std./m^2	36,50				
8	Betongurt					
	B 25					
	0,92 m^3 · 157,00 + 25,00				169,44	
	Schüttverluste 5 %				8,47	
	Schalung					
	8 m^2 · 4,00 DM : 2 Eins.			16,00		
	Abschalen					
	8 m^2 · 1,40 Std.	11,20				
	Betonieren					
	0,92 m^3 · 1,10 Std.	1,01				
	Übertrag	148,13		355,87	4.670,93	

8.10 Beispiele für Zuschlagskalkulation

Pos.	Gegenstand	Arbeiter-Stunden	Lohn DM/Einh.	Maschinen Sonstiges DM/Einh.	Material DM/Einh.	Einheits-preis DM/Einh.
	Übertrag	148,13		355,87	4.670,93	
9	Gleitlager					
	23,00 m · 0,04 (1,50)	0,92			34,50	
10	Stahlbetondecke					
	B 25 Decke + Vorspr. 8,296 m^3				1.302,47	
	Schüttverluste 3 %				39,07	
	Schalung					
	34,86 m^2 · 0,75 (3,21)	26,15			111,90	
	Betonieren					
	8,296 m^3 · 0,65 Std.	5,39				
	Abreiben					
	(34,66 + 8,82) m^2 · 0,12 Std.	5,22				
11	Dachvorsprünge zusätzlich					
	Randschalung					
	3,67 m^2 · 17,5 (2,0)	6,42		7,34		
	Schalung vorhalten					
	Schalplatten					
	12 St · 3,22 : 2			19,32		
	VT 16 20 m · 0,88 DM : 2			8,80		
	Stahlrohrstützen					
	15 St · 3,86 DM : 2			28,95		
	Schalen					
	8,82 m^2 · 2,00 Std.	17,64				
12	Bewehrung IV S					
	80 kg · 0,034 Std./kg	2,72				
	80 kg · 1,24 DM/kg + 25,00 DM				124,20	
13	IV M, 300 kg · 0,021 (2,50)	6,30			750,00	
		218,89		420,28	7.033,07	
	Materialgemeinkosten 10 %				703,31	
	Lohn					
	218,89 Std. · 70,33 DM/Std.		15.394,53		7.736,38	
	Wagnis und Gewinn 4 %		615,78	16,81	309,46	
			16.010,31	437,09	8.045,84	24.493,24

Plattenbalkendecke

In einem 30 m langen Fabrikgebäude sollen drei Plattenbalkendecken mit unten skizziertem Querschnitt in Bauabschnitten (BA) von je 10 m Länge eingebaut werden.

Der Angebotspreis für 1 m² Decke einschließlich Balken (Unterzüge) ist zu berechnen. Im Einheitspreis soll die Schalung enthalten sein. Die Bewehrung wird nach gesonderter Position vergütet.

Damit die Schalung schneller umgesetzt werden kann, wird CEM 42,5 R verwendet.

Es sollen 10% Materialgemeinkosten, ein Stundenverrechnungssatz von 70,65 DM/Std. und ein Zuschlag von 5% für Wagnis und Gewinn angesetzt werden.

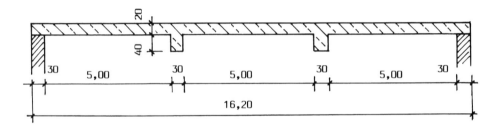

Wir wollen zunächst die Vorhaltekosten für die Schalung mit unseren Tabellenwerten zusammenstellen:

Für 150 m² Decke			
Paneele	60/150	8 · 6 · 3 St · 12,88 DM/Mon. : 4 Einsätze/Mon.	= 463,68 DM
	60/120	8 · 3 St · 11,13 DM/Mon. : 4 Einsätze/Mon.	= 66,78 DM
Ausgleichsbleche	150/36	6 · 3 St · 8,13 DM/Mon. : 4 Einsätze/Mon.	= 36,59 DM
	120/36	3 St · 6,88 DM/Mon. : 4 Einsätze/Mon.	= 5,16 DM
Deckenträger (quer)	180	2 · 8 · 3 St · 11,13 DM/Mon. : 4 Einsätze/Mon.	= 133,56 DM
	120	1 · 8 · 3 St · 7,25 DM/Mon. : 4 Einsätze/Mon.	= 43,50 DM

8.10 Beispiele für Zuschlagskalkulation

Stahlrohrstützen Gr. 5	32 · 3 St · 7,51 DM/Mon. : 4 Eins.	= 180,24 DM
Fallköpfe	32 · 3 St · 3,63 DM/Mon. : 4 Eins.	= 87,12 DM
Dreibein	32 · 4,75 DM/Mon. : 4 Eins.	= 38,00 DM
Aufstellhilfe	2 · 12,25 DM/Mon. : 4 Eins.	= 6,13 DM
Unterzugselemente	60 cm 32 St · 10,25 DM/Mon. : 4 Eins. 40 cm 2 St · 9,25 DM/Mon. : 4 Eins.	= 82,00 DM = 4,62 DM
Stahlrohrstützen	22 St · 7,51 DM/Mon. : 4 Eins.	= 41,31 DM
Abschalschienen	22 St · 3,75 DM/Mon. : 6 Eins.	= 13,75 DM
Geländerpfosten	22 St · 4,01 DM/Mon. : 6 Eins.	= 14,70 DM
Geländerhalter	11 St · 4,78 DM/Mon. : 6 Eins.	= 8,76 DM
Paneele 30/150	24 St · 9,25 DM/Mon. : 4 Eins.	= 55,50 DM
Bretter (vollständig verbraucht)	120 m · 0,15 m · 15,80 DM/m² : 18 Eins.	= 15,80 DM
Kanthölzer	20 m · 5,25 DM/m : 18 Eins.	= 5,83 DM 1.303,03 DM
+ Sonstiges 5 %		= 65,15 DM
Vorhaltekosten je Einsatz		= 1.368,18 DM

Pos.	Gegenstand	Arbeiter-Stunden	Lohn DM/Einh.	Maschinen Sonstiges DM/Einh.	Material DM/Einh.	Einheits-preis DM/Einh.
	Plattenbalkendecke je					
	Bauabschnitt von					
	10 m Länge					
	Schalung nach					
	Zusammenstellung			1.368,18		
	Einschalen Platte					
	$150\ m^2 \cdot 0,55 = 82,5\ Std.$					
	2.–9. Einsatz					
	$8 \cdot 150 \cdot 0,48 = 576,0\ Std.$					
	Gesamte Decken					
	$658,5\ Std.$					
	je 10 m-Abschnitt : 9	73,17				
	Abschalen					
	$16,2 \cdot 0,20 \cdot 1,7\ Std.$	5,51				
	Randschalung					
	$20 \cdot 0,2 \cdot 1,75 = 7,00$					
	$8 \cdot 20 \cdot 0,2 \cdot 1,60 = 51,20$					
	Ges. Decken $58,20$					
	je 10 m-Abschnitt : 9	6,47				
	Balken					
	$(0,4+0,3+0,4) \cdot 20 \cdot 0,9 = 19,8$					
	$8 \cdot (0,4+0,3+0,4)$					
	$\cdot 20 \cdot 0,7 = 123,2$					
	Gesamt $143,0$					
	je 10 m-Abschnitt : 9	15,89				
	Beton B25/PZ45F					
	$16,20 \cdot 10 \cdot 0,2$					
	$+ 2 \cdot 0,4 \cdot 0,3 \cdot 10,00$					
	$= 34,8\ m^3 \cdot (140,50 + 20,00)$				5.585,40	
	Rüstzeit	2,00				
	Betonieren					
	$34,8\ m^3\ (0,55 + 0,10)$	22,62				
	Abziehen	12,96				
	$162\ m^2 \cdot 0,08 \cdot 70,65\ DM/Std.$	138,62	9.793,50			
	Materialgemeinkosten 10 %				558,54	
					6.143,94	
	Wagnis und Gewinn 5 %		489,68	68,41	307,20	
			10.283,18	1.436,59	6.451,14	18.170,91
	je m² Plattenbalkendecke					
	$18.170,91\ DM : 162\ m^2$				*DM/m²* 112,17	

8.10 Beispiele für Zuschlagskalkulation

Treppe

In einem Wohnhaus sollen drei halbgewendelte Treppenläufe vom KG über EG und 1. OG zum DG aus Beton B25 wie abgebildet (EG-OG) hergestellt werden.

Die Kellertreppe hat 14 Steigungen, davon zwei gerade, die beiden anderen Treppenläufe haben 15 Steigungen, davon drei gerade. Die Dicke der Treppenplatte beträgt 12 cm.

Die Schalung wird aus Kanthölzern und Brettern hergestellt und ist nach den drei Einsätzen als abgeschrieben zu betrachten.

Der Maurermeister rechnet mit 10% Materialgemeinkosten und mit einem Stundenverrechnungssatz von 74,50 DM/Std. Weil seine Arbeiter nur selten gewendelte Treppen ausführen, setzt er vorsichtshalber für Wagnis und Gewinn einen Zuschlag von 15% ein.

Die Angebotspreise für die Geschoßtreppen und für die Kellertreppe sind als Pauschalpreise zu berechnen.

Oft werden Treppen auch nach Stück (Steigung) ausgeschrieben. Wir können aus dem Pauschalpreis leicht den Stückpreis, ggf. getrennt für gerade und gewendelte Stufen, durch Dividieren mit der Anzahl der Steigungen (Stufen) ermitteln.

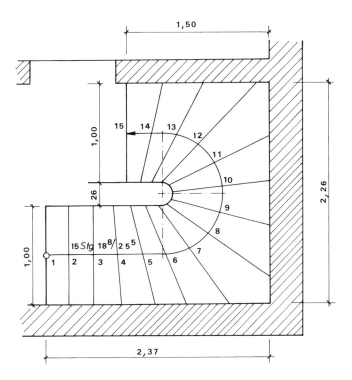

Treppenlauf EG – OG

Wir wollen zunächst den Aufwand für Schalung und für Material ohne Formblatt durchführen:

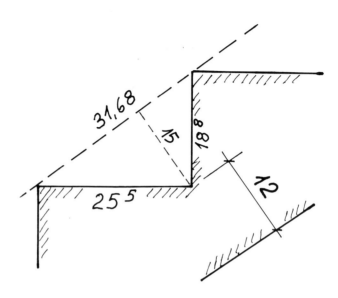

$$\frac{\text{Schräge Länge}}{\text{Länge im Grundriß}} = \frac{31{,}68}{25{,}50} = \frac{1{,}24}{1{,}00}$$

Schalung, Treppenlauf EG-OG
Unter geraden Stufen
2 · 0,255 m · 1,24 · 1,00 m   =   0,63 m²
unter gewendelten Stufen
(2,37 m − 2 · 0,255 m) · 1,00 m · 1,24 = 2,31 m²
0,26 m · 1,00 m · 1,24   = 0,33 m²
1,50 m · 1,00 m · 1,24   = 1,86 m²   4,50 m²

Wangen und Setzstufen
Gerade Stufen
Wange: 3 · 0,255 m · 0,30 m · 1,24   = 0,29 m²
Setzst.: 3 · 0,19 m · 1,00 m   = 0,57 m²   0,86 m²

Gewendelte Stufen
Wange: (2,37 m − 2 · 0,255 m − 1,13 m)
       · 0,50 m · 1,24   = 0,47 m²
       0,13 m · π · 0,50 m · 1,24   = 0,26 m²
       (1,50 m − 1,13 m)
       · 0,50 m · 1,24   = 0,24 m²
Setzst.: 13,48 m · 0,19 m   = 2,55 m²   3,52 m²

Bretter

Unterseite gerade	= 0,95 m²	
Verschnitt 20 %	= 0,20 m²	
Unterseite gewendelt	= 4,50 m²	
Verschnitt 50 %	= 2,32 m²	

Wangen und Setzstufen

gerade	= 0,86 m²	
Verschnitt 20 %	= 0,17 m²	
gewendelt	= 3,52 m²	
Verschnitt 20 %	= 0,70 m²	
	13,54 m²	
Laschen usw.	= 0,46 m²	14,00 m²

Kanthölzer 12/10 cm   25,00 m

Bohlen
(2,37 m + 2,26 m + 1,50 m)
 · 0,30 m · 1,24   = 2,30 m²
Innenwange   ≈ 0,70 m²   3,00 m²

Plan-Platten, 6 mm,
  Boden 0,98 m² + 4,63 m²   = 5,61 m²
  Wangen 0,29 + 0,47 + 0,26 + 0,24 = 1,26 m²
                                          6,87 m²

Verwendet werden
3 Platten   2,05 x 1,25 m =   7,68 m²

Beton B 25

Platte, 12 cm dick
  (0,95 m² + 4,50 m²) · 0,12 m   =   0,654 m³

Stufen

(0,63 m² + 4,50 m²)
· 1/2 · 0,15   =   0,385 m³
                                                1,039 m³

+ Schüttverlust 10 %   =   0,104 m³
                                                1,143 m³

Pos.	Gegenstand	Arbeiter-Stunden	Lohn DM/Einh.	Maschinen Sonstiges DM/Einh.	Material DM/Einh.	Einheits-preis DM/Einh.
	Halbgewendelte Treppe					
a	*Geschoßtreppe*					
	Schalung (3 Einsätze)					
	Bretter					
	$14\ m^2 \cdot 15{,}80\ DM/m^2 : 3$			73,73		
	Kantholz $25\ m \cdot 5{,}52\ DM/m : 3$			46,00		
	Bohlen					
	$3{,}00\ m^2 \cdot 30{,}00\ DM/m^2 : 3$			30,00		
	Plan-Platte					
	$7{,}68\ m^2 \cdot 7{,}20\ DM : 3$			18,43		
				168,16		
	Beton B25 $\quad 1{,}200\ m^3 \cdot$					
	$(132{,}30 + 20{,}00 + 25{,}00)$					
	DM/m^2				212,76	
	Schalen					
	$(1.\ Einsatz + 2.\ E + 3.\ E) : 3$					
	unter geraden Stufen					
	$0{,}95\ m^2$					
	$\cdot (1{,}7 + 1{,}55 + 1{,}55\ Std.) : 3$	1,52				
	unter gewendelten Stufen					
	$4{,}50\ m^2 \cdot (4{,}5 + 4+4) : 3$	18,75				
	Wangen u. Setzstufen					
	gerade					
	$0{,}86\ m^2 \cdot (2{,}2 + 2{,}1 + 2{,}1) : 3$	1,83				
	gewendelt					
	$3{,}52\ m^2 \cdot (4{,}7 + 4{,}2 + 4{,}2) : 3$	15,37				
	Betonieren					
	Rüstzeit	2,00				
	Bet. m. 500 L-K $1{,}60 + 0{,}1\ (Bew.)$					
	$= 1{,}70\ Std./m^3 \cdot 1{,}200\ m^3$	2,04				
	Abreiben $\quad 0{,}12\ Std./m^2$					
	$\cdot (2{,}37 + 0{,}26 +$					
	$1{,}50 + 0{,}255\ m) \cdot 1{,}0\ m$	0,53				
	Lohn $\quad 74{,}50\ DM/Std.$	42,04	3.131,98			
	Materialgemeinkosten 10%				21,28	
			3.131,98	168,16	234,04	3.534,18
	Wagnis und Gewinn 15 %					530,13
						4.064,31

8.10 Beispiele für Zuschlagskalkulation

Pos.	Gegenstand	Arbeiter-Stunden	Lohn DM/Einh.	Maschinen Sonstiges DM/Einh.	Material DM/Einh.	Einheits-preis DM/Einh.
b	Kellertreppe wie a, abzügl.					
	1 gerade Stufe					
	Beton					
	0,062 m³ · 177,30 DM/m³				10,99	
	Materialgemeinkosten 10%				1,10	
	Betonieren					
	(2,04 + 0,53 Std.) : 15	0,17				
	Schalen					
	(1,52 + 1,83 Std.) : 3	1,13				
		1,30	− 96,85		− 12,09	
			3.035,13	168,16	221,95	3.425,24
	Wagnis und Gewinn 15%					513,79
						3.939,03

Klein-Kläranlage

Ein Forstamt bittet um ein Pauschalangebot über die Herstellung einer Kleinkläranlage entsprechend untenstehender Skizze.

Die Erdarbeiten, einschließlich Kiesschüttung, und der Anschluß der Rohrleitungen werden von Forstarbeitern ausgeführt.

Die Materialkosten werden unseren Tabellen entnommen. Zusätzlich wurde beim Baustoffhandel erfragt:
Tauchdielen   20,50 DM/St
Schachtring   26,00 DM/St

Die Vorhaltekosten der Wandschalung, einschließlich Transport und Verschnitt, wurden zu 6,80 DM/m² ermittelt. Für die Deckenschalung einschl. kreisförmiger Aussparungen wurden insgesamt 120,00 DM berechnet.

Der Mittellohn beträgt 24,86 DM/Std.

Die Gemeinkosten werden aufgeteilt in 12% Materialgemeinkosten und 189% Lohngemeinkosten. Darin enthalten ist ein Fahrzeug für alle erforderlichen Transporte.

Für Wagnis und Gewinn werden 6% angesetzt.

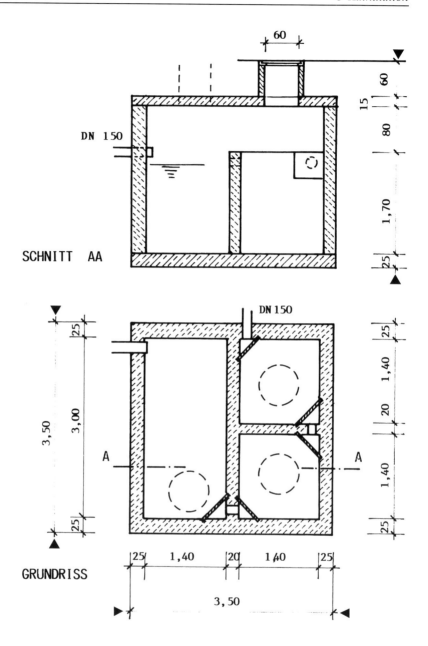

SCHNITT AA

GRUNDRISS

Wir berechnen zunächst den Stundenverrechnungssatz:

Mittellohn einschl. Zuschläge (MLAP)	= 24,86 DM/Std.
+ Gemeinkosten 189 %	= 46,99 DM/Std.
Verrechnungssatz	= 71,85 DM/Std.

8.10 Beispiele für Zuschlagskalkulation

Auftraggeber _____

Baustelle/-teil Kleinkläranlage

Blatt Nr. 1

Pos.	Gegenstand	Stück	Abzug Stück	Abmessungen Länge	Breite	Höhe	Brutto-Maß	Abzug	Netto-Maß
1	Beton B 25								
	Sohle	1		3,50	3,50	0,25	3,063		
	Decke	1		3,50	3,50	0,15	1,838		
	Wände	2		3,50	0,25	2,50	4,375		
		2		3,00	0,25	2,50	3,750		
		1		3,00	0,20	1,70	1,020		
		1		1,40	0,20	1,70	0,476		14,522
2	Schalung								
	Rand d. Bodenpl.	4		3,50	0,25				3,50
	Wand u. Randdecke	4		3,50	2,65		37,10		
		1		3,00	2,50		7,50		
		1		3,00	1,70		5,10		
		6		1,40	2,50		21,00		
		4		1,40	1,70		9,52		80,22
	Decke	1		3,00	3,00				9,00
	Kreisf. Aussp.								3 St
3	Stahl IV S								
	aus Stahlliste								300 kg
4	Tauchdielen								5 St
5	Stütz-Rohr DN 150								1 St
6	Schachtring 60								3 St
7	Abdeckung 60								3 St
				Summe/Übertrag					

Pos.	Gegenstand	Arbeiter-Stunden	Lohn DM/Einh.	Maschinen Sonstiges DM/Einh.	Material DM/Einh.	Einheitspreis DM/Einh.
1	Beton B 25					
	14,522 m³ · (137,00 + 25,00 Anf.)				2.352,56	
	Schüttverluste 3 %				70,58	
	Rüstzeiten 3 · 1,5 Std.	4,50				
	Betonieren (v. Fahrzg.)					
	Bodenplatte					
	3,063 · 0,32 + 10 %	1,08				
	Wände 9,621 · 0,70 + 10 %	7,41				
	Decke 1,838 · 0,37 + 10 %	0,75				
	Abziehen 9 m² · 0,08	0,72				
	Abreiben 3,5 · 3,5 · 0,12	1,47				
2	Schalung					
	Vorhaltung					
	Fund. Pl. 3,50 · 6,80			23,80		
	Wand 80,22 · 6,80			545,50		
	Decke pauschal			120,00		
	Schalen					
	Fund. 3,50 · 1,80	6,30				
	Wand 80,22 · 0,90 + 5 %	75,81				
	Decke 9,00 · 0,80 + 5 %	7,56				
	Kreisf. Aussparung ca.	1,50				
3	Stahl IV S 300 kg · 1,24				372,00	
	Verlegen 300 kg · 0,030	9,00				
4	Tauchdielen 5 · 20,50/0,5 Std.	2,50			102,50	
5	Stz-Rohr DN 150				30,80	
	Schneiden u. Versetzen	1,50				
6	Schachtringe ø 60 cm, 3 · 26				78,00	
	Versetzen	0,60				
7	Abdeckungen ø 60 cm, 3 · 75				225,00	
	Versetzen	0,60				
	Lohn 71,85 DM/Std.	121,30	8.715,41	689,30	3.231,44	
	Materialgemeinkosten 12 %				387,77	
					3.619,21	
	Wagnis und Gewinn 6 %		522,92	41,36	217,15	
			9.238,33	730,66	3.836,36	13.805,35

8.10 Beispiele für Zuschlagskalkulation

Schächte

Im Zusammenhang mit den Entwässerungsarbeiten für ein größeres Bauobjekt sind die Angebotspreise für fünf Schächte, wie unten abgebildet, zu kalkulieren.

Die Materialpreise sind unseren Preislisten entnommen. Für die Anfuhr der Betonteile für alle Schächte einschließlich Abladen sind 150,00 DM eingeschätzt. Für die Ausbildung der Rinnen mit Gefälleestrich sind je Schacht 80 l Mörtel (0,18 DM/l) und 1,25 Arbeitsstunden anzusetzen.

Für die Baustelle beträgt der Mittellohn 22,60 DM/Std., der Materialgemeinkostenzuschlag 12 %, der Lohngemeinkostenzuschlag 195 % und der Wagnis-Gewinnzuschlag 6 %.

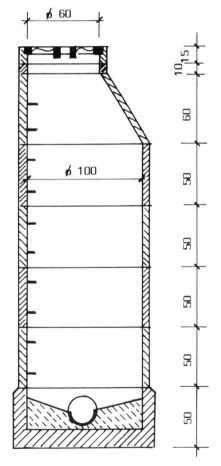

Zunächst ist der Stundenverrechnungssatz zu berechnen:

Mittellohn	= 22,60 DM/Std.
+ 195 % Gemeinkosten	= 44,07 DM/Std.
Verrechnungssatz	= 66,67 DM/Std.

Pos.	Gegenstand	Arbeiter-Stunden	Lohn DM/Einh.	Maschinen Sonstiges DM/Einh.	Material DM/Einh.	Einheits-preis DM/Einh.
	Entwässerungsschacht					
	Schachtabdeckung 5 t	*1,10*			*75,00*	
	Ausgleichsring 10 cm	*0,20*			*10,00*	
	Konus mit Steigeisen	*1,40*			*66,00*	
	4 Schachtringe 4 x 58,00				*232,00*	
	4 x 1,10	*4,40*				
	Schachtunterteil	*2,00*			*150,00*	
	Gefälleestrich mit Rinne	*1,25*				
	Mörtel 80 l · 0,18 DM/l				*14,40*	
	Anfuhr 150,00 DM : 5 St			*30,00*		
	Lohn 66,67 DM/Std.	*10,35*	*690,03*		*547,40*	
	Materialgemeinkosten 12 %				*65,69*	
					613,09	
	Wagnis und Gewinn 6 %		*41,40*	*1,80*	*36,79*	
			731,43	*31,80*	*649,88*	*1.413,11*

Büro- und Wohn-gebäude

Ein Straßenbauunternehmer bittet um ein Angebot über die Mauer- und Betonarbeiten für ein Büro- und Wohngebäude. Die Erd- und Entwässerungsarbeiten führt er selbst aus.

8.10 Beispiele für Zuschlagskalkulation

Die Einheitspreise für die im nachstehenden LV aufgeführten Leistungen sind mit der Zuschlagskalkulation zu ermitteln.

I. Baustelleneinrichtung

Pos. 1   Einrichten, Unterhalten und Räumen aller zur Bauausführung erforderlichen Geräte, Maschinen, Gerüste, Container und Anschlüsse für Strom und Wasser.

                Pauschal   DM _____

II. Beton- und Stahlbetonarbeiten

Pos. 2   Sauberkeitsschicht aus B10, 5 cm dick, unter den bewehrten Streifenfundamenten herstellen.

    ca. 300 m²   zu DM _____   DM _____

Pos. 3   Streifenfundamente aus B25, 1,20 m bis 3,00 m breit, 0,45 m hoch, herstellen. Die Schalung wird nach Pos. 4, die Bewehrung nach Pos. 22 und 23 abgerechnet.

    ca. 135 m³   zu DM _____   DM _____

Pos. 4   Schalung für Streifenfundamente nach Pos. 3 herstellen und vorhalten.

    ca. 170 m²   zu DM _____   DM _____

Pos. 5   Kiesschüttung zwischen den Streifenfundamenten, 0,50 m hoch, aus ungewaschenem Kies, 0/56 mm, einbringen und verdichten.

    ca. 95 m³   zu DM _____   DM _____

Pos. 6   Betonboden aus B15, 12 cm dick, herstellen.

         ca. 350 m²   zu DM _____   DM _____

Pos. 7   Kelleraußenwände aus B25, als Sperrbeton, 30 cm dick, herstellen. Die Schalung wird nach Pos. 8, die Bewehrung nach Pos. 22 und 23 abgerechnet.

         ca. 280 m²   zu DM _____   DM _____

Pos. 8   Schalung der Kelleraußenwände herstellen.

         ca. 560 m²   zu DM _____   DM _____

Pos. 9   Stahlbetondecke aus B25, 20 cm dick, über KG, EG und OG herstellen. Die Schalung wird nach Pos. 11, die Bewehrung nach Pos. 22 und 23 abgerechnet.

         ca. 1.150 m²   zu DM _____   DM _____

Pos. 10   Stahlbetondecke aus B25, 22 cm dick, über dem Büro-Flachbau herstellen, somit wie Pos. 9.

         ca. 60 m²   zu DM _____   DM _____

Pos. 11   Deckenschalung für die Decken nach Pos. 9 und 10 herstellen.

         ca. 1.210 m²   zu DM _____   DM _____

Pos. 12   Stahlbetonplatten der Balkone aus B25, i. M. 14 cm dick, herstellen. Die Schalung wird nach Pos. 13, die Bewehrung nach Pos. 22 und 23 abgerechnet.

         ca. 65 m²   zu DM _____   DM _____

Pos. 13   Schalung der Balkonplatten herstellen.

         ca. 65 m²   zu DM _____   DM _____

8.10 Beispiele für Zuschlagskalkulation 239

Pos. 14 Schalung der Plattenränder für die Sahlbetondecken und Balkone herstellen

    a) Dicke der Decke 22 cm

        ca. 30 m   zu DM _____   DM _____

    b) Dicke der Decke 20 cm

        ca. 250 m   zu DM _____   DM _____

    c) Balkonplatte, Rand i. M. 12 cm hoch

        ca. 60 m   zu DM _____   DM _____

Pos. 15 Stahlbetonbalken (Unterzüge, Überzüge, Tür- und Fensterstürze) aus B25 herstellen. Die Schalung wird nach Pos. 16, die Bewehrung nach Pos. 22 und 23 abgerechnet.

    a) 30 cm breit, 10 cm hoch

        ca. 50 m   zu DM _____   DM _____

    b) 30 cm breit, 15 cm hoch

        ca. 16 m   zu DM _____   DM _____

    c) 30 cm breit, 25 cm hoch

        ca. 15 m   zu DM _____   DM _____

    d) 24 cm breit, 25 cm hoch

        ca. 20 m   zu DM _____   DM _____

    e) 24 cm breit, 35 cm hoch

        ca. 60 m   zu DM _____   DM _____

    f) 24 cm breit, 50 cm hoch

        ca. 15 m   zu DM _____   DM _____

Pos. 16 Schalung für die Stahlbetonbalken nach Pos. 15 herstellen.

        ca. 140 m^2 zu DM _____   DM _____

Pos. 17 Deckenränder und Außenseiten von Stahlbetonbalken mit Hartschaum (z. B. Styrodur), 3 cm dick, dämmen, als Zulage zu Pos. 9, 10 und 15.

ca. 30 m²   zu DM _____   DM _____

Pos. 18 Treppenlaufplatten aus B25, gerade, 1,00 m breit, 12 cm dick, mit aufbetonierten Stufen, 17,5/27 cm, herstellen. Die Schalung wird nach Pos. 20, die Bewehrung nach Pos. 22 abgerechnet.

ca. 15 m²   zu DM _____   DM _____

Pos. 19 Treppenpodeste aus Stahlbeton, B25, 15 cm dick, herstellen. Die Schalung wird nach Pos. 21, die Bewehrung nach Pos. 22 und 23 abgerechnet.

ca. 9 m²   zu DM _____   DM _____

Pos. 20 Schalung für die Treppenläufe mit aufbetonierten Stufen der Pos. 18 herstellen.

ca. 25 m²   zu DM _____   DM _____

Pos. 21 Schalung für die Treppenpodeste der Pos. 19 herstellen.

ca. 9 m²   zu DM _____   DM _____

Pos. 22 Bewehrung aus Betonstabstahl IV S herstellen.

ca. 1.500 kg   zu DM _____   DM _____

Pos. 23 Bewehrung aus Betonstahlmatten IV M herstellen.

ca. 4.500 kg   zu DM _____   DM _____

8.10 Beispiele für Zuschlagskalkulation

III. Mauerarbeiten

Pos. 24 Mauerwerk der Kellerinnenwände aus Kalksandsteinen, 24 cm dick, in MG II herstellen.

ca. 100 m²   zu DM _____   DM _____

Pos. 25 Mauerwerk wie Pos. 24, jedoch 11,5 cm dick.

ca. 75 m²   zu DM _____   DM _____

Pos. 26 Mauerwerk der Außenwände von EG, 1. OG und DG aus porosierten Ziegeln, W12-07, 30 cm dick, in Leichtmörtel herstellen.

ca. 210 m³   zu DM _____   DM _____

Pos. 27 *Alternativ:* Mauerwerk der Außenwände aus Porenbeton-Plansteinen, 30 cm dick, in Dünnbettmörtel herstellen.

ca 1 m³   zu DM _____   DM XXXX

Pos. 28 Mauerwerk der Innenwände, 24 cm dick, in EG, 1. OG und DG aus Hochlochziegeln nach DIN 105, HLz 12-1,2, in MG II herstellen.

ca. 400 m²   zu DM _____   DM _____

Pos. 29 Mauerwerk wie Pos. 28, jedoch 11,5 cm dick.

ca. 350 m²   zu DM _____   DM _____

Pos. 30 Bitumenpappe, 333 g/m², besandet, an den Stößen 15 cm überlappt, unter den Wänden des KG und des EG einlegen.

    a) 30 cm breit

    ca. 550 m   zu DM _____   DM _____

    b) 24 cm breit

    ca. 110 m   zu DM _____   DM _____

    c) 11,5 cm breit

    ca. 100 m   zu DM _____   DM _____

Pos. 31 Rolladenkästen, Fabrikat _____, liefern und einbauen.

ca. 100 m   zu DM _____   DM _____

Pos. 32 Isolierschornstein, Fabrikat _____

Lichter Durchmesser 18 cm, mit Lüftung 12/28 cm, Außenmaß 38/54 cm, herstellen.

ca. 12 stgm   zu DM _____   DM _____

Pos. 33 Zuschläge zu Pos. 32 für

a) Grundpaket

1 St zu DM _____ DM _____

b) Rauchrohranschluß

1 St zu DM _____ DM _____

c) Putztüranschluß

2 St zu DM _____ DM _____

d) Putztür, verzinkt

1 St zu DM _____ DM _____

e) Putztür mit Vorsatzschale

1 St zu DM _____ DM _____

f) Kragplatte

1 St zu DM _____ DM _____

g) Abdeckplatte

1 St zu DM _____ DM _____

Pos. 34 Ummantelung des Schornsteinkopfes mit 3 m^2 Klinkern nach DIN 105, KMz, NF, in MG III, herstellen.

ca. 1 St   zu DM _____   DM _____

8.10 Beispiele für Zuschlagskalkulation

IV. Stundenlohnarbeiten

a) Facharbeiter		1 Std. DM	_____
b) Bauhelfer		1 Std. DM	_____
c) Kompressor	ohne Bedienung	1 Std. DM	_____
d) Kleinbagger	ohne Bedienung	1 Std. DM	_____
e) Lkw, 9 t	ohne Fahrer	1 Std. DM	_____

Angaben zur Kalkulation:

Die Baustelleneinrichtung wird nach den Aufwandswerten der Kap. 6 und 7 berechnet. Soweit dort keine Ansätze aufgeführt sind, werden sie nach Erfahrung eingeschätzt. Für den Lkw werden wir die Kosten, die wir unter IV (Stundenlohnarbeiten) berechnen, einsetzen.

Es wurde ein Mittellohn (MLAP) = 25,80 DM/Std. errechnet.

Die Materialgemeinkosten betragen 12 %.

Da alle Geräte und Gerüste in der BE (Pos. 1) verrechnet werden, betragen die Lohngemeinkosten nur 145 %.

Wagnis und Gewinn werden mit 6 % berücksichtigt.

Wir berechnen zunächst den Verrechnungssatz:

Mittellohn	= 25,80 DM/Std.
+ 145 % GK	= 37,41 DM/Std.
Verrechnungsatz	= 63,21 DM/Std.

Pos.	Gegenstand	Arbeiter-Stunden	Lohn DM/Einh.	Maschinen Sonstiges DM/Einh.	Material DM/Einh.	Einheits-preis DM/Einh.
1	Baustelleneinrichtung					
	Einrichten und Räumen					
	Gelände herrichten	4				
	Gerätetransport					
	2 · 4 Std. Lkw · 44,62			356,96		
	+ 2 · 3 · 4 Std. Arb.	24				
	Container, Bauwagen					
	2 · 3 · 3 + 3 · 2 Std.	18		267,72		
	Bauschild aufstellen	4				
	1 Bauwagen auf- u.					
	abbauen	4				
	1 Baust.-Klosett auf- u.					
	abbauen	1,5				
	8 m Kranbahn auf- u.					
	abbauen	40		100,00	30,00	
	1 Turmkran auf- u.					
	abbauen	60				
	Anschlüsse Strom	12		150,00	20,00	
	Wasser	10		100,00	50,00	
	Laufende u.					
	Schlußreinigung	12				
	Gerätevorhaltung					
	1 Turmkran (20 tm)					
	3 Monate · 4.874			14.622,00		
	1 Mischer					
	3 Monate · 1.515			4.545,00		
	1 Kreissäge					
	3 Monate · 105			315,00		
	1 Innenrüttler					
	3 Monate · 380			1.140,00		
	Schutzgerüst, Ausleger-					
	gerüst, 1,30 m breit, 115 m					
	2 · 2 Std. Lkw	4		178,52		
	Übertrag	189,5		21.775,20	100,00	

8.10 Beispiele für Zuschlagskalkulation

Pos.	Gegenstand	Arbeiter-Stunden	Lohn DM/Einh.	Maschinen Sonstiges DM/Einh.	Material DM/Einh.	Einheitspreis DM/Einh.
	Übertrag		189,5		21.775,20	100,00
	Auf-, Abbauen u. Laden					
	$115 \cdot 0{,}60$	69				
	Vorhaltung 2 Monate					
	IPE $115 \cdot 0{,}45 \cdot 3{,}0 : 2$					
	$= 77{,}63$ DM/Mon.					
	ø10 $115 \cdot 1{,}20$					
	$= 138{,}00$ DM/Mon.					
	Keile $115 \cdot 0{,}20 \cdot 1/2$					
	$= 11{,}50$ DM/Mon.					
	Pfosten $115 \cdot 1{,}69 \cdot 1/2$					
	$= 97{,}18$ DM/Mon.					
	Bohlen $115 \cdot 1{,}60 \cdot 1{,}99$					
	$= 386{,}76$ DM/Mon.					
	Rohr $115 \cdot 2 \cdot 0{,}48$					
	$= 110{,}40$ DM/Mon.					
	für 2 Monate					
	$2 \cdot 821{,}47$ DM/Mon.			1.642,94		
	Lohn 63,21 DM/Std.	262,5	16.592,63	23.418,14	100,00	
	Materialgemeinkosten 12 %				12,00	
	Wagnis und Gewinn 6 %		995,56	1.405,09	6,72	
	Pauschal:		17.588,19	24.823,23	118,72	42.530,14
2	Sauberkeitsschicht,					
	5 cm (300 m²)					
	B 10 $(107{,}00 + 20{,}00) \cdot 0{,}05$				6,35	
	Streuverlust 5 %				0,32	
					6,67	
	Materialgemeinkosten 12 %				0,80	
	Rüstzeit 2 Std. : 300	0,007			7,47	
	Betonieren (500 l)					
	$0{,}05 \cdot 0{,}45$	0,02				
	Abgleichen	0,05				
	Lohn 63,21 DM/Std.	0,07	4,87			
	Wagnis und Gewinn 6 %		0,29		0,45	
			5,16		7,92	13,08

Pos.	Gegenstand	Arbeiter-Stunden	Lohn DM/Einh.	Maschinen Sonstiges DM/Einh.	Material DM/Einh.	Einheitspreis DM/Einh.
3	*Streifenfundamente (135 m³)*					
	B 25 (132,30 + 20,00)				152,30	
	Streuverlust 3 %				4,57	
					156,87	
	Materialgemeinkosten 12 %				18,82	
					175,69	
	Rüstzeit					
	2 BA · 2,0 Std : 135 m³	0,03				
	Betonieren					
	(500-l-Kübel) + 0,1	0,65				
	Lohn 63,21 DM/Std.	0,68	42,98			
	Wagnis und Gewinn 6 %		2,58		10,54	
			45,56		186,23	231,79
4	*Fundamentschalung (170 m²)*					
	Stahl-Alu-Rahmensch.					
	für 50 m²					
	18 Elemente					
	270/50, · 29 = 522					
	2 Innenecken					
	135/25, · 23 = 46					
	2 Außenecken					
	135/25, · 12 = 24					
	20 Abschalböcke					
	· 4,43 = 88,6					
	20 Stahlrohrstützen					
	Gr. 2 · 3,86 = 77,2					
	757,8					
	Zubehör 10 % 75,8					
	für 50 m² je Mon. = 833,6					
	bei 5 Eins. 166,72 DM je m²					
	= 166,72 DM : 50 m²			3,33		
	Einschalen (63,21)	0,50	31,61			
	Wagnis und Gewinn 6 %		1,90	0,20		
			33,51	3,53		37,04

8.10 Beispiele für Zuschlagskalkulation

Pos.	Gegenstand	Arbeiter-Stunden	Lohn DM/Einh.	Maschinen Sonstiges DM/Einh.	Material DM/Einh.	Einheits-preis DM/Einh.
5	Kiesschüttung (95 m^3)					
	Kies 0/56					
	18,20 DM/t · 1,83 t/m^3				33,31	
	Verdichtung 25 %				8,33	
	Anfuhr					
	(1,83 t + 25 %) · 12,10 DM/t				27,68	
					69,32	
	Materialgemeinkosten 12 %				8,32	
					77,64	
	Rüstzeit 2 Std. : 95 m^3	0,02				
	Einbauen u. Verdichten					
	(500 l)	0,80				
	Lohn 63,21 DM/Std.	0,82	51,83			
	Wagnis und Gewinn 6 %		3,11		4,66	
			54,94		82,30	137,24
6	Betonboden, 12 cm, (350 m^2)					
	B 15					
	(120,50 + 20,00) · 0,12				16,86	
	Streuverlust 5 %				0,84	
					17,70	
	Materialgemeinkosten 12 %				2,12	
	Rüstzeit 2 Std./350 · 0,12	0,05			19,82	
	Betonieren (500 l)					
	0,12 · 0,60	0,07				
	Abziehen	0,08				
	Lohn 63,21 DM/Std.	0,20	12,64			
	Wagnis und Gewinn 6 %		0,76		1,19	
			13,40		21,01	34,41

Pos.	Gegenstand	Arbeiter-Stunden	Lohn DM/Einh.	Maschinen Sonstiges DM/Einh.	Material DM/Einh.	Einheits-preis DM/Einh.
7	Kelleraußenwände (280 m^2)					
	B 25 (137,00 + 20,00) · 0,30				47,10	
	Streuverlust 3 %				1,41	
					48,51	
	Materialgemeinkosten 12 %				5,82	
	Lohn				54,33	
	Rüstzeit 2 Std. : 56 m^2	0,04				
	Betonieren (500 l)					
	(0,9 + 0,1 Std.) · 0,3	0,30				
	Verrechn. Lohn 63,21 DM/Std.	0,34	21,49			
	Wagnis und Gewinn 6 %		1,29		3,26	
			22,78		57,59	80,37
8	Schalung der Kellerwände (560 m^2)					
	Rahmenschalg. Stahl-Alu					
	Vorhaltek. bei 5 Eins./Mon.			4,46		
	Einschalen	0,40	25,28			
	Wagnis und Gewinn 6 %		1,52	0,27		
			26,80	4,73		31,53
9	Stahlbetondecke, 20 cm, (1.150 m^2)					
	B 25 157,00 DM/m^3 · 0,2 m^3				31,40	
	Streuverlust 3 %				0,94	
					32,34	
	Materialgemeinkosten 12 %				3,88	
	Lohn				36,22	
	Rüstzeit					
	6 BA · 2 Std. : 1.150 m^2	0,01				
	Betonieren (500 l)					
	(0,60 + 0,10) Std./m^3 · 0,2 m^3	0,14				
	Abziehen	0,08				
		0,23	14,54			
	Wagnis und Gewinn 6 %		0,87		2,17	
			15,41		38,39	53,80

8.10 Beispiele für Zuschlagskalkulation

Pos.	Gegenstand	Arbeiter-Stunden	Lohn DM/Einh.	Maschinen Sonstiges DM/Einh.	Material DM/Einh.	Einheits-preis DM/Einh.
10	Stahlbetondecke, 22 cm,					
	(60 m²)					
	B 25					
	157,00 DM/m³ · 0,22 m³				34,54	
	Streuverlust 3 %				1,04	
					35,58	
	Materialgemeinkosten 12 %				4,27	
	Lohn				39,85	
	Rüstzeit 2 Std. : 60 m²	0,03				
	Betonieren (500 l)					
	(0,55 + 0,1) Std./m³ · 0,22 m³	0,15				
	Abziehen	0,08				
	63,21 DM/Std.	0,26	16,43			
	Wagnis und Gewinn 6 %		0,99		2,39	
			17,42		42,24	59,66
11	Deckenschalung (1.210 m²)					
	7 Betonierabschnitte					
	Vorhaltekosten					
	(wie 1. Beispiel)			3,21		
	Schalen					
	(0,75 + 6 · 0,68) Std. : 7	0,69	43,61			
	Wagnis und Gewinn 6 %		2,62	0,19		
			46,23	3,40		49,63
12	Balkonplatten 14 cm (65 m²)					
	B 25					
	157,00 DM/m³ · 0,14 m³				21,98	
	Streuverlust 3 %				0,66	
					22,64	
	Materialgemeinkosten 12 %				2,72	
	Lohn (Rüsten bei Decke)				25,36	
	Betonieren					
	(0,60 + 0,10) Std./m³ · 0,14 m³	0,10				
	Abziehen	0,08				
		0,18	11,38			
	Wagnis und Gewinn 6 %		0,68		1,52	
			12,06		26,88	38,94

Pos.	Gegenstand	Arbeiter-Stunden	Lohn DM/Einh.	Maschinen Sonstiges DM/Einh.	Material DM/Einh.	Einheits-preis DM/Einh.
13	Schalung Balkonplatten					
	(65 m^2)					
	Vorhaltekosten			4,80		
	Schalen	1,30	82,17			
	Wagnis und Gewinn 6 %		4,93	0,29		
			87,10	5,09		92,19
14	Schalung Plattenränder (30 m)					
a	22 cm hoch					
	Vorhalten					
	(5,12 + 2,05 : 2) : 4 Eins.			1,54		
	Schalen					
	1,75 Std./m^2 · 0,22 m^2	0,39	24,65			
	Wagnis und Gewinn 6 %		1,48	0,09		
			26,13	1,63		27,76
b	20 cm hoch (250 m)					
	Vorhalten					
	(5,12 + 2,05 : 2) : 4 Eins.			1,54		
	Schalen					
	1,75 Std./m^2 · 0,20 m^2	0,35	22,12			
	Wagnis und Gewinn 6 %		1,33	0,09		
			23,45	1,63		25,08
c	Balkonrand (60 m)					
	Vorhalten					
	Abschalschiene					
	3,41 : 2,5 : 4 Eins.			0,34		
	Abschalbock					
	4,43 : 1,25 : 4 Eins.			0,89		
	Dreikantleisten			1,50		
	Schalen					
	1,75 Std./m^2 · 0,12 m^2	0,21	13,27	2,73		
	Wagnis und Gewinn 6 %		0,80	0,16		
			14,07	2,89		16,96

8.10 Beispiele für Zuschlagskalkulation

Pos.	Gegenstand		Arbeiter-Stunden	Lohn DM/Einh.	Maschinen Sonstiges DM/Einh.	Material DM/Einh.	Einheitspreis DM/Einh.
15	Stahlbetonbalken						
a	30/10 cm	(50 m)					
	B 25						
	157,00 DM/m^3 · 0,03 m^3					4,71	
	Streuverlust 5 %					0,24	
						4,95	
	Materialgemeinkosten 12 %					0,59	
	Rüstzeit in Decke					5,54	
	Betonieren	0,55 · 0,03	0,02	1,26			
	Wagnis und Gewinn 6 %			0,08		0,33	
				1,34		5,87	7,21
b	30/15 cm	(16 m)					
	B 25 157,00 DM/m^3 · 0,045					7,07	
	Streuverlust 5 %					0,35	
						7,42	
	Materialgemeinkosten 12 %					0,89	
	Betonieren	0,55 · 0,045	0,025	1,58		8,31	
	Wagnis und Gewinn 6 %			0,09		0,50	
				1,67		8,81	10,48
c	30/25 cm	(15 m)					
	B 25						
	157,00 DM/m^3 · 0,075 m^3					11,87	
	Streuverlust 5 %					0,59	
						12,37	
	Materialgemeinkosten 12 %					1,48	
	Betonieren	0,55 · 0,075	0,04	2,53		13,85	
	Wagnis und Gewinn 6 %			0,15		0,83	
				2,68		14,68	17,36
d	24/25 cm	(20 m)					
	B 25						
	157,00 DM/m^3 · 0,06 m^3					9,42	
	Streuverlust 5 %					0,47	
						9,89	
	Materialgemeinkosten 12 %					1,19	
	Betonierern	0,55 · 0,06	0,03	1,90		11,08	
	Wagnis und Gewinn 6 %			0,11		0,66	
				2,01		11,74	13,75

Pos.	Gegenstand	Arbeiter-Stunden	Lohn DM/Einh.	Maschinen Sonstiges DM/Einh.	Material DM/Einh.	Einheits-preis DM/Einh.
e	24/35 cm (60 m)					
	B 25					
	157,00 DM/m³ · 0,084 m³				13,19	
	Streuverlust 5 %				0,66	
					13,85	
	Materialgemeinkosten 12 %				1,66	
	Betonieren 0,55 · 0,084	0,05	3,16		15,51	
	Wagnis und Gewinn 6 %		0,19		0,93	
			3,35		16,44	19,79
f	24/50 cm (15 m)					
	B 25					
	157,00 DM/m³ · 0,12 m³				18,84	
	Streuverlust 5 %				0,94	
					19,78	
	Materialgemeinkosten 12 %				2,37	
	Betonieren 0,55 · 0,12	0,07	4,42		22,15	
	Wagnis und Gewinn 6 %		0,27		1,33	
			4,69		23,48	28,17
16	Schalung für Balken (140 m²)					
	Vorhaltung					
	Element					
	60 cm 10,25 : 4 Eins.			2,56		
	40 cm 9,25 : 4 Eins.			2,31		
	Bodenrahmen 3,25 : 4 Eins.			0,81		
	Stahlrohrstützen					
	1/2 · 3,86 : 4 Eins.			0,48		
				6,16		
	Schalen	2,0	126,42			
	Wagnis und Gewinn 6 %		7,59	0,37		
			134,01	6,53		140,54
17	Ränder mit Hartschaum (30 m²)					
	Styrodur, 30 mm 14,70					
	⁒ 0,03 m³ Beton 4,70				10,00	
	Verschnitt 5 % von 14,70				0,74	
					10,74	
	Materialgemeinkosten 12 %				1,29	
	Verlegen	0,1	6,32		12,03	
	Wagnis und Gewinn 6 %		0,38		0,72	
			6,70		12,75	19,45

8.10 Beispiele für Zuschlagskalkulation

Pos.	Gegenstand	Arbeiter-Stunden	Lohn DM/Einh.	Maschinen Sonstiges DM/Einh.	Material DM/Einh.	Einheits-preis DM/Einh.
18	Treppenlaufplatte (15 m^2)					
	Beton B 25					
	Lauf $1{,}00 \cdot 1{,}00 \cdot 0{,}12$					
	$= 0{,}120\ m^3$					
	Stufen $1{,}0 \cdot 1{,}0 \cdot 0{,}15 \cdot 1/2$					
	$= 0{,}075\ m^3$					
	157,00 DM/m^3 · 0,195 m^3				30,62	
	Streuverlust 5 %				1,53	
					32,15	
	Materialgemeinkosten 12 %				3,86	
	Betonieren				36,01	
	Rüstzeit 2 Std. : 8 m^2					
	(Treppe u. Podest)	0,25				
	Betonieren					
	$(1{,}6 + 0{,}1)$ Std./m^3 · 0,195 m^3	0,33				
	Abreiben					
	3 Stg · 0,27 m^2 · 0,12 Std./m^2	0,10				
	Lohn 63,21 DM/Std.	0,68	42,98			
	Wagnis und Gewinn 6 %		2,58		2,16	
			45,56		38,17	83,73
19	Treppenpodeste (9 m^2)					
	B 25					
	157,00 DM/m^3 · 0,15 m^3				23,55	
	Streuverlust 5 %				1,18	
					24,73	
	Materialgemeinkosten 12 %				2,97	
					27,70	
	Rüsten 2 Std. : 8 m^2					
	(Treppe u. Podest)	0,25				
	Betonieren					
	$(1{,}6 + 0{,}1)$ Std./m^3 · 0,15 m^3	0,26				
	Abziehen	0,08				
	Lohn 63,21 DM/Std.	0,59	37,29			
	Wagnis und Gewinn 6 %		2,24		1,66	
			39,53		29,36	68,89

Pos.	Gegenstand	Arbeiter-Stunden	Lohn DM/Einh.	Maschinen Sonstiges DM/Einh.	Material DM/Einh.	Einheitspreis DM/Einh.
20	Schalung für Treppe (25 m^2)					
	Schaltafeln					
	2,05 DM/m^2/Mon. : 2 E			1,05		
	Bretter (3 · 0,175 + 0,20) m^2					
	· 15,8 DM/m^2 : 3 E			3,82		
	Kanthölzer					
	3 m · 5,52 DM/m : 3 E			5,52		
	Stahlrohrst. 3,86 : 4 E			0,97		
	Plan-Platte					
	1,20 m^2 · 7,20 DM/m^2 : 3 E			2,88		
	Schalen			14,24		
	Platte (1,7 + 1,55 + 1,55) : 3	1,60				
	Wange und Setzstufen					
	(3 · 0,175 + 0,20) m^2					
	· (2,2 + 2,1 + 2,1) : 3	1,55				
	Lohn 63,21 DM/Std.	3,15	199,11			
	Wagnis und Gewinn 6 %		11,95	0,85		
			211,06	15,09		226,15
21	Schalung für Podeste (m^2)					
	Schaltafeln			1,05		
	Plan-Platte					
	7,20 DM/m^2 : 3 E			2,40		
	Kanthölzer					
	2 m · 5,52 DM/m : 3 E			3,68		
	Stahlrohrst.					
	2 · 3,86 DM/Mon.: 4 E			1,93		
	Schalen	1,00	63,21	9,06		
	Wagnis und Gewinn 6 %		3,79	0,54		
			67,00	9,60		76,60
22	Betonstabstahl IV S (kg)					
	BSt IV S, gebogen, frei Bau				1,24	
	Verschnitt, Verlust 2 %				0,02	
					1,26	
	Materialgemeinkosten 12 %				0,15	
					1,41	
	Verlegen	0,027	1,71			
	Wagnis und Gewinn 6 %		0,10		0,08	
			1,81		1,49	3,30

8.10 Beispiele für Zuschlagskalkulation

Pos.	Gegenstand	Arbeiter-Stunden	Lohn DM/Einh.	Maschinen Sonstiges DM/Einh.	Material DM/Einh.	Einheits-preis DM/Einh.
23	Betonstahlmatten (kg)					
	BSt IV M frei Bau				1,05	
	Abstandhalter 14 %				0,15	
	Verlust 2 %				0,02	
					1,22	
	Materialgemeinkosten 12 %				0,15	
					1,37	
	Verlegen	0,018	1,14			
	Wagnis und Gewinn 6 %		0,07		0,08	
			1,21		1,45	2,66
24	Mauerwerk, 24 cm (100 m²)					
	KS, 2 DF 64 St/m² · 0,53				33,92	
	Anfuhr					
	64 · 5,8 kg · 12,12 DM/1.000 kg				4,50	
	Bruch u. Verhau 3 %				1,15	
	Mörtel 46 l · 0,14 DM/l				6,44	
					46,01	
	Materialgemeinkosten 12 %				5,52	
					51,53	
	Mörtel anmach. 0,046 · 0,76	0,035				
	Mauern	1,25				
	Lohn 63,21 DM/Std.	1,285	81,22			
	Wagnis und Gewinn 6 %		4,87		3,09	
			86,09		54,62	140,71
25	Mauerwerk, 11,5 cm (75 m²)					
	KS, 2 DF 32 St/m² · 0,53				16,96	
	Anfuhr					
	32 · 5,8 kg · 12,12/1000 kg				2,50	
	Bruch u. Verhau 3 %				0,51	
	Mörtel 17 l · 0,14 DM/l				2,38	
					22,35	
	Materialgemeinkosten 12 %				2,68	
					25,03	
	Mörtel anmachen					
	0,017 · 0,76	0,01				
	Mauern	0,85				
	Lohn 63,21 DM/Std.	0,86	54,36			
	Wagnis und Gewinn 6 %		3,26		1,50	
			57,62		26,53	84,15

Pos.	Gegenstand	Arbeiter-Stunden	Lohn DM/Einh.	Maschinen Sonstiges DM/Einh.	Material DM/Einh.	Einheits-preis DM/Einh.
26	Mauerwerk, 30 cm (210 m^3)					
	W 12-07, 20 DF					
	27 St · 5,00 DM				135,00	
	Anfuhr 27 · 0,32				8,64	
	Bruch u. Verhau 5 %				6,75	
	Mörtel 90 l · 250 DM/1.100 l				20,45	
					170,84	
	Materialgemeinkosten 12 %				20,50	
					191,34	
	Mörtel anmachen					
	0,090 · 0,76	0,07				
	Mauern	3,00				
	Lohn 63,21 DM/Std.	3,07	194,05			
	Wagnis und Gewinn 6 %		11,64		11,48	
			205,69		202,82	408,51
27	Mauerwerk, 30 cm (1 m^3)					
	Porenbeton-Plansteine					
	GP2/0,40					
	3,33 m^2 · 63,6 DM/m^2				212,00	
	Anfuhr					
	3,33 m^2 · 3,50 DM/m^2				11,67	
	Bruch u. Verhau 5 %				10,60	
	Mörtel					
	20 kg · 30 DM/25 kg				24,00	
					258,27	
	Materialgemeinkosten 12 %				30,99	
					289,26	
	Mörtel anmachen					
	u. mauern	2,85	180,15			
	Wagnis und Gewinn 6 %		10,81		17,36	
			190,96		306,62	497,58

8.10 Beispiele für Zuschlagskalkulation

Pos.	Gegenstand	Arbeiter-Stunden	Lohn DM/Einh.	Maschinen Sonstiges DM/Einh.	Material DM/Einh.	Einheitspreis DM/Einh.
28	Mauerwerk, 24 cm (400 m^2)					
	HLz 12-1,2, 16 DF					
	8 St · 4,10 DM/St				32,80	
	Anfuhr 8 St · 0,32 DM/St				2,56	
	Bruch u. Verhau 5 %				1,77	
	Mörtel 22 l · 0,14 DM				3,08	
					40,21	
	Materialgemeinkosten 12 %				4,83	
					45,04	
	Mörtel anm. 0,022 · 0,76	0,017				
	Mauern	0,77				
	Lohn 63,21 DM/Std.	0,787	49,75			
	Wagnis und Gewinn 6 %		2,98		2,70	
			52,73		47,74	100,47
29	Mauerwerk 11,5 cm (350 m^2)					
	HLz 12-1,2, 8 DF					
	8 St · 2,60				20,80	
	Anfuhr 8 · 0,235				1,88	
	Bruch u. Verhau 5 %				1,04	
	Mörtel 10 l · 0,14 DM				1,40	
					25,12	
	Materialgemeinkosten 12 %				3,01	
	Mörtel anmachen					
	0,010 · 0,76	0,01			28,13	
	Mauern	0,35				
	Lohn 63,21 DM/Std.	0,36	22,76			
	Wagnis und Gewinn 6 %		1,37		1,69	
			24,13		29,82	53,95
30	Bitumenpappe (m)					
	30 cm breit	0,04	2,53		0,60	
	Überlappung und					
	Verschnitt 3 %				0,02	
	Materialgemeinkosten 12 %				0,07	
					0,69	
	Wagnis und Gewinn 6 %		0,15		0,04	
			2,68		0,73	3,41

Pos.	Gegenstand	Arbeiter-Stunden	Lohn DM/Einh.	Maschinen Sonstiges DM/Einh.	Material DM/Einh.	Einheits-preis DM/Einh.
	24 cm breit	0,04	2,53		0,48	
	Überlappung und					
	Verschnitt 3 %				0,01	
	Materialgemeinkosten 12 %				0,06	
					0,55	
	Wagnis und Gewinn 6 %		0,15		0,03	
			2,68		0,58	3,26
	11,5 cm breit	0,03	1,90		0,25	
	Überlappung und					
	Verschnitt 3 %				0,01	
	Materialgemeinkosten 12 %				0,03	
					0,29	
	Wagnis und Gewinn 6 %		0,11		0,02	
			2,01		0,31	2,32
31	Rolladenkästen, frei Bau (m)				87,50	
	Materialgemeinkosten 12 %				10,50	
	Versetzen (63,21 DM/Std.)	0,40	25,28		98,00	
	Wagnis und Gewinn 6 %		1,52		5,88	
			26,80		103,88	130,68
	Es könnte bis 3 m					
	(0,25 m³) das Mauerwerk					
	abgezogen werden					
	0,3 · 0,28 · 1,0 · 408,51,					
	bis 80 % unter 3 m					27,45
						103,23
32	Isolierschornstein Ø 18 (m)					
	einzügig mit Lüftung, frei Bau				126,50	
	Materialgemeinkosten 12 %				15,18	
	Versetzen					
	0,80 + 0,30 + 0,13 Std./m	1,23	77,75		141,68	
	Wagnis und Gewinn 6 %		4,67		8,50	
			82,42		150,18	232,60

8.10 Beispiele für Zuschlagskalkulation

Pos.	Gegenstand	Arbeiter-Stunden	Lohn DM/Einh.	Maschinen Sonstiges DM/Einh.	Material DM/Einh.	Einheitspreis DM/Einh.
33	*Zuschläge zu Pos. 32*					
	a) Grundpaket (St)				254,20	
	Materialgemeinkosten 12 %				30,50	
	(Lohn in Pos. 32 enth.)				284,70	
	Wagnis und Gewinn 6 %				17,08	
					301,78	301,78
	b) Rauchrohranschluß (St)				55,40	
	Materialgemeinkosten 12 %				6,65	
					62,05	
	Wagnis und Gewinn 6 %				3,72	
					65,77	65,77
	c) Putztüranschluß (St)				38,80	
	Materialgemeinkosten 12 %				4,66	
					43,46	
	Wagnis und Gewinn 6 %				2,60	
					46,06	46,06
	d) Putztür (St)				31,80	
	Materialgemeinkosten 12 %				3,82	
	Versetzen (63,21 DM/Std.)	0,60	37,93		35,62	
	Wagnis und Gewinn 6 %		2,27		2,14	
			40,20		37,76	77,96
	e) Putztür mit Vorsatzsch. (St)				79,60	
	Materialgemeinkosten 12 %				9,55	
	Versetzen	0,60	37,93		89,15	
	Wagnis und Gewinn 6 %		2,27		5,35	
			40,20		94,50	134,70
	f) Kragplatte (St)				65,10	
	Materialgemeinkosten 12 %				7,81	
	Versetzen	0,65	41,09		72,91	
	Wagnis und Gewinn 6 %		2,47		4,37	
			43,56		77,28	120,84
	g) Abdeckplatte (St)				69,00	
	Materialgemeinkosten 12 %				8,28	
	Versetzen	0,70	44,25		77,28	
	Wagnis und Gewinn 6 %		2,66		4,64	
			46,91		81,92	128,83

Pos.	Gegenstand	Arbeiter-Stunden	Lohn DM/Einh.	Maschinen Sonstiges DM/Einh.	Material DM/Einh.	Einheitspreis DM/Einh.
34	Kaminkopf ummanteln (1 St)					
	KMz, NF 3 · 48 St · 1,40				201,60	
	Anfuhr 3 · 48 · 55/1.000				7,92	
					209,52	
	Bruch u. Verhau 8 %				16,76	
	Mörtel 3 · 28 l · 0,15				12,60	
					238,88	
	Materialgemeinkosten 12 %				28,67	
					267,55	
	Mörtel anm. 0,084 · 0,76	0,064				
	Mauern 3 · 1,50	4,50				
	Lohn 63,21 DM/Std.	4,564	288,49			
	Wagnis und Gewinn 6 %		17,31		16,05	
			305,80		283,60	589,40

Stundenlohnarbeiten

a) Maurer (= Spezialbaufacharbeiter) Gr. III

$$\begin{aligned}
\text{GTL} &= 25{,}26 \text{ DM/Std.}\\
+\ 145\%\ \text{GK} &= 36{,}63 \text{ DM/Std.}\\
&61{,}89 \text{ DM/Std.}\\
+\ 6\%\ \text{W} + \text{G} &= 3{,}71 \text{ DM/Std.}\\
&65{,}60 \text{ DM/Std.}
\end{aligned}$$

b) Bauhelfer (= Baufachwerker) Gr. VI

$$\begin{aligned}
\text{GTL} &= 21{,}65 \text{ DM/Std.}\\
+\ 145\%\ \text{GK} &= 31{,}39 \text{ DM/Std.}\\
&53{,}04 \text{ DM/Std.}\\
+\ 6\%\ \text{W} + \text{G} &= 3{,}18 \text{ DM/Std.}\\
&56{,}22 \text{ DM/Std.}
\end{aligned}$$

8.10 Beispiele für Zuschlagskalkulation

c) Kompressor (ohne Bedienung)
   Lt. unserer Geräteliste

11/15 kW/PS	= 9,84 DM/Std.
Drucklufthammer	= 2,11 DM/Std.
	11,95 DM/Std.
+ 68% Masch.-Gk	= 8,13 DM/Std.
	20,08 DM/Std.
+ 6% W + G	= 1,20 DM/Std.
	21,28 DM/Std.

d) Kleinbagger (ohne Bedienung)
   Lt. unserer Geräteliste

19/26 kW/PS	= 27,10 DM/Std.
+ 68% Masch.-Gk	= 18,43 DM/Std.
	45,53 DM/Std.
+ 6% W + G	= 2,73 DM/Std.
	48,26 DM/Std.

e) Lkw, 9 t Nutzlast

A = 104.000,00 DM; Bereifung 6.600,00 DM (n = 3)
n = 4 Jahre, v_j = 10 Mon./Jahr, p = 6,5%, r = 2,2%

Vorhaltekosten (DM/Monat)

$$a = \frac{A}{n \cdot v_j} = \frac{104.000,00}{4 \cdot 10} = 2.600,00 \text{ DM/Monat}$$

$$z = \frac{A \cdot p}{2 \cdot 100 \cdot v_j} = \frac{104.000,00 \cdot 6,5}{2 \cdot 100 \cdot 10} = 338,00 \text{ DM/Monat}$$

$$1,4 \cdot R = 1,4 \cdot r \cdot A$$
$$= 1,4 \cdot 2,2/100 \cdot 104.000,00 = 3.203,20 \text{ DM/Monat}$$

$$\text{Reifen } a = \frac{6.600,00}{3 \cdot 10} = 220,00 \text{ DM/Monat}$$

Vorhaltekosten = 6.361,20 DM/Monat

Betriebsstoffe

$$\frac{16 \text{ l} \cdot 1,50 \text{ DM/l} \cdot 40.000 \text{ km/Jahr}}{100 \text{ km} \cdot 10 \text{ Mon./Jahr}} = 960,00 \text{ DM/Monat}$$

Schmierstoffe 10%	= 96,00 DM/Monat
Steuer u. Versicherung	ca. 380,00 DM/Monat
Monatliche Lkw-Kosten	= 7.797,20 DM/Monat

Tägliche Kosten

    7.797,20 DM/Mon. : 21 Tage/Mon. = 371,30 DM/Tag

Stündliche Kosten

    371,30 DM/Tag : 8 Std./Tag   = 46,41 DM/Std.

Verrechnungssatz im Stundenlohn (ohne Fahrer)

Vorhaltekosten	=	6.361,20 DM/Monat
+ 68 % Masch.-GK	=	4.325,62 DM/Monat
+ Betriebsst., St. Vers.	=	1.436,00 DM/Monat
		12.122,82 DM/Monat
Verrechnungssatz : 21 : 8	=	72,16 DM/Std.
+ 6 % W + G	=	4,33 DM/Std.
		76,49 DM/Std.

8.11 Beispiel zum Umlageverfahren

Wir wollen das Umlageverfahren am Beispiel eines Fabrik- und Verwaltungsgebäudes behandeln:

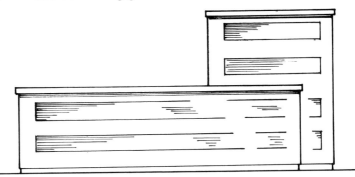

Das Leistungsverzeichnis ist in fünf Titel mit den jeweiligen Positionen unterteilt. Es genügt zum Verständnis des Verfahrens, wenn wir einige Positionen behandeln und alle übrigen nur andeuten, bei der Summenbildung aber mit einrechnen.

I. Baustelleneinrichtung

Pos. 1   Einrichten und Räumen der Baustelle

Pos. 2   Vorhalten..............

II. Erdarbeiten

Pos. 3   Oberboden _____

Pos. 4   Aushub der Baugrube, Boden der Klasse 4, bis 2,50 m tief, einschließlich seitlichem Lagern oder Laden.

         ca. 1.600 m³   zu DM _____   DM _____

Pos. 5   Abfuhr _____

Pos. 6   Aushub für Fundamente _____

_____   _____

_____   _____

III. Entwässerungskanalarbeiten

Pos. 11   _____

Pos. 12   _____

_____   _____

_____   _____

IV. Mauerarbeiten

Pos. 28 _____

Pos. 29 Mauerwerk der Innenwände, 24 cm dick, aus Hochlochziegeln in MG II herstellen.

　　　　ca. 375 m²　　　zu DM _____　　DM _____

Pos. 30 _____

_____　_____

V. Beton- und Stahlbetonarbeiten

Pos. 45　Sauberkeitsschicht _____

Pos. 46　_____

Pos. 47　_____

Pos. 48　Stahlbetonwände, 25 cm dick, 2,75 m hoch, aus B25, als Sichtbeton, einschließlich Schalung und Bewehrung mit 6,2 kg/m² Betonstahlmatten, herstellen.

　　　　ca. 540 m²　　　zu DM _____　　DM _____

Pos. 49　_____

_____　_____

Angaben zur Kalkulation:

Die Aufwandswerte werden unseren Tabellen entnommen. Daraus werden die Einzelkosten mit Formblatt ermittelt. Diese werden dann im großen Formblatt zusammengestellt. Die Summen für Arbeitsstunden, Lohn, Gerätekosten, Stoffkosten (Materialkosten) und Fremdleistungen werden gebildet. Diese Summenwerte benötigen wir dann zur Berechnung der Gemeinkosten.

Bei den Einzelkosten wird der Mittellohn (Durchschnittslohn ohne Lohnnebenkosten, die in den Gemeinkosten der Baustelle erfaßt werden) in Höhe von 24,90 DM/Std. angesetzt.

Im Abschnitt 8.2.3 wurde dargestellt, daß beim Umlageverfahren die Behandlung der Gemeinkosten objektbezogen vorzunehmen ist. Die Gemeinkosten der Baustelle und die Allgemeinen Geschäftskosten werden getrennt verrechnet.

Wir wollen hier die beiden in der Praxis vorkommenden Fälle betrachten und berechnen:

A: Im LV sind gesonderte Positionen für die Baustelleneinrichtung vorgesehen.

B: Im LV ist die Baustelleneinrichtung nicht als besondere Leistung aufgeführt.

In Formblättern werden die gesamten Gemeinkosten der Baustelle (K_{GB}) ermittelt. Dann können sie entsprechend Fall A oder Fall B umgelegt werden (vgl. S. 266 und 267).

8.11 Beispiel zum Umlageverfahren

Fall A mit Baustelleneinrichtung im LV

Zu Pos. 1 »Einrichten und Räumen der Baustelle«
Aus der Aufstellung A im Formblatt wird entnommen:

Löhne	5.478,00 DM	
Geräte	7.600,00 DM	
Stoffe	800,00 DM	
Fremdleistungen	13.100,00 DM	26.978,00 DM

Zu Pos. 2 »Vorhalten der Baustelleneinrichtung« (Gerätevorhaltung)
Aus der Aufstellung B im Formblatt wird entnommen:

Geräte 85.650,00 DM

Als Gemeinkosten der Baustelle sind dann aus den Formblättern entnommen:

C	Nebenstoffe u. Nebenfrachten	49.100,00 DM
D	Allgemeine Baukosten	39.280,00 DM
		176.850,00 DM
E	Lohnnebenkosten	56.560,00 DM
F	Lohnzusatzkosten	1.000.854,40 DM
G	Bauzinsen	53.000,00 DM
		1.375.644,40 DM

Von den Baustellengemeinkosten sollen 11% auf die Stoffkosten (Materialkosten) umgelegt werden.

Von der Unternehmensleitung wurden ermittelt bzw. festgesetzt:

Allgemeine Geschäftskosten	12% vom Umsatz (6% bei Fremdleistungen)
Wagnis und Gewinn	6% vom Umsatz (3% bei Fremdleistungen)

Berechnung der Umlagefaktoren:

Allgemeine Geschäftskosten und Wagnis und Gewinn

$$a = 12\% \qquad 6\% \quad \text{bei Fremdleistungen}$$
$$b = \underline{6\%} \qquad \underline{3\%}$$
$$d = 18\% \qquad 9\%$$

$$d' = \frac{d \cdot 100}{100 - d}$$

$$= \frac{18 \cdot 100}{100 - 18} \qquad \frac{9 \cdot 100}{100 - 9} = 9{,}89\%$$

$$= 21{,}95\%$$

Gemeinkosten der Baustelle (Blatt 1)

Pos.	Gegenstand	Stunden	Löhne K_L DM	Geräte Sonstiges DM	Stoffe K_S DM	Fremdl. K_{Fr} DM
	A Baustelle einrichten					
	und räumen					
	Herrichten des Geländes					
	2 Arbeiter · 1 Tag · 8 Std.	16				
	Auf- u. Abladen					
	Geräte nach Einzelaufstel.	16		3.600,00		
	Container, Bauwagen usw. nach Einzelaufstellung	24		2.500,00		
	An- und Abtransport					
	nach Einzelaufstellung	8				6.200,00
	Auf- und Abbau					
	nach Einzelaufstellung	124		600,00	800,00	1.100,00
	Baustraße	16		500,00		5.800,00
	Schlußreinigung	16		400,00		
	(Lohn AP = 24,90 DM/Std.)					
	Zwischensumme A:	220	5.478,00	7.600,00	800,00	13.100,00
	B Vorhaltung					
	1 Turmdrehkran (20tm)					
	6 Mon. · 4.874 DM/Mon.			29.244,00		
	Kranbahn 6 · 90			540,00		
	1 Turmdrehkran stat.					
	(45 tm) 5 · 6.152 DM			30.760,00		
	1 Mischer, 250 l					
	6 Mon. · 1.515 DM/Mon.			9.090,00		
	2 Kreissägen					
	2 · 6 Mon. · 143 DM/Mon.			1.716,00		
	2 Rüttler					
	2 · 5 Mon. · 380 DM/Mon.			3.800,00		
	Container, Bauwagen,					
	Gerüste usw.					
	nach Einzelaufstellung			10.500,00		
	Zwischensumme B:			85.650,00		

Gemeinkosten der Baustelle (Blatt 2)

Pos.	Gegenstand	Stunden	Löhne K_L DM	Geräte + Sonstiges DM	Stoffe K_S DM	Fremdl. K_{Fr} DM
	C Nebenstoffe und					
	Nebenfrachten					
	z.B. 5 % von Einzelkosten-					
	löhnen = 5 % von 982.000			49.100,00		
	D Allgemeine Baukosten					
	Gehälter					
	z.B. 8 % von 982.000			78.560,00		
	+ Sozialaufwendung 50 %			39.280,00		
	Hilfslöhne 4 % von 982.000		39.280,00			
	Kleingeräte u. Werkzeug					
	z.B. 3 % von 982.000			29.460,00		
	Baubürobetrieb					
	z.B. 2,5 % von 982.000			24.550,00		
	Betriebskosten Pkw			3.000,00		
	Sonstiges			2.000,00		
	Zwischensumme D		39.280,00	176.850,00		
	E Lohnnebenkosten					
	5 % von (982.000 + 39.280)			51.060,00		
	Gehaltsnebenkosten					
	7 % von 78.560			5.500,00		
				56.560,00		
	F Lohnzusatzkosten					
	98 % von Einzel- und					
	Hilfslöhnen					
	= 98 % von					
	(982.000 + 39.280)			1.000.854,40		
	G Bauzinsen					
	ca. 1,5 % der Angebots-					
	summe			53.000,00		

Anteil an Lohn- und Vorhaltekosten

$$g = \frac{\text{Gemeinkosten der Baustelle} - s/100 \text{ Stoffkosten}}{\text{Lohn} + \text{Vorhaltekosten}}$$

$$= \frac{1.375.644{,}40 \text{ DM} - \frac{11}{100} \cdot 553.500{,}00 \text{ DM}}{982.000{,}00 \text{ DM} + 85.650{,}00 \text{ DM}}$$

$$= \frac{1.314.759{,}40 \text{ DM}}{1.067.650{,}00 \text{ DM}}$$

$$= 1{,}23 = 123\,\%$$

Umlagefaktoren:

$$u_1 = \left(1 + \frac{s}{100}\right) \cdot \left(1 + \frac{d'}{100}\right) = \left(1 + \frac{11}{100}\right) \cdot \left(1 + \frac{21{,}95}{100}\right)$$
$$= 1{,}11 \cdot 1{,}2195 = \underline{\underline{1{,}354}}$$

$$u_2 = \left(1 + \frac{g}{100}\right) \cdot \left(1 + \frac{d'}{100}\right) = \left(1 + \frac{123}{100}\right) \cdot \left(1 + \frac{21{,}95}{100}\right)$$
$$= 2{,}23 \cdot 1{,}2195 = \underline{\underline{2{,}72}}$$

(entspricht einem Zuschlag von 172 %)

$$u_3 = 1 + \frac{d'}{100} = 1 + \frac{9{,}89}{100} = \underline{\underline{1{,}0989}}$$

8.11 Beispiel zum Umlageverfahren

Einzelkosten

Pos.	Gegenstand	Stunden	Löhne K_L DM	Geräte K_{GM} DM	Stoffe K_S DM	Fremdl. K_{Fr} DM
	Übertrag					
4	Aushub der Baugrube (m^3)					
	Raupenlader (1,10 m^3)	0,10	2,35			
	0,06 Std. · 84,62 DM/Std.			5,08	–	–
	Lohn 24,90 DM/Std.	0,10	2,49	5,08	–	–
29	Mauerwerk, 24 cm (m^2)					
	HLz 12-1,0, 2 DF, 64 St				32,00	
	Anfuhr				3,84	
	Bruch u. Verhau 3 %				1,08	
	Mörtel 55 l · 0,14 DM/l				7,70	
	Mörtel anmachen					
	0,76 · 0,055	0,042				
	Mauern 1,2 Std. – 10 %	1,08				
		1,122	27,94		44,62	
48	Stahlbetonwände, 25 cm (m^2)					
	B 25 + Anfuhr				39,25	
	Schüttverlust 2 %				0,79	
	Schalung (Rahmen)					
	2 · 4,46 DM/m^2			8,92		
	Sichtflächen					
	2 · 0,50			1,00		
	Einschalen					
	2,0 m^2 · 0,40 Std./m^2	0,80				
	Zuschl. Sichtschalung					
	2,0 m^2 · 0,05 Std.	0,10				
	Betonieren					
	Rüstzeit 2 Std. : 68m^2	0,03				
	Betonieren 0,25 · (0,9 + 0,1 Std.)	0,25				
	Betonstahl 6,2 kg/m^2					
	24,8 kg/m^3 · 2,10 DM/kg					13,02
		1,18	29,38	9,92	40,04	13,02

Fall A			Einzelkosten der							
			Aufwand pro Mengeneinheit							
Pos.	Gegenstand	Menge	Arbeiter-stunden	Lohn	Vorhalte-kosten	Lohn + Vorh.	Stoffe	Fremd-leistung	je Mengen-einheit	Reparatur-kosten
			A_h	k_L	k_{GM}	k_{L+GM}	k_S	k_{FR}	k	(k_{GR})
1	2	3	4	5	6	7=5+6	8	9	10 = 7+8+9	11
I	Baustelleneinrichtung									
1	Einr. u. räumen	Pausch.	220	5.478,00	7.600,00	13.078,00	800,00	13.100,00	26.978,00	
2	....	.....								
II	Erdarbeiten									
3	....	.....								
4	Aushub der Baugrube	1.600 m^3	0,10	2,49	5,08	7,57	–	–	7,57	
5	....	.....								
...	....	.....								
III	Entwässerungsarbeiten									
...	....	.....								
...	....	.....								
IV	Mauerarbeiten									
...	....	.....								
...	....	.....								
29	Mauerwerk, 24 cm, HLz	375 m^2	1,122	27,94	–	27,94	44,62	–	72,56	
...	....	.....								
...	....	.....								
V	Beton- u. Stahlbeton									
...	....	.....								
...	....	.....								
48	Stahlbetonwände, 25 cm, B 25	540 m^2	1,18	29,38	9,92	39,30	40,04	13,02	92,36	
...	....	.....								
...	....	.....								
	Summe aller Positionen I bis V									

8.11 Beispiel zum Umlageverfahren

Teilleistungen							Angebotspreise				
Aufwand je Position							je Mengeneinheit			je Pos.	
Arbeiter-stunden	Lohn	Vorhalte-kosten	Stoffe	Fremd-leistungen	Gesamt-kosten	davon Reparatur	$u_1 \cdot k_S$	$u_2 \cdot k_{L+GM}$	$u_3 \cdot k_{Fr}$	Einheitspreis	Gesamtpreis
A_h	K_L	K_{GM}	K_S	K_{Fr}	K	(K_{GR})	$u_1=1,354$	$u_2=2,72$	$u_3=1,0989$	k	K
12 = 3 x 4	13 = 3 x 5	14 = 3 x 6	15 = 3 x 8	16 = 3 x 9	17 = 13 + 14 + 15 + 16	18 = 3 x 11	19 = u_1 x 8	20 = u_2 x 7	21 = u_3 x 9	22 = 19 + 20 + 21	23 = 3 x 22
220	5.478,00	7.600,00	800,00	13.100,00	26.978,00		1.083,20	35.572,16	14.395,59		51.050,95
160	3.984,00	8.128,00	-	-	12.112,00		-	20,59	-	20,59	32.944,00
420,75	10.477,50	-	16.732,50	-	27.210,00		60,42	76,00	-	136,42	51.157,50
637,2	15.865,20	5.356,80	21.621,60	7.030,80	49.874,60		54,21	106,90	14,31	175,42	94.726,80
39.437,75	982.000,00	95.650,00	553.500,00	28.500,00	1.649.650,00						3.573.930,00

Fall B			Aufwand pro Mengeneinheit							Einzelkosten der
Pos.	Gegenstand	Menge	Arbeiter-stunden	Lohn	Vorhalte-kosten	Lohn + Vorh.	Stoffe	Fremd-leistung	je Mengen-einheit	Reparatur-kosten
			A_h	k_L	k_{GM}	k_{L+GM}	k_S	k_{Fr}	k	(k_{GR})
1	2	3	4	5	6	7=5+6	8	9	10 = 7+8+9	11
I	Baustelleneinrichtung									
1	....	....	–	–	–	–	–	–	–	–
2	....	....								
II	Erdarbeiten									
3	....	....								
4	Aushub der Baugrube	1.600 m³	0,10	2,49	5,08	7,57	–	–	7,57	
5	....	....								
...	....	....								
III	Entwässerungsarbeiten									
...	....	....								
...	....	....								
IV	Mauerarbeiten									
...	....	....								
...	....	....								
29	Mauerwerk, 24 cm, HLz	375 m²	1,122	27,94	–	27,94	44,62	–	72,56	
...	....	....								
...	....	....								
V	Beton- u. Stahlbeton									
...	....	....								
...	....	....								
48	Stahlbetonwände, 25 cm, B 25	540 m²	1,18	29,38	9,92	39,30	40,04	13,02	92,36	
...	....	....								
...	....	....								
	Summe aller Positionen I bis V									

8.11 Beispiel zum Umlageverfahren

Teilleistungen							Angebotspreise				
Aufwand je Position							je Mengeneinheit			je Pos.	
Arbeiter-stunden	Lohn	Vorhalte-kosten	Stoffe	Fremd-leistungen	Gesamt-kosten	davon Reparatur	$u_1 \cdot k_S$	$u_2 \cdot k_{L+GM}$	$u_3 \cdot k_{Fr}$	Einheitspreis	Gesamtpreis
A_h	K_L	K_{GM}	K_S	K_{Fr}	K	(K_{GR})	$u_1=1{,}354$	$u_2=2{,}85$	$u_3=1{,}0989$	k	K
12 = 3 x 4	13 = 3 x 5	14 = 3 x 6	15 = 3 x 8	16 = 3 x 9	17 = 13 + 14 + 15 + 16	18 = 3 x 11	19 = u_1 x 8	20 = u_2 x 7	21 = u_3 x 9	22 = 19 + 20 + 21	23 = 3 x 22
–	–	–	–	–	–	–	–	–	–	–	–
160	3.984,00	8.128,00	–	–	12.112,00	–	–	21,57	–	21,57	34.512,00
420,75	10.477,50	–	16.732,50	–	27.210,00		60,42	79,63	–	140,05	52.518,75
637,20	15.865,20	5.356,80	21.621,60	7.030,80	49.874,40		54,21	112,01	14,31	180,53	97.486,20
39.437,80	982.000,00	95.650,00	553.500,00	28.500,00	1.649.650,00						3.573.930,00

Fall B ohne Baustelleneinrichtung in LV

Die zu verrechnenden Gemeinkosten der Baustelle betragen dann:

$$\begin{array}{lcr} A & - & 26.978{,}00 \text{ DM} \\ B & - & 85.650{,}00 \text{ DM} \\ C \text{ bis } G & - & \underline{1.375.644{,}40 \text{ DM}} \\ & & 1.488.272{,}40 \text{ DM} \end{array}$$

Die Umlagefaktoren sind mit diesen Werten zu berechnen:

$$g = \frac{1.488.272{,}40 \text{ DM} - \dfrac{11}{100} \cdot 553.500{,}00 \text{ DM}}{982.000{,}00 \text{ DM} + 85.650{,}00 \text{ DM}}$$

$$\frac{1.427.387{,}40 \text{ DM}}{1.067.650{,}00 \text{ DM}} = 1{,}337 = 133{,}7\,\%$$

$$u_1 = \underline{\underline{1{,}354}}$$

$$u_2 = (1 + \frac{133{,}7}{100}) \cdot (1 + \frac{21{,}95}{100})$$

$$= 2{,}337 \cdot 1{,}2195 = \underline{\underline{2{,}85}}$$

(entspricht einem Zuschlag von 185 %)

$$u_3 = \underline{\underline{1{,}0989}}$$

9 Preisgestaltung in Abhängigkeit von der Marktlage

Wenn entsprechend der Kalkulation das Angebot, beispielsweise für ein Einfamilienhaus, dem Bauherrn bzw. seinem Architekten unterbreitet wird, so muß es in der Regel einem Vergleich mit anderen Angeboten standhalten. Oft wird der Bieter dann erfahren, daß er wegen zu hoher Preise oder anders, wegen niedrigerer Preise anderer Bieter, den Zuschlag für die Mauerarbeit nicht erhalten wird.

Jetzt müssen Überlegungen einsetzen, worin die Gründe für die Unterschiede in den Angeboten der einzelnen Bieter liegen. Selbstverständlich spielt die Struktur des jeweiligen Betriebes eine Rolle. Auch die vorhandenen Bezugsquellen für Baustoffe sind unterschiedlich. Doch unabhängig davon schwanken die Größenordnungen für Preise, die zur Erlangung eines Auftrages führen.

9.1 Markt und Preise

Wie überall in der freien Wirtschaft beeinflußt auch hier das Verhältnis von Angebot und Nachfrage, der »Markt«, die Preisgestaltung innerhalb eines gewissen Spielraumes ganz wesentlich. Es ist bekannt, daß jahreszeitlich bedingt die Nachfrage nach Bauarbeiten schwankt. Dazu kommen die Auswirkungen der allgemeinen wirtschaftlichen Konjunktur. Auf Zinsentwicklungen reagiert der Baumarkt sehr empfindlich. Einzelne Sparten wie Wohnungsbau, Industriebau oder Sporthallenbau können sich dann verschieden entwickeln.

Auch die Konkurrenzunternehmen werden meistens in einer ähnlichen Situation stehen. Je nach vorhandener Kapazität der Baubetriebe wird die Nachfrage nach Aufträgen vom Baumarkt nicht mehr befriedigt werden können oder in Zeiten von Hochkonjunktur das Angebot an möglichen Arbeiten gar nicht erfüllt werden. Im ersten Fall wird es zu einem Druck auf die Preise führen, im anderen Fall wird der Maurermeister nur interessante, d. h. gewinnbringende Aufträge anstreben.

9.2 Angebotsverhalten der Unternehmer

Die Entwicklung, sogar die Existenz eines Baubetriebes hängt weitgehend davon ab, ob es ihm gelingt, genügend Aufträge zu wirtschaftlich akzeptablen Bedingungen zu erhalten. Aufträge größeren Umfangs werden in der Regel auf dem Submissionswege an den Bieter des niedrigsten Angebotes vergeben.

Der Maurermeister muß bei seiner Preisbildung in der Angebotskalkulation einerseits darauf achten, nicht zu »hoch« anzubieten. Er würde dabei das Wagnis eingehen, keinen Auftrag zu erhalten.

Andererseits muß er erkennen, daß das Streben, ein Angebot möglichst als niedrigstes abzugeben, auch gefährlich sein kann. Es würde dann möglicherweise kein wirtschaftlicher Erfolg zu erzielen sein. Verluste müßten hingenommen werden.

Der Unternehmer muß erkennen, in welchem Bereich sich seine Preisbildung halten muß. Dazu entwickelt er eine Ange-

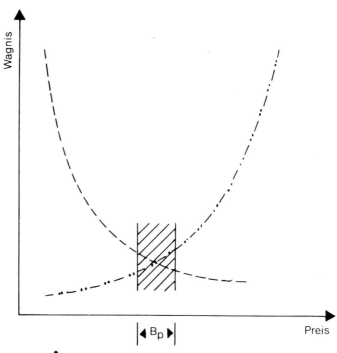

Angebotspreis und Erfolgsrisiko

– – – – Wagnis hinsichtlich des wirtschaftlichen Erfolges

– ·· – ·· – Wagnis hinsichtlich des Angebotserfolges

B_p Bereich des Angebotspreises

botsstrategie, mit der er unter Berücksichtigung von Marktlage, Liquidität, Beschäftigungslage und Erfolgsaussicht seinen Preis bildet. Oft läßt er sich dabei vom Gefühl leiten. Die Situation ähnelt der eines Glücksspiels. Nicht selten bestimmt der den Preis, der ohne System, gar nicht oder ohne jedes Verantwortungsgefühl kalkuliert.

Ziel der unternehmerischen Tätigkeit ist die Gewinnoptimierung, zumindest muß eine volle Kostendeckung erreicht werden. Nach diesen Gesichtspunkten muß versucht werden, den erzielbaren Preis zu bilden.

Eine Richtlinie für die Höhe dieses Preises geben in der Regel die Submissionsergebnisse. Diese gewähren auch einen Überblick über Tendenzen der Konkurrenz und geben dem Unternehmer eine Hilfe zur Erlangung der gewünschten Submissionserfolge (= Angebotserfolge).

Welche Möglichkeiten gibt es aber, sich an den richtigen Preis heranzutasten?

Unsere Zuschlagskalkulation als Vollkostenrechnung geht davon aus, daß alle Kosten erfaßt und richtig zugeordnet werden. Der Angebotspreis wird dazu entsprechend der Abbildung gefunden.

Schema der Preisbildung

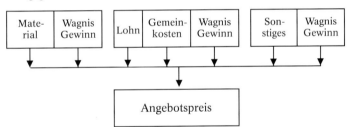

Wir haben nach dieser Kalkulationsart nur in den Bereichen der Zuschläge für Wagnis und Gewinn einen freien Spielraum. Wir könnten also den Prozentsatz der Marktlage entsprechend verändern. Das reicht aber oft nicht aus, so daß nach weiteren Möglichkeiten zur Verringerung des Angebotspreises gesucht werden muß.

Die Teilkostenrechnung, die in der Industrie oft angewendet wird, geht davon aus, daß das Unternehmen ständig fixe Kosten zu tragen hat. Diese sind unabhängig davon, ob viele oder wenige Aufträge abgewickelt werden. Es handelt sich dabei vorwiegend um Teile der Geschäftskosten, also für Verwaltung, Lager, Mieten, Zinsen, Abschreibungen usw. Andere Kosten werden als variable Kosten bezeichnet, weil sie erst mit der Übernahme eines Auftrages entstehen. Dazu zählen Material- und Lohnkosten.

Jede Baustelle muß zuerst diese variablen Kosten erwirtschaften. Zur Abdeckung der gesamten Geschäftskosten muß jede Baustelle mit einem gewissen Beitrag, dem sogenannten Deckungsbeitrag, mithelfen. Alle Baustellen müssen im Verlauf einer Zeitspanne, z. B. innerhalb eines Jahres, so viele Deckungsbeiträge erwirtschaften, daß die Geschäftskosten abgedeckt sind und auch eine Rücklage für Wagnisfälle gebildet werden kann.

Für den einzelnen Auftrag muß dann die Überlegung getroffen werden, ob der zu erzielende Deckungsbeitrag für das Gesamtunternehmen nützlich ist. Die Abbildung zeigt, wie es im Laufe eines Jahres zu einem Abschluß mit Gewinn oder Verlust kommt, je nach der letztlich eingebrachten Höhe der Deckungsbeiträge für die einzelnen Baustellengruppen A, B, C und D. Darin bedeuten die verschiedenen Linien:

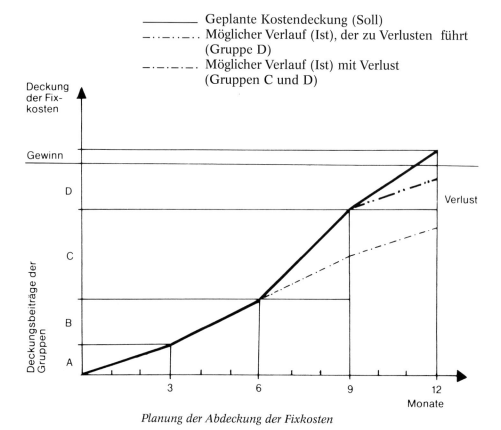

Planung der Abdeckung der Fixkosten

Der einzelne Maurermeister richtet sich oft unbewußt nach dieser Teilkostenrechnung, wenn er sich sagt, daß trotz des niedrigen Preises »etwas bleiben« wird, womit irgendwelche Verpflichtungen beglichen werden können. Das kann er machen, solange sich daraus kein Dauerzustand entwickelt. Die notwendige Liquidität darf nicht eingebüßt werden.

Man wird auch die Beschäftigungslage berücksichtigen müssen. Erweiterung der Kapazität wird auch eine Erhöhung der fixen Kosten mit sich bringen, die dann nur schwer wieder abzubauen sind. Anderseits wird man die Kapazität nicht gern verringern, etwa durch Entlassung tüchtiger Gesellen, sondern wird kurzfristig versuchen, durch eine Preisbildung an der unteren Grenze Aufträge zu erhalten.

9.3 Preisuntergrenze

Es wurde deutlich, daß es eine Grenze bei der Preisgestaltung gibt, die man nicht unterschreiten sollte. Wie findet man diese?

Die Teilkostenrechnung sieht die Preisuntergrenze bei der Abdeckung der variablen Kosten. Das würde für den Baubetrieb bedeuten: Material-, Lohn- und ein Teil der Gemeinkosten, besonders die Lohnzusatzkosten.

Bei der Vollkostenrechnung findet man die Preisuntergrenze schrittweise. Dabei wird von den vollen Kosten nacheinander das abgezogen, worauf der Unternehmer kurzfristig verzichten kann. Zuerst wird der Wagnis- und Gewinnzuschlag gekürzt oder weggelassen. Aber auch Bereiche der Gemeinkosten müssen auf Kürzungsmöglichkeiten untersucht werden.

Nachstehend soll eine solche Kürzung durchgeführt werden:

Verzichtbare Anteile der Vollkostenrechnung

Preisanteil	Wie weit kann verzichtet werden?
Material	nicht
Wagnis und Gewinn	vollständig
Lohn	nicht
Gemeinkosten lohnabhängig	nicht
Geschäftskosten	teilweise
Wagnis und Gewinn	vollständig

Beispiel einer Preisuntergrenze

Wir wollen versuchen, am Beispiel der Kalkulation für das Ferienhaus eine Preisuntergrenze zu finden. Dazu müssen wir die einzelnen Kostenbestandteile hinsichtlich einer Abminderungsmöglichkeit untersuchen:

Materialkosten:
Einkaufspreis   – unverändert
Materialgemeinkosten   – AfA und Zinsen überprüfen, dann könnten statt 11 % auch 7 % für eine begrenzte Zeit auskömmlich sein.
Wagnis und Gewinn   – entfallen lassen

Lohnkosten:
Zeitwerte   – unverändert
Gemeinkosten   – AfA, Zinsen, Mieten, Unternehmerlohn (kalkulatorische Kosten) überprüfen, damit könnten statt 115 % zeitweilig 80 % genügen.
Wagnis und Gewinn   – entfallen lassen

Der Preis für Pos. 7, Streifenfundamente, würde sich dann folgendermaßen berechnen:
Verrechnungssatz = 46,39 + 80 % von 23,43 = 65,13 DM/Std.

Pos.	Gegenstand	Arbeiter-Stunden	Lohn DM/Einheit	Maschinen Sonstiges DM/Einh.	Material DM/Einh.	Einheitspreis DM/Einh.
7	*Streifenfundamente* m^3					
	B 15				140,50	
	Materialgemeinkosten 7 %				9,84	
	Kranbetr. Rüstzeit 2 Std. : 20 m^3	0,10			150,34	
	Betonieren	0,60				
	Lohn 65,13 DM/Std.	0,70	45,59			
	Wagnis und Gewinn 0 %		0		0	
			45,59		150,34	195,93

9.3 Preisuntergrenze

Flexible Arbeitszeit Durch gute Planung der Arbeitszeitverteilung können Überstundenzuschläge vermieden und somit der Mittellohn gesenkt werden. Die Zeitwerte für viele Bauleistungen können verbessert werden. Es ist möglich, unproduktive »Überbrückungsarbeiten« weitgehend zu vermeiden.

Vergabe an Subunternehmer Oft sind Bauunternehmungen, Bauhandwerker oder Akkordkolonnen auf bestimmte Arbeiten spezialisiert. Es bietet sich dann an, solche Arbeiten an diese als Subunternehmer zu günstigen Bedingungen weiter zu vergeben. Eine Senkung des eigenen Angebotspreises wird dann möglich.

Gefahren Wir wissen aber, daß wir nicht über lange Zeit mit Preisen der Preisuntergrenze anbieten dürfen. Es kommt aber immer wieder vor, daß man sogar unter diese Grenze geht, um überhaupt noch einen Auftrag zu erhalten. Man muß sich dabei aber das Ziel setzen, baldmöglichst durch höhere Wagnis- und Gewinnsätze auszugleichen.

Nachstehendes Schaubild zeigt einen Verlauf der Entwicklung von Gewinn und Verlust, der in den vergangenen Jahren, mit regionalen Unterschieden, festzustellen war.

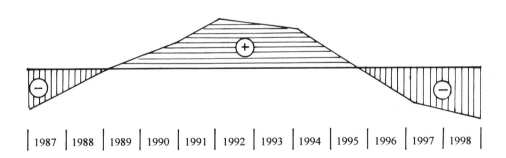

Entwicklung von Wagnis und Gewinn

10 Erfolgskontrolle/ Nachkalkulation

Das betriebliche Rechnungswesen soll aber nicht nur Daten für die Ermittlung in der Angebotskalkulation liefern. Es soll auch eine einwandfreie Erfolgskontrolle ermöglichen. Diese kann in verschiedener Art vorgenommen werden, als:

- Jahresabschluß
- Kurzfristige Erfolgsrechnung (z. B. monatlich)
- Objektbezogene Nachkalkulation

10.1 Jahresabschluß

Der Jahresabschluß, mit Bilanz und Gewinn- und Verlustrechnung, hat mehrere Aufgaben zu erfüllen. Er kann mit der Steuererklärung dem Finanzamt vorgelegt werden. Wichtiger für den Handwerksbetrieb ist die Erfolgskontrolle, wenigstens für den Zeitraum eines Jahres. Für den kleineren Betrieb genügt das meistens. Forderungen und Verbindlichkeiten fließen ineinander, so daß der jährliche Abschluß, gerade zur winterlichen Zeit, in der die meisten Aufträge abgeschlossen sind, als günstig erscheint.

Der Jahresabschluß ist aber besonders geeignet, dem Unternehmer die Daten zu liefern, die ihm die Ermittlung der Zuschlagssätze ermöglichen.

10.2 Kurzfristige Erfolgsrechnung

Wenn man den Aufwand an Arbeit und Zeit nicht scheuen würde, könnte man mit monatlichen oder vierteljährlichen Erfolgskontrollen mehr Sicherheit im Betriebsablauf erreichen.

Folgende Daten müßten jeweils bereitgestellt werden:

1. Umsatz (Kontenklasse 8) einschließlich halbfertiger Arbeiten. Zur Vereinfachung kann dazu ein mittlerer Umsatz je Arbeiter ermittelt und eingesetzt werden.

2. Materialeinsatz (Kontenklasse 42); Bewertung des Lagers kann überschlägig erfolgen.

3. Kosten (Kontenklasse 4) einschließlich anteiliger Abschreibungen.

4. Neutraler Aufwand/Ertrag (Kontenklasse 9).

Kurzfristige Erfolgsrechnung

Kurzfristige Erfolgsrechnung	I. Quartal	II. Quartal	III. Quartal	IV. Quartal
	DM	DM	DM	DM
Umsatz (Kl. 8) + halbfertige Bauten A =				
Materialeinsatz (Kl. 42) Verbrauch per ____ + Bestand per ____ ./. Bestand per ____ B =				
C = A ./. B				
Kosten (Kl. 4) + anteilige Abschreibungen D =				
Betriebsergebnis = A ./. B ./. D ./. neutraler Aufwand (Kl. 2)				
Gewinn per				

Beispiel

Ein Betrieb mit vier Arbeitern und einem Jahresumsatz von 1.880.000,00 DM. Die Erfolgsrechnung soll zum Stichtag 31.3. erstellt werden.

Umsatz (Kl. 8)	DM 352.000,00
+ halbfertige Bauten	DM 88.000,00
A =	DM 440.000,00
Materialeinsatz (Kl. 42)	
Verbrauch p. 31.3.	DM 117.940,00
+ Bestand p. 1.1.	DM 72.000,00
./. Bestand p. 31.3.	DM 58.660,00
B =	DM 131.280,00
C = A ./. B	DM 308.720,00
Kosten (Kl. 4)	DM 234.660,00
+ anteilige Abschreibungen	DM 16.000,00
D =	DM 250.660,00
Betriebsergebnis = A ./. B ./. D	DM 58.060,00
./. neutraler Aufwand (Kl. 9)	DM 9.060,00
Gewinn per 31.3.	DM 49.000,00

10.3 Objektbezogene Nachkalkulation

Es ist zweckmäßig, besonders bei größeren Bauobjekten, eine Nachkalkulation durchzuführen. Diese gibt Aufschluß darüber, ob die Bauausführung mit oder ohne Erfolg verlaufen ist. Vergleiche mit der Angebotskalkulation für das ausgeführte Objekt geben Hinweise für die Gestaltung künftiger Kalkulationen.

Werden schon während der Ausführung der Arbeiten, in gewissen Zeitabschnitten, Nachkalkulationen (Zwischenkalkulationen) durchgeführt, so können evtl. noch rechtzeitig Maßnahmen ergriffen werden, um größere Verluste abzuwenden.

Eine aussagefähige Nachkalkulation kann nur erstellt werden, wenn die Baustellenberichte den Aufwand richtig erkennen lassen, wenn darüber hinaus die Löhne aus der Lohnabrechnung und der Materialverbrauch aus Lieferscheinen bzw. Lieferantenrechnungen ständig aufaddiert werden. Es wäre dann möglich, mindestens wöchentlich, meistens aber monatlich oder bei Ende der Arbeiten, einen Vergleich zwischen Aufwand und Ertrag anzustellen.

Ein einfaches Schema für die objektbezogene Nachkalkulation zeigt die nachstehende Abbildung.

Beispiel einer Nachkalkulation

Baustelle: *Sanatorium Waldheim*
Baust.-Nr. *42*
Baustellenergebnis per *30.04.1997*

Ertrag
   Gebuchte Rechnungen   DM   –
+ Abschlagszahlungen per .... DM *372.000,00*
+ noch nicht berechnete Arbeiten   DM *109.250,00*

Gesamtleistung (Ertrag)   DM *481.250,00*

Kosten (Aufwand)
   Löhne   DM *107.240,00*
+ Zuschläge   DM *184.500,00*
+ Material   DM *166.250,00*
+ Fuhr- bzw. Frachtkosten   DM   *1.400,00*
+ Nachunternehmerleistungen   DM   *4.200,00*
+ Sonstiges   DM   *2.500,00*

Gesamtkosten (Aufwand)   DM *466.090,00*

Ergebnis (Gewinn)   DM   *15.160,00*

10.3 Objektbezogene Nachkalkulation

Nachkalkulation zur Ermittlung von Leistungswerten

Die Nachkalkulation hat neben der Erfolgskontrolle die wichtige Aufgabe, die aufgewendeten Leistungswerte für einzelne Teilarbeiten festzuhalten, um sie bei späteren Angebotsbearbeitungen zu verwenden.

Während sich die Materialkosten relativ genau vorausberechnen und nachher kontrollieren lassen, können die Anteile der Löhne an den einzelnen Teilleistungen nur durch genaue Aufzeichnungen ermittelt werden. Dazu müssen täglich Berichte über die Verteilung der Stunden auf die einzelnen Arbeiten verfaßt werden. Diese können wie im abgebildeten Tagesbericht für jedes Objekt oder für jede Arbeitsgruppe (Kolonne) erstellt werden.

Aus den Tagesberichten müssen die Stunden für die einzelnen Objekte positionsweise (oder pauschal) zusammengestellt werden. Dazu kann man Formblätter »**Nachkalkulation**« verwenden. Wenn wir für »unseren« Betrieb die gesamten Gemeinkosten auf den Lohn beziehen und mit einem Stundenverrechnungssatz (Minutenverrechnungssatz) arbeiten, so genügt es, die Materialkosten und die Lohnkosten zu ermitteln (Ist-Kosten). Zweckmäßig ist es, den Verrechnungssatz ohne Wagnis- und Gewinn-Anteil zu verwenden. Somit ergibt die Differenz zwischen Soll (= Angebotsansätze) und Ist (= wirklich entstandene Kosten) den Gewinn oder Verlust.

Wir wollen uns auf einen Tagesbericht mit den Positionen 4, 6, 7 und 8 des Ferienhauses beschränken.

Tagesbericht					Pos.		4	6	7	8					
Objekt: *Ferienhaus*					Ausgeführte Arbeiten										
Tag: *Mittwoch* Datum: *10.03.97*							*Entwässerung*	*Fund. Schalung*	*Streifenfund.*	*Kiesschüttung*					
Name, Vorname		Beruf	Stunden												
			gesamt	davon Zuschl. 25 %											
Hörmann		*I*	*9*	*1*				*6*	*3*						
Weiler		*III*	*9*	*1*			*6*		*3*						
Hafner		*III*	*9*	*1*				*6*	*3*						
Miele		*VI*	*9*	*1*				*6*	*3*						
Hofele		*VI*	*4*				*2*		*2*						
Summe:			*40*	*4*			*8*	*18*	*14*						
Material							Menge								
Rohre							*schon angeliefert*								
Schalung							*schon angeliefert*								
Beton B 15							*21 m³*								
HLz, 5 DF							*4.000 St*								
HLz, 2 DF							*5.150 St*								
Geräte, Fahrzeuge															
Kran 6 Std.															
Lkw 1 Std.															
Ausgestellt am: *10.03.1997*							Name: *Unterschrift*								

10.3 Objektbezogene Nachkalkulation

Nachkalkulation — Objekt:

Pos.	Gegenstand	Abrechnungsergebnis (Ist)			Entstandene Kosten				Verrechnungslohn		Gesamtkosten	Gewinn/Verlust	
		Ausgef. Menge	Ang.-preis DM	Gesamtpreis DM	Material (DM) + Sonstiges		Stunden						
					Soll	Ist	Soll	Ist	Soll	Ist	DM	DM	%
1	Oberbodenabtrag	62,8	10,61	666,31	391,9	400,0	3,14	3,0	230,25	219,99	619,99	46,32	7,5
2	Aushub Fundamente	38,6	77,75	3.001,15	540,4	540,0	30,88	30,0	2.264,43	2.199,90	2.739,90	261,25	9,5
3	Rohrgräben verfüllen	11,7	135,32	1.583,24	192,7	210,0	17,55	18,0	1.286,94	1.319,94	1.529,94	53,30	3,5
4	Steinzeugrohre a+b	30+15	→	2.234,25	977,4	950,0	15,15	15,0	1.110,95	1.099,95	2.049,95	184,30	9,0
5	Formstücke a–c	4+2+2	→	498,56	236,7	280,0	3,00	3,0	219,99	219,99	499,99	–1,43	–0,3
6	Fundamentschalung	42,8	43,52	1.862,66	171,2	170,0	21,40	18,0	1.569,26	1.319,94	1.489,94	372,72	25,0
7	Streifenfundamente	20,9	230,14	4.809,93	3.422,6	3.420,0	14,63	14,0	1.072,82	1.026,62	4.446,62	363,31	8,2
8	Kiesschüttung	33,8	119,53	4.040,11	2.288,6	2.250,0	20,28	18,0	1.487,13	1.319,94	3.569,94	470,17	13,2
9	PE-Folie	120,0	2,32	278,40	84,0	90,0	2,40	2,0	175,99	146,66	236,66	41,74	17,6
10	Bodenplatte	118,66	36,51	4.332,14	2.424,5	2.480,0	22,15	21,0	1.624,26	1.559,93	4.019,93	312,21	7,8
11	Stahlbetondecke	138,1	121,55	16.786,06	4.852,8	4.800,0	147,77	148,0	10.835,97	10.852,84	15.652,84	1.133,22	7,2
12	Mauerwerk, 30 cm	36,5	508,19	18.548,94	6.976,9	7.280,0	141,26	138,0	10.358,60	10.119,54	17.399,54	1.149,40	6,6
13	Mauerwerk, 24 cm	49,17	159,72	7.853,02	2.453,2	2.530,0	66,91	64,0	4.906,51	4.693,12	7.223,12	629,90	8,7
14	Mauerwerk, 11,5 cm	57,3	94,94	5.440,06	1.302,4	1.300,0	51,57	51,0	3.781,63	3.739,83	5.039,83	400,23	7,9
15	Bitumenpappe a–c	44+15+10	→	253,02	41,3	40,0	2,66	3,0	195,06	219,99	259,99	–6,97	–2,7
16	Stahlbetonstürze	0,86	2.321,07	1.996,12	184,9	200,0	22,92	21,0	1.680,72	1.559,93	1.739,93	256,19	14,7
17	BSt IV S	468	3,63	1.698,84	660,0	620,0	12,63	14,0	926,16	1.026,62	1.646,62	52,22	3,2
18	BSt IV M	926	2,78	2.574,28	1.185,3	1.010,0	16,67	14,0	1.222,41	1.026,62	2.036,62	537,66	26,4
		14,4	128,77	1.854,29	1.310,7	1.280,0	5,76	6,0	422,38	439,98	1.719,98	134,31	7,8
	Summe/Übertrag:			80.311,38		29.850,0		601,0		44.071,33	73.921,33	6.390,05	8,6

Erläuterung der Nachkalkulationstabelle an Pos. 7:

Ausgeführte Menge x Angebotspreis = Gesamtpreis (einschl. W+G)
  $20,900 \text{ m}^3 \cdot 230,14 \text{ DM/m}^3 = 4.809,93 \text{ DM}$

Material
  Der Soll-Betrag einschließlich Materialgemeinkosten wird der Kalkulation entnommen,
  $20,900 \text{ m}^3 \cdot 163,76 \text{ DM/m}^3 = 3.422,58 \text{ DM}$

  Der Ist-Betrag wurde Lieferscheinen bzw. Rechnungen entnommen und um die angesetzten Materialgemeinkosten erhöht. Das ergab einen Betrag von 3.420,00 DM.

Stunden
  Soll: aus Kalkulation $20,9 \text{ m}^3 \cdot 0,70 \text{ Std./m}^3 = 14,63$ Std.
  Ist: aus den Tagesberichten wurden 14 Std. entnommen.

Verrechnungslohn
  ergibt sich aus den Stunden, multipliziert mit dem Verrechnungssatz von 73,33 DM/Std.
  Soll: 14,63 Std. · 73,33 DM/Std. = 1.072,82 DM
  Ist: 14,00 Std. · 73,33 DM/Std. = 1.026,62 DM

Die Gesamtkosten ergeben sich aus
  Material-Ist + Lohn-Ist
  3.420,00 DM + 1.026,62 DM = 4.446,62 DM

Gewinn/Verlust ergibt sich aus
  Gesamtpreis – Gesamtkosten
  4.809,93 DM – 4.446,62 DM = 363,31 DM Gewinn

Die Umrechnung in % erfolgt mittels Dreisatzrechnung:

Gesamtkosten	4.446,62 DM	$\dfrac{100\,\% \cdot 363,31 \text{ DM}}{4.446,62 \text{ DM}}$
Bezug auf	1,00 DM	
Gewinn/Verlust	363,31 DM	8,17 %

10.4 Das Betriebsergebnis

Auch hierbei geht es um eine Kontrolle der wirtschaftlichen Leistung des Betriebes.

Betriebsleistung

Man kann die Betriebsleistung, wie vorher schon dargestellt, jahresbezogen oder objektbezogen ermitteln. Die jährliche Ergebnisrechnung bezieht fertig abgerechnete und noch in der Herstellung befindliche Arbeiten ein. Objektbezogen entspricht die Betriebsleistung dem Rechnungsbetrag netto.

Zusammenhang

Betriebsleistung		Material	
		Fertigungslohn	
		Lohnabhängige Kosten	
		Fremdleistungen	
	Deckungsbeitrag (Handwerksspanne)	Betriebs- und Verwaltungskosten
		Betriebsergebnis (Gewinn)

Deckungsbeitrag

Die Einzelkosten (Material, Lohn, lohnabhängige Kosten und Fremdleistungen) können für jeden Auftrag ermittelt werden. Zieht man diese von der Betriebsleistung ab, so verbleibt der Deckungsbeitrag. Dieser setzt sich aus den Betriebs- und Verwaltungskosten (= allgemeine Geschäftskosten und Baustellengemeinkosten) und dem Gewinn zusammen.

Betriebsergebnis

Ist der Deckungsbeitrag größer als die Geschäftskosten ausgefallen, so hat der Betrieb einen Gewinn erwirtschaftet. Das Betriebsergebnis war entsprechend positiv. Werden die Geschäftskosten mit dem Deckungsbeitrag nicht abgedeckt, so entsteht ein Verlust, ein negatives Betriebsergebnis.

Planung von Betriebsergebnissen

Jährliche Betriebsleistungen und Betriebsergebnisse können bei Berücksichtigung der zu erwartenden Marktlage vorausgeplant werden. Die betrieblichen Kapazitäten müssen darauf abgestimmt werden. Die jährlichen und die kurzfristigen Erfolgskontrollen liefern die dazu erforderlichen Aufwandswerte. Daraus werden die »Soll-Vorgaben« abgeleitet.

A)	Bauvorhaben/ Bauherr:	....
	Ort:	....
	Zeitraum	....

B) ERMITTLUNG DER HANDWERKSSPANNE (Deckungsbeitrag)

RECHNUNGSBETRAG/ BETRIEBSLEISTUNG (ohne Mehrwertsteuer)   DM ....

abzüglich

1. WARENKOSTEN: DM ....
   - Materialkosten lt. Rechnung; Menge evtl. lt. Lieferschein; Nägel und Schrauben, wenn nicht besonders erfaßt, pauschaliert

2. BAUSTELLENLOHN   DM ....
   (Lohnanspruch):
   - ausschließlich produktiver Lohn

3. SOZIALKOSTEN   DM ....
   (lohngebundene Kosten):
   - Lohnnebenkosten, auch Lohnzusatzkosten genannt. Wenn eine betriebsspezifische Ermittlung fehlt, empfiehlt sich z. Zt. eine Pauschale von 90 bis 95%

4. FREMDLEISTUNGEN/   DM ....
   UNTERAKKORDANTEN:
   - Fremdleistungen sind Werkleistungen eines Dritten mit Materialgestellung, z. B. Isolierer, Treppenbauer. Unterakkordanten sind Nachunternehmer, z. B. aushelfende Kollegen, wobei das Material gestellt wird.

SUMME   DM ....   DM ....
(vom Rechnungsbetrag abziehen):
= DECKUNGSBEITRAG   DM ....

= HANDWERKSSPANNE   ....%

Ergebnisrechnung

10.5 Betriebsvergleich

Um den Stand des eigenen Betriebes noch besser beurteilen zu können, wäre der Vergleich mit anderen Betrieben anzustreben. Leider ist es schwer möglich, Vergleichszahlen zu gewinnen, da sich die meisten Betriebe weigern, ihre Ergebnisse darzulegen.

Trotzdem haben Verbände immer wieder betriebliche Daten sammeln können. Einige der daraus entstandenen Ergebnisse sind sehr informativ und sollen nachstehend dargestellt werden.

Soll-Vorgaben der Ergebnisplanung (1997)

Betriebsgröße	Meister und 3 Arbeiter	Meister und 7 Arbeiter	Betrieb mit 20 Arbeitern
Geplante Betriebsleistung	DM 600.000,00 bis 700.000,00	DM 1.300.000,00 bis 1.500.000,00	DM 3.500.000,00 bis 4.000.000,00
Geplantes Betriebsergebnis einschl. Unternehmerlohn	70.000,00 bis 120.000,00	120.000,00 bis 170.000,00	200.000,00 bis 260.000,00
Geplante Handwerksspanne	32 – 38%	30 – 32%	27 – 29%

Man hat daraus entnommen, daß der Deckungsbeitrag bei kleinen Betrieben prozentual größer sein muß als bei großen Betrieben.

ERGEBNIS-RECHNUNG	BETRIEB A MEISTER und 3 ARBEITER			BETRIEB B MEISTER und 7 ARBEITER			BETRIEB C BETRIEB mit 20 ARBEITERN		
	DM	DM	%	DM	DM	%	DM	DM	%
BETRIEBS-LEISTUNG – ohne MwSt. –		660.999	100,0		1.333.210	100,0		3.768.940	100,0
./. 1. MATERIAL-KOSTEN	251.460			550.200			1.520.000		
./. 2. BAUSTEL-LENLOHN	124.320			270.100			740.000		
./. 3. SOZIAL-KOSTEN (ca. 95% aus Pos. 2)	118.104			256.600			704.000		
./. 4. FREMD-LEISTUNGEN	2.526			3.000			22.000		
Summe:		490.410	75,1		1.079.900	81		2.985.000	79,2
= DECKUNGS-BEITRAG = HANDWERKS-SPANNE		164.589	24,9		253.310	19		783.940	20,8
./. ALLGEMEINE GESCHÄFTS-KOSTEN		156.224			271.380			824.000	
= Steuerl. Ergebnis Gewinn/Verlust	+	8.365	1,3	./.	18.070	1,4	./.	40.060	1,1

ERGEBNIS-RECHNUNG	BETRIEB D MEISTER und 3 ARBEITER			BETRIEB E MEISTER und 7 ARBEITER			BETRIEB F BETRIEB mit 20 ARBEITERN		
	DM	DM	%	DM	DM	%	DM	DM	%
BETRIEBS-LEISTUNG – ohne MwSt. –		785.800	100,0		1.613.000	100,0		4.248.000	100,0
./. 1. MATERIAL-KOSTEN	264.000			582.000			1.580.000		
./. 2. BAUSTEL-LENLOHN	136.000			280.000			755.000		
./. 3. SOZIAL-KOSTEN (ca. 95% aus Pos. 2)	129.000			266.000			717.000		
./. 4. FREMD-LEISTUNGEN	3.000			4.000			28.000		
Summe:		532.000	67,7		1.132.000	70,2		3.080.000	72,5
= DECKUNGS-BEITRAG = HANDWERKS-SPANNE		253.800	32,3		481.000	29,8		1.168.000	27,5
./. ALLGEMEINE GESCHÄFTS-KOSTEN		166.000			324.000			852.000	
= Steuerl. Ergebnis Gewinn/Verlust	+	87.800	11,2	+	157.000	9,7	+	316.000	7,4

Gegenüberstellung von negativen und positiven Ergebnissen bei jeweils drei Betriebsgrößen als Beispiel

10.5 Betriebsvergleich

Dem Vergleich der Betriebsleistung wurde folgende Aufstellung zugrunde gelegt:

Schema zur Erfassung von Betriebsleistungen

GRUPPE: 1 GEWERBL. ARBEITNEHMER: 0-2	
1.0 BETRIEBSLEISTUNG	DM:
abzüglich	
2.0 FERTIGUNGSKOSTEN	
2.1 Warenkosten	DM:
2.2 Fertigungslohn	DM:
2.3 Lohnzusatzkosten	DM:
2.4 Fremdleistungen	DM:
./. Zwischensumme	DM:
= Deckungsbeitrag 1	DM:
= Spanne	
3.0 PERSONAL/Gehälter	
3.1 Geschäftsführer	DM:
3.2 Angestellte	DM:
3.3 Sonstige Löhne	DM:
4.0 MIETE (bezahlte)	DM:
5.0 ZINSEN (bezahlte)	DM:
6.0 WERBUNG	DM:
7.0 FUHRPARK/FAHRTKOSTEN	DM:
8.0 Sonstige/GWG	DM:
9.0 AfA	DM:
./. Zwischensumme	DM:
= Gewerbesteuerpfl. Ergebnis	DM:
10.0 GEWERBESTEUER	DM:
= Steuerliches Ergebnis	DM:
11.0 KALKULATORISCHE KOSTEN	
11.1 Unternehmerlohn	DM:
(s. auch evtl. 3.1)	
11.2 Kalkulatorische Miete	DM:
(s. Einzelaufstellung)	
11.3 Kalkulatorische Zinsen	DM:
./. Zwischensumme	DM:
BETRIEBSWIRTSCH. ERGEBNIS	DM:
Kosten bez. auf die Spanne	
Kosten bez. auf Fert.-Lohn	
Cash-flow[1]	DM:
in % von der Betriebsleist.	%:

[1] *Siehe Seite 294*

Aus dem Betriebsvergleich ergaben sich die Werte für das Schaubild. Außerdem zeigte der Vergleich, daß Gemeinkostensätze von 165 bis 255% realistisch waren. Die erforderliche Handwerksspanne (Deckungsbeitrag) lag zwischen 27 und 36%. Die Betriebsleistung je Arbeiter schwankte zwischen 150.000,00 und 200.000,00 DM/Jahr, kann aber auch bis zu 400.000,00 DM/Jahr erreichen.

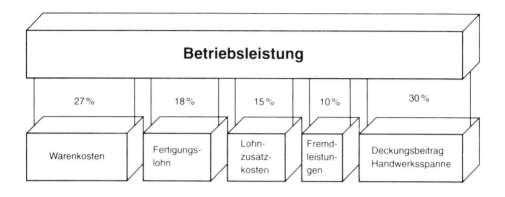

Cash-flow

Bei dem Schema zur Erfassung von Betriebsleistungen auf Seite 293 wird der Begriff »Cash-flow« verwendet. Der Cash-flow, etwa mit »Kassenzufluß« zu übersetzen, kann benutzt werden, um die Ertragskraft einer Unternehmung während eines Zeitraums, beim Betriebsvergleich das Bilanzjahr, auszudrücken.

Er kennzeichnet den aus eigener Kraft erwirtschafteten Überschuß der Einnahmen über die Ausgaben, also den Zufluß an liquiden Mitteln.

Daraus kann dann die Ertragskraft berechnet werden:

$$\text{Ertragskraft} = \frac{\text{Cash-flow} \cdot 100\%}{\text{Bauleistung}} \ (\%)$$

Damit ist eine Kennzahl gewonnen, die anzeigt, wieviel Prozent als selbsterwirtschafteter finanzieller Überschuß in der Unternehmung verblieben ist.

11 Kalkulation mit EDV-Systemen

Kann die EDV uns in der Angebotskalkulation helfen? Sicher ist sie nicht in der Lage, uns die »richtigen« Preise und damit wie ein »Zauberer« den ständigen Angebotserfolg zu liefern. Warum wird dann der Einsatz der EDV immer stärker propagiert und auch verwirklicht?

11.1 Erwartungen und Anforderungen

Wenn wir uns zunächst auf die Angebotskalkulation beschränken, so müssen wir feststellen, daß hier immer gleichartige Bearbeitungen durchzuführen sind. Wir bedienen uns dabei schon einer einfachen EDV in Form des Taschenrechners. Damit mindern wir den Zeitaufwand, können aber Rechenfehler nicht ausschließen. Könnte uns die EDV-Anlage das schematische Ausrechnen abnehmen, Änderungen vereinfachen und die ganze Kalkulationsarbeit noch beschleunigen?

Kann die EDV darüber hinaus die Berechnung der Aufmaße (Mengen) erleichtern, Angebote aufstellen und Rechnungen schreiben (Fakturierung)? Lohnabrechnungen und die gesamte Buchführung durchführen? Nachkalkulationen aufstellen? Die Lagerhaltung überwachen und aufzeichnen? All das ist möglich. Aber was benötigen wir dazu?

11.2 Begriffe

EDV ist die Abkürzung für »Elektronische Daten-Verarbeitung«. Man versteht darunter alles, was im weitesten Sinn mit Computern zu tun hat. »Computer« bedeutete ursprünglich soviel wie »Berechner«. Heute bezeichnet man damit Geräte, die in der Lage sind, Rechenvorgänge und Textverarbeitung nach vorher festgelegten Anweisungen, die man »Programm« nennt, auszuführen.

Hardware und Software

Im Vergleich mit einem Menschen entspräche die Hardware dem menschlichen Körper, den man anfassen und sehen kann, der physisch vorhanden ist. Die Software entspricht dem geistigen Bereich mit seinen Gehirnvorgängen, den man nicht sehen oder anfassen kann, der aber trotzdem vorhanden und notwendig ist.

Grundsätzlich kann ein Computer (Hardware) zunächst einmal nichts. Er kann nicht wie ein Mensch denken und entscheiden. Erst mit einem Programm (Software) ist er in der Lage, Leistungen zu vollbringen.

Hardware

Das erste Gerät, das man als Computer bezeichnen kann, wurde vor genau 60 Jahren konstruiert. Während man in der Zeit von etwa 1950 bis 1975 Großrechner baute, deren Erwerb nur großen Unternehmen möglich war, werden jetzt die Datenverarbeitungsanlagen immer kleiner, leistungsfähiger und preisgünstiger. Ein Personal-Computer (PC) mit Bildschirm und Drucker ist heute schon für 2.500,00 bis 3.500,00 DM zu erhalten. Somit ist auch kleineren Betrieben die Anschaffung möglich. Wenn heute etwa 150 Hersteller ca. 300 verschiedene Computermodelle anbieten, dürfte sich für jeden Bedarf eine Anlage finden lassen.

Software

Es wurden verschiedene Unternehmen gegründet, die sich auf die Herstellung von Software spezialisierten. Sie bieten sogenannte Branchenprogrammpakete an. Meist handelt es sich dabei nur um Teillösungen. Ein Programm für die Kalkulation und die Angebotsbearbeitung stellt noch längst kein komplettes Branchenpaket dar, welches in der Lage wäre, Lagerhaltung, Fakturierung, Lohnabrechnung usw. mit zu bearbeiten. Auch sind diese Pakete nicht einfach für jeden Betrieb einsatzfähig. Oft können sie nur als Grundkonzepte angesehen werden, die noch erweitert oder speziell ausgerichtet werden müssen. Die Kosten dafür betragen dann für die vollständige Software oft ein Vielfaches dessen, was für die Hardware aufzubringen war.

11.3 Programmierbare Taschenrechner

Nachdem als erstes große Rechner eingesetzt waren, kamen etwa 1965 die Taschenrechner. Diese wurden bald zu programmierbaren Rechnern weiterentwickelt. Auch heute haben sie ihren Platz dort, wo man an jedem beliebigen Ort programmiert rechnen will. Sie haben aber nicht die Möglichkeit, ein übersichtliches Bild zu liefern oder einen guten Ausdruck auszuführen.

Programmierbare Taschenrechner werden derzeit schon ab ca. 100,00 DM angeboten. Ein Nachteil der Taschenrechner ist, daß die Eingabewerte und die Ergebnisse im Anzeigefeld erscheinen und beim Weiterrechnen gelöscht werden. Man kann später nicht mehr kontrollieren, weder eingegebene Werte noch die Ursachen von fehlerhaft erscheinenden Resultaten. Erst mit der Möglichkeit, Drucker anzuschließen, hat man alle Rechenwerte ständig in seinen Unterlagen bereit.

11.3 Programmierbare Taschenrechner

Ausschnitt aus dem Kalkulationsprogramm des programmierbaren Taschenrechners TI-59 von Texas Instruments

```
051  91 R/S      101  00  0
052  55  ÷       102  65  ×
053  01  1       103  43 RCL
054  00  0       104  00  00
055  00  0       105  95  =
056  65  ×       106  44 SUM
057  43 RCL      107  00  00
058  00  00      108  99 PRT
059  95  =       109  43 RCL
060  94 +/-      110  06  06
061  44 SUM      111  44 SUM
062  00  00      112  00  00
063  99 PRT      113  43 RCL
064  43 RCL      114  00  00
065  00  00      115  99 PRT
066  99 PRT      116  91 R/S
067  91 R/S      117  44 SUM
068  44 SUM      118  00  00
069  00  00      119  99 PRT
070  99 PRT      120  91 R/S
071  91 R/S      121  44 SUM
072  44 SUM      122  00  00
073  00  00      123  99 PRT
074  99 PRT      124  91 R/S
075  43 RCL      125  44 SUM
076  00  00      126  00  00
077  99 PRT      127  99 PRT
078  91 R/S      128  91 R/S
079  55  ÷       129  44 SUM
080  01  1       130  00  00
081  00  0       131  99 PRT
082  00  0       132  43 RCL
083  65  ×       133  00  00
084  43 RCL      134  99 PRT
085  00  00      135  91 R/S
086  95  =       136  55  ÷
087  44 SUM      137  01  1
088  00  00      138  00  0
089  99 PRT      139  00  0
090  43 RCL      140  65  ×
091  00  00      141  43 RCL
092  99 PRT      142  00  00
093  91 R/S      143  95  =
094  42 STO      144  44 SUM
095  06  06      145  00  00
096  99 PRT      146  99 PRT
097  91 R/S      147  91 R/S
098  55  ÷       148  76 LBL
099  01  1       149  16  A'
100  00  0       150  71 SBR
```

Man kann sich alles, was im Anzeigefeld erscheint, ausdrukken lassen. Sogar ein Text kann kommentierend zugefügt werden.

Programmierbare Taschenrechner mit der Möglichkeit, einen Drucker anzuschließen, sind am Markt für ca. 300,00 bis 1.000,00 DM erhältlich. Der Drucker kostet 600,00 bis 1.200,00 DM. Rechner und Drucker sind auch als Kompaktanlage in einem Gehäuse zusammengefaßt erhältlich.

```
MATERIALKOSTEN
        32.50
        -2.60
        29.90
         0.30
         2.20
        32.40
         1.62
        34.02
         1.10
         1.02
        36.14
         2.00
         0.55
         3.05
         0.00
        41.74
         2.50
        44.25    Σ
LOHNKOSTEN
        30.01
         5.46
         0.00
         3.55
        39.01
        68.27
       107.29
         7.51
       114.80    Σ
SONSTIGES
         2.43
         0.00
         0.00
         2.43
         0.12
         2.55    Σ
ANGEBOTSPREIS
       161.60    Σ
```

Ausgedruckte Kalkulation auf dem TI-59

Der Ausschnitt aus dem Programm zeigt, daß eine nicht einfache Programmierarbeit zu erbringen ist. Der Umgang mit dem Programm ist dann aber auch nicht ohne ständige Übung möglich, da der Rechner uns nicht sagt, was zu tun ist. Die PCs können das. Und deshalb wird ein Handwerker den vielseitiger nutzbaren Personal-Computer bevorzugen.

11.4 Personal-Computer

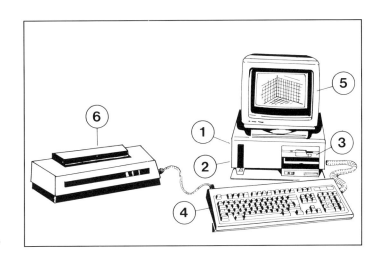

Personal-Computer

Bestandteile

Die wesentlichen Bestandteile eines PC sind:

① *Mikroprozessor* = Recheneinheit = Zentraleinheit
steuert den Ablauf und ist für die Geschwindigkeit verantwortlich. Kennzeichen dafür ist die Angabe in MHz. Prozessoren mit 50 oder 66 MHz werden heute von Geräten mit 100 bis 200 MHz abgelöst.

② *Speicher* sind für die Menge der verarbeitbaren Programme und Daten ausschlaggebend. Man unterscheidet:
– Interne Speicher (Magnetplatten) als Arbeitsspeicher mit 8 MB, besser 16 oder 32 MB und als Festplatte mit 250 MB bis 5 GB.
– Externe Speicher (Disketten, Disc CD)

③ *Laufwerk* für Disketten 3 ½ "
CD ROM

④ *Tastatur und Mouse* zur Eingabe von Befehlen, Buchstaben und Zahlen
Scanner werden zur Eingabe von geschriebenen Texten und von vorhandenen Zeichnungen verwendet.

⑤ *Monitor* als Ausgabegerät, welches die Vorgänge, abgespeicherte Daten und die Arbeitsergebnisse sichtbar macht.

⑥ *Drucker* als Ausgabegerät der Massenberechnung, des Angebotes, des Briefes usw.
Plotter als Ausgabegerät (Drucker) von Zeichnungen

Betriebssysteme Jeder Computer hat ein internes Betriebssystem. Die Firma IBM entwickelte bahnweisend das System PC-DOS, das von vielen Herstellern unter dem Namen MS-DOS übernommen wurde. Man legt Wert auf IBM-Kompatibilität. Das bedeutet, daß die Programme bei allen diesen Rechnern einsetzbar bzw. austauschbar sind. Heute spielt Microsoft eine große Rolle.

Programmiersprachen Zur Vereinfachung der Anweisungen an den Computer wurden Programmiersprachen wie Fortran, Basic, Pascal usw. entwickelt. Es wurde damit auch erreicht, daß man mit dem PC im Dialog, also im gegenseitigen »Gespräch«, arbeiten kann.

Datenträger Die Entwicklung ging von Lochkarten, Lochstreifen, Magnetbändern (Kassettenrecorder) zu den Disketten mit 5 1/4" oder 3 1/2" Durchmesser. Eine noch größere Aufnahme von Daten ermöglichen Laserplatten, deren Anwendung aber nicht so vielfältig ist wie die der Disketten.

11.5 Kalkulationsprogramm

Wenn wir die Kalkulation der Übungsbeispiele betrachten, so könnte man doch fragen, ob ein Vergleich mit der EDV-Kalkulation möglich ist. Wir wollen diesen Vergleich probieren:

Wir benötigten zur Berechnung der Angebotspreise neben dem Kalkulationsschema in Kap. 8 die Kap. 5 (Material), Kap. 6 (Geräte), Kap. 7 (Lohn) und einige Abschnitte des Kap. 8 (Betriebskosten, Gemeinkosten). Wir könnten alle die genannten Kapitel, die zur Kalkulation erforderlich sind, je in einem Ordner abheften und in einen Schrank stellen.

11.5 Kalkulationsprogramm

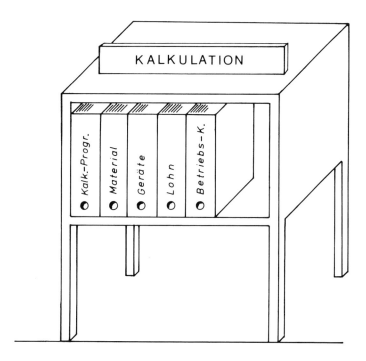

In der EDV haben wir auch so etwas wie Ordner. Diese sind jedoch auf der Diskette oder auf der Festplatte unterzubringen, winzig klein und nicht sichtbar. Die Software (Programm) muß den PC veranlassen, uns diese »Ordner« auf dem Bildschirm zu zeigen. Dazu werden im Programm Masken (Menüs) angelegt. Wenn wir dann das Kalkulationsprogramm einschalten (abrufen), so erscheint auf dem Bildschirm die Maske mit dem Inhalt, der hier mit den Ordnern vergleichbar ist.

Maske: Kalkulation

Die einzelnen Ordner (Dateien) können unterteilt sein. Greifen wir uns die Datei (Stammdaten) Lohn heraus, so erscheint im Bildschirm der Inhalt

Maske: Lohn

11.5 Kalkulationsprogramm

In gleicher Weise sind die Stammdaten für Material, Geräte und Betriebskosten abrufbar. Wir können uns dann im Bildschirm die »Preislisten«, »Gerätelisten« usw. ansehen.

```
5300 KSV   DF 240/115/ 52 St 0,51
5301 KSV   NF 240/115/ 72 St 0,43
5302 KSV  2DF 240/115/113 St 0,53
5303 KSV  3DF 240/175/113 St 0,80
5304 KSV  4DF 240/240/113 St 1,17
5305 KSV  5DF 300/240/113 St 1,13
5306 KSL
. . .
. . .
. . .
```

Material-Datei

```
110 Kran, Liebh. 45 A65   Std. 95,00
                                00
111                             00
                                00
111                             00
                                00
111                             00
                                00
111                             00
                                00
111                             00
                                00
111                             00
000                             00
```

Geräte-Datei

Die für unsere Kalkulation zutreffenden Materialien, Geräte und Löhne können wir auswählen und direkt in das Kalkulationsprogramm überführen. Dort wird die Berechnung automatisch vollzogen.

```
Material   ............ %   ................
Geräte     ............... Std. ............
Lohn       ................... ML ...............
Angebotspreis
```

Kalkulationsprogramm

Der im Kalkulationsprogramm vorgegebene Weg wird mit den von uns eingegebenen Werten (Daten) schnell, sicher, ohne Rechenfehler, durchgeführt.

11.6 Verknüpftes Maurerprogramm

Ein PC kann aber viel mehr als nur kalkulieren. Und ein Maurermeister hat für seinen PC viel mehr Aufgaben.

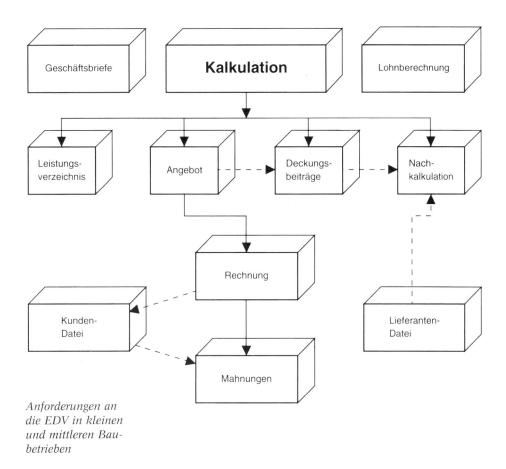

Anforderungen an die EDV in kleinen und mittleren Baubetrieben

Von der Kalkulation ausgehend müssen Angebote erstellt werden. Eine Erfolgskontrolle muß durchgeführt, Rechnungen und Geschäftsbriefe müssen geschrieben werden. Alles das kann man den PC machen lassen, wenn man ihm das richtige Programm eingibt.

Jetzt muß die Software erweitert werden. Es muß also, um beim Vergleich zu bleiben, ein größerer »Schrank« angeschafft werden. Darin sind mehrere Fächer für die jeweiligen Ordner angelegt. Das kann beispielsweise wie in der Abbildung aussehen.

Wenn wir das wieder auf die EDV beziehen, so werden wir auf dem Bildschirm den »Schrankinhalt« aufgelistet sehen. Wir können die gewünschten Bereiche auswählen und mit ihnen weiterarbeiten.

Inhalt eines verknüpften Programms

Jedes Programm wird diese »Schrankfächer mit Ordnern« etwas anders gestalten. Wir wollen uns das an den drei nachfolgenden Beispielen ansehen. Die Programme sind einer Übersicht über Software-Hersteller und ihre Programme entnommen, die beim Zentralverband des Deutschen Baugewerbes, Godesberger Allee 99, 53175 Bonn, erhältlich ist.

11.7 Beispiel VISI-BAU

Eine von einem Maurermeister geführte Bauunternehmung, die Francavilla-GmbH, arbeitet schon lange mit dem VISI-BAU-Programm. Unser Beispiel der Kalkulation für ein Ferienhaus (Abschnitt 8.10) soll nachstehend in der Bearbeitung mit diesem verknüpften Programm kalkuliert und weiter bearbeitet werden.

Nach Anlegen der Projektleitdaten wird der Bereich »Mittellohn« und »Verrechnungssatz« aufgerufen. Mit den einzugebenden Werten werden Mittellohn und Verrechnungssatz ermittelt.

Allgemeines	Zuschlags-Kalk.	Endsummen-Kalk.	Textpassagen

Anz.	Tarifgruppe		Lohn	Betrag			
( )	Polier	–	0,00	0,00	Durchschn. Stundenlohn (Ø)	$\dfrac{167,68}{7,0}$	= 23,95
( )	Werkpolier	I	0,00	0,00			
1	Vorarb.	II/2	29,03	29,03	Betriebl. Stammarb.- Zulage	$\dfrac{3 * 0,45}{7,0}$	= 0,26
2	Sp-Fach.	III/2	25,26	50,52			
	geh.Fach.	IV/2	0,00	0,00	Außertarifliche Zulagen		= 0,12
1	geh.Fach.	IV/4	23,18	23,18			
	Facharb.	V/2	0,00	0,00	Über- std- Zuschlag	(41 – 39) * 0,25 * Ø 41	= 0,29
3	Fachwerk.	VI	21,65	64,65			
7,0	Arbeiter (o. Aufsicht)			167,68			
Mit dem ermittelten Kalkulationslohn wird jeder kalkulierte Zeitansatz multipliziert. (siehe Zulagen auf ML)					Vermögensbildung		= 0,25
					Mittellohn A bzw. AP		24,87

Projekte. Mittellohn ermitteln   22 68 SCHREIBEN

Allgemeines	Zuschlags-Kalk.	Endsummen-Kalk.	Textpassagen
Interne Schalter Mengen-Schalter	W&G-Vorschläge	BGK verteilen AGK verteilen	Anschreiben Vorspann

	%	DM
Ermittlung des Verrechnungsbetrages für den Mittellohn		
Betrieblicher Mittel-Lohn (s.a. dort) Mittellohn AP		24,87
Lohngebundene Kosten Sozialkosten	96	23,87
Lohnnebenkosten +	5,00	1,24
Lohnabhängige Kosten Mittellohn APSL =	101,00	25,11
Betriebsgemeinkosten (sind evtl. in Endsumme doppelt!) +	93,90	23,35
Gesamtzuschlag auf den betrieblichen Mittel-Lohn =	194,90	48,46
Kalkulationslohn (Verrechnungsgrundlage für den Stundensatz)		73,33
Eventuelle Korrektur des Betrages (überschreibt obere Zeile)		

Projekte. Verrechnungsbetrag   22 70 SCHREIBEN

11.7 Beispiel VISI-BAU

Stammdaten stehen bereit, aus denen Unterpositionen gebildet werden können, wie der abgebildete Ausdruck zeigt.

KA	Stamm F2	#	Preis|Zeit	Ein	MenAnsatz|	en*UPosM| W&G%	BA-Schl:
FO	LKW 12 t	1	98,000	STD	0,014	0,014	7,00	1,50
FO	LKW 12 t	1	98,000	STD	0,01429	0,01429	7,00	1,50
FO	Planierraupe	1	70,600	STD	0,02857	0,02857	7,00	2,16
FO	Planierraupe	1	70,600	STD	0,04000	0,04000	7,00	3,02
ZO	Lohn	1	1,000	STD	0,05000	0,05000	7,00	3,92

KA-Beschreibung: LKW 12 t
KA-Hinweise :

Los 1
Gewerk 1   Ferienhaus Rohbauarbeiten   ^Langtext
Titel 1   Oberboden abtragen 30 cm   ^Kommentar
Pos. 1   kalkuliert ──── ermittelt ──── Einh.
                                                             geprüft M3

StLV-Nr.	OZ			
	EP	10,60	65,000	0,000 0,000
			689,00	0,00 0,00

Lose.Gewerke.Titel.Positionen.EP-Unterpos.Faktoren.kalkulieren   33 59 EINFÜGEN

Dann erfolgt die eigentliche Kalkulation, die wir hier nur an einigen Positionen zeigen wollen.

```
Liste der Kalkulation

Projekt      Betreff                                    Stand        Seite
96/215       Ferienhaus                                 17.01.97     1

OZ           Beschreibung            Menge Einh.                EP            GP

 1           Ferienhaus Rohbauarbeiten
 1           62,800 M3 Oberboden abtragen 30 cm

Unterposition: 1 Oberboden abtragen 30 cm        Dimension: M3
MengenAnsatz : 1                                 Menge: 1,000

Faktor: FO LKW 12 t         1      98,000 Ansatz: 1/70    = 0,01 W&G: 7,00      1,50 DM
Faktor: FO Planierraupe 1          70,600 Ansatz: 2/70    = 0,03 W&G: 7,00      2,16 DM
Faktor: FO Planierraupe 1          70,600 Ansatz: 0,04    = 0,04 W&G: 7,00      3,02 DM
Faktor: ZO Lohn             1       1,000 Ansatz: 0,05    = 0,05 W&G: 7,00      3,92 DM

POSITIONS-SUMME:                                                 10,60 DM     665,68 DM
```

11.7 Beispiel VISI-BAU

```
 2       38,600 M3 Boden der Kl. 4 Streifenf. + Rohrgräben
Unterposition: 1 Boden der Kl. 4 Streifenf. + Rohrgräben
                                              Dimension: M3
                                              Menge: 1,000
Faktor: FO Bagger    1  1,00 Ansatz: 98/40       =  2,45 W&G: 7,00      2,62 DM
Faktor: FO Bagger    1  1,00 Ansatz: 1*17,1/40   =  0,43 W&G: 7,00      0,46 DM
Faktor: FO Bagger    1  1,00 Ansatz: 0,65*17,1   = 11,12 W&G: 7,00     11,89 DM
Faktor: ZO Lohn      1  1,000 Ansatz: 0,8        =  0,80 W&G: 7,00     62,77 DM
POSITIONS-SUMME:                                          77,74 DM   3000,76 DM

 3       11,700 M3 Rohrleitungsg. verfül. mit Pos. 2 + einsand.
Unterposition: 1 Rohrleitungsg. verfül. mit Pos. 2 + einsand.
                                              Dimension: M3
                                              Menge: 1,000
MengenAnsatz : 1
Faktor: MO Sand      1 45,75 Ansatz: 0,1/0,5*1,8 =  0,36 W&G: 7,00     17,62 DM
Faktor: ZO Lohn      1  1,000 Ansatz: 1,5        =  1,50 W&G: 7,00    117,69 DM
POSITIONS-SUMME:                                         135,31 DM   1583,13 DM

 4.a     30,000 LFM Steinzeugrohre DN 100
Unterposition: 1 Steinzeugrohre DN 100
                                              Dimension: LFM
                                              Menge: 1,000
MengenAnsatz : 1
Faktor: FO Anfuhr    1  0,15 Ansatz: 1           =  1,00 W&G: 7,00      0,16 DM
Faktor: MO Steinzeug100 1 24,09 Ansatz: 1/1,25*1,04 = 0,83 W&G: 7,00   21,45 DM
Faktor: ZO Lohn      1  1,000 Ansatz: 0,31       =  0,31 W&G: 7,00     24,32 DM
POSITIONS-SUMME:                                                     5249,57 DM
```

```
11      138,100 M2 Stahlbetondecke 18 cm
Unterposition: 1 Stahlbetondecke 18 cm           Dimension: M2
MengenAnsatz : 1                                 Menge: 1,000
Faktor: MO Beton B25 1        152,07 Ansatz: 0,18*1,01  = 0,18 W&G: 7,00    29,58 DM
Faktor: MO Betonfracht1        22,20 Ansatz: 1,01*0,18  = 0,18 W&G: 7,00     4,32 DM
Faktor: MO Deckenschalu         3,84 Ansatz: 1          = 1,00 W&G: 7,00     4,11 DM
Faktor: ZO Lohn                1,000 Ansatz: 1,07       = 1,07 W&G: 7,00    83,96 DM
POSITIONS-SUMME:                                         121,97 DM       16844,06 DM
-------------------------------------------------------------------------------------
12       36,500 M3 Mauerwerk d. Außenwände 30 cm
Unterposition: 1 Mauerwerk d. Außenwände 30 cm   Dimension: M3
MengenAnsatz : 1                                 Menge: 1,000
Faktor: MO H1Z W12-0,8        146,09 Ansatz: 1,03       = 1,03 W&G: 7,00   161,01 DM
Faktor: MO Ziegelanfuhr        14,85 Ansatz: 1,03       = 1,03 W&G: 7,00    16,37 DM
Faktor: MO Mörtel             155,63 Ansatz: 166/1000   = 0,17 W&G: 7,00    27,64 DM
Faktor: ZO Lohn                1,000 Ansatz: 3,87       = 3,87 W&G: 7,00   303,65 DM
POSITIONS-SUMME:                                         508,67 DM       18566,46 DM
```

11.7 Beispiel VISI-BAU

```
  13       49,17 M2 Mauerwerk 24 cm 12-1,0 2DF
Unterposition: 1 Mauerwerk 24 cm 12-1.0 2DF         Dimension: M2
MengenAnsatz: 1                                     Menge: 1,000
Faktor: MO Mauerziel12/1   35,56 Ansatz: 1,03    = 1,03 W&G: 7,00     39,19 DM
Faktor: MO Ziegelanfuh1     4,27 Ansatz: 1,03    = 1,03 W&G: 7,00      4,71 DM
Faktor: MO Mörtel          37,35 Ansatz: 230/1000 = 0,23 W&G: 7,00     9,19 DM
Faktor: ZO Lohn             0,240 Ansatz: 5,67   = 5,67 W&G: 7,00    106,77 DM
POSITIONS-SUMME:                                     159,86 DM       7860,10 DM

  14      57,300 M2 Hlz 11.5 Mauerwerk
Unterposition: 1 Hlz 11.5 Mauerwerk                 Dimension: M2
MengenAnsatz: 1                                     Menge: 1,000
Faktor: MO HlZ_2-1 2DF     17,76 Ansatz: 1,03    = 1,03 W&G: 7,00     19,57 DM
Faktor: MO Ziegelanfuh2     1,33 Ansatz: 1,03    = 1,03 W&G: 7,00      1,47 DM
Faktor: MO Mörtel         155,63 Ansatz: 20/1000 = 0,02 W&G: 7,00      3,33 DM
Faktor: ZO Lohn             1,000 Ansatz: 0,9    = 0,90 W&G: 7,00     70,62 DM
POSITIONS-SUMME:                                      94,99 DM       5442,93 DM
```

```
 18      926,000 KG Betonstahl IV M            Dimension: KG
Unterposition: 1 Betonstahl IV M              Menge: 1,000
MengenAnsatz: 1
Faktor: MO BaustahlIVm    1,17 Ansatz: 1,10   = 1,10 W&G: 7,00      1,38 DM
Faktor: MO Stahlanfuhr    0,03 Ansatz: 1      = 1,00 W&G: 7,00      0,03 DM
Faktor: ZO Lohn           1,000 Ansatz: 0,018 = 0,02 W&G: 7,00      1,41 DM
POSITIONS-SUMME:                                2,82 DM          2611,32 DM
-------------------------------------------------------------------------------
 19     14,400 LFM Rolladenkästen             Dimension: LFM
Unterposition: 1 Rolladenkästen               Menge: 1,000
MengenAnsatz: 1
Faktor: MO Rolladenkäst   91,02 Ansatz: 1     = 1,00 W&G: 7,00     97,39 DM
Faktor: ZO Lohn           1,000 Ansatz: 0,40  = 0,40 W&G: 7,00     31,39 DM
POSITIONS-SUMME:                              128,78 DM          1854,43 DM
-------------------------------------------------------------------------------
TITEL-SUMME:                                                    80432,48 DM
GESAMT-SUMME:                                                   80432,48 DM
```

11.7 Beispiel VISI-BAU

Das Angebot wird aus den kalkulierten Werten zusammengesetzt.

BIAGIO FRANCAVILLA - BAUUNTERNEHMUNG GmbH
7700 Singen 18 Burgvogtstr. 1 Tel. 07731-43790 + 48780 Telefax 44218

Herrn
Günter D
Lindauerstr.

7750 Konstanz

Datum: 17.01.97
Angebot-Nr.:   96/215
Seite: 1

Angebot
für Bauvorhaben
Ferienhaus Dr. Ing. D

Sehr geehrter Herr D

Unser Angebot wurde mit Hilfe einer EDV-Anlage kalkuliert.
Deshalb erhalten Sie das Leistungsverzeichnis nur mit
Kurztexten zurück.
Vertragsgrundlage bleiben Ihre Langtexte, wie im Leistungs-
verzeichnis beschrieben.

TITEL 1: FERIENHAUS ROHBAUARBEITEN

1	Oberboden abtragen 30 cm		
	62,800 M3	10,60	665,68
2	Boden der Kl. 4 Streifenf.+Rohrgräben		
	38,600 M3	77,74	3.000,76
3	Rohrleitungsg. verfül. mit Pos.2 + einsand.		
	11,700 M3	135,31	1.583,13
4.a	Steinzeugrohre DN 100		
	30,000 LFM	45,93	1.377,90
4.b	Steinzeugrohre DN 125		
	15,000 LFM	57,08	856,20

Übertrag:

BIAGIO FRANCAVILLA – BAUUNTERNEHMUNG GmbH
7700 Singen 18 Burgvogtstr. 1 Tel. 07731-43790 + 48780 Telefax 44218

Angebot-Nr.: 96/215
Ferienhaus   Seite:

OZ	Beschreibung	Menge Einh.	EP	in DM GP
		Übertrag:		
5.a	Bogen DN 100	4,000 STK	53,07	212,28
5.b	Bogen DN 125	2,000 STK	58,03	116,06
5.c	Abzweig 100/125	2,000 STK	85,07	170,14
6	Fundamentschalung	42,800 M2	43,51	1.862,23
7	Streifenfundamente B 15	20,900 M3	230,14	4.809,93
8	Kiesschüttung 30 cm	33,800 M3	119,53	4.040,11
9	PE-Folie	120,000 M2	2,32	278,40
10	Bodenplatte B25 12 cm	118,66 M2	36,51	4.332,28
11	Stahlbetondecke 18 cm	138,100 M2	121,97	16.844,06
12	Mauerwerk d. Außenwände 30 cm	36,500 M3	508,67	18.566,46
13	Mauerwerk 24 cm 12-1.0 2DF	49,17 M2	159,86	7.860,10
14	Hlz 11.5 Mauerwerk	57,300 M2	94,99	5.442,93
15.a	Bitumenpappe 30 cm	44,000 LFM	3,88	170,72

– – – – – – – – – – – – – – –
Übertrag:

BIAGIO FRANCAVILLA – BAUUNTERNEHMUNG GmbH
7700 Singen 18 Burgvogtstr. 1 Tel. 07731-43790 + 48780 Telefax 44218

Angebot-Nr.: 96/215
Ferienhaus D   Seite:

OZ	Beschreibung	Menge Einh.	EP	in DM	GP
		Übertrag:			
15.b	Bitumenpappe 24 cm				
		15,000 LFM	3,72	55,80	
15.c	Bitumenpappe 11,5 cm				
		10,000 LFM	2,66	26,60	
16	Stahlbetonstütze B25				
		0,860 M3	2.321,07	1.996,12	
17	Betonstahl IV S				
		468,000 KG	3,63	1.698,84	
18	Betonstahl IV M				
		926,000 KG	2,82	2.611,32	
19	Rolladenkästen				
		14,400 LFM	128,78	1.854,43	
		Summe der Titel		80.432,48	
		Netto-Summe		80.432,48	
		+ 15,00% MwSt		12.064,87	
		Brutto-Summe		92.497,35	

Eine Materialliste kann zur Arbeitsvorbereitung ausgedruckt werden.

BESTELLUNG Ferienhaus D				
Bestell-Nr.	Artikel-Bezeichn.	Menge Ein.	EP-DM	GP-DM
Abzwe100/125	Abzweig 100/12	2,000 STK	63,05	126,10
BaustahlIVS	Baustahl IV S	468,000 KG	1,38	645,84
BaustahlIVM	Baustahl IV M	1018,600 KG	1,17	1191,76
Beton B15	Beton B15	21,945 M3	133,76	2935,36
Beton B25	Beton B25 frei	14,342 M3	146,85	2106,12
Beton B25 1	Beton B25	26,010 M3	152,07	3955,34
Bitumenpa11	Bitumenpappe 1	10,300 LFM	0,28	2,88
Bitumenpa24	Bitumenpappe 2	15,450 LFM	0,53	8,19
Bitumenpa30	Bitumenpappe 3	45,320 LFM	0,67	30,36
Bogen DN 100	Bogen DN 100	4,000 STK	31,64	126,56
Bogen DN 125	Bogen DN 125	2,000 STK	38,02	76,04
Deckenschalu	Deckenschalung	138,100 M2	3,84	530,30
Fundamentsch	Fundamentschal	42,800 M2	4,00	171,20
Grobkies m3	Grobkies je m3	37,180 M3	61,55	2288,43
Hlz 12-1 2DF	Hlz 12-1.0 2DF	59,019 M2	17,76	1048,18
HlZ W 12-0,8	HLZ W 12-0.8 5	37,595 M3	146,09	5492,25
Mauerzie12/1	Mauerziegel 24	12,154 M3	148,19	1801,10
Mörtel	Mörtel	9,919 M3	155,63	1543,69
PE-Folie	PE-Folie	126,000 M2	0,67	84,42
Rolladenkäst	Rolladenkästen	14,400 LFM	91,02	1310,69
Sand	Sand	4,212 TO	45,75	192,70
Steinzeug100	Steinzeugroh D	24,960 STK	24,09	601,29
Steinzeug125	Steinzeugroh D	12,480 STK	29,53	368,53
Stützenschal	Stützenschalun	0,860 M3	32,00	27,52
			Gesamtbetrag:	26664,85

11.7 Beispiel VISI-BAU

Der Baustelle können Zeitvorgaben zur Verfügung gestellt werden.

```
LISTE DER STUNDENVORGABEN
Projekt      Betreff                          Stand        Seite
96/215       Ferienhaus Dr. Ing.              17.01.97         8
-----------------------------------------------------------------
      Kürzel            Menge    EIN    Einz. Std.    Ges.Stunden
-----------------------------------------------------------------


+---------------------------------------------------------------+
|12.               Mauerwerk d. Außenwände 30 cm                |
+---------------------------------------------------------------+
|1 Mauerwerk d. Außenwände 30 cm                                |
|     1                                                 M3 / M3 |
|Lohn              141,255 STD     1,000           141,26 STD   |
+---------------------------------------------------------------+
|                                                               |
|                                                               |
|                                                               |
|                                                               |
+---------------------------------------------------------------+
|    36,500 M3 erg. Std. in Pos. 12.               141,26 STD   |
+---------------------------------------------------------------+
|Das ergibt einen Zeitbedarf von                   3,87 STD/M3  |
|                                                  ========     |
+---------------------------------------------------------------+



+---------------------------------------------------------------+
|13.               Mauerwerk 24 cm 12-1.0 2DF                   |
+---------------------------------------------------------------+
|1 Mauerwerk 24 cm 12-1.0 2DF                                   |
|     1                                                 M3 / M3 |
|Lohn               66,906 STD     1,000            66,91 STD   |
+---------------------------------------------------------------+
|                                                               |
|                                                               |
|                                                               |
|                                                               |
+---------------------------------------------------------------+
|    49,17 M2 erg. Std. in Pos. 13.                 66,91 STD   |
+---------------------------------------------------------------+
|Das ergibt einen Zeitbedarf von                   5,67 STD/M3  |
|                                                  ========     |
+---------------------------------------------------------------+
```

Eine Nachkalkulation (Soll-Ist-Vergleich) für unser Beispiel »Ferienhaus« kann, wie auszugsweise dargestellt, durchgeführt werden. Im Kap. 10 haben wir diese Berechnung herkömmlich durchgeführt. Der Prozentsatz für Gewinn wurde dort auf die Selbstkosten bezogen, hier in der EDV-Bearbeitung auf den Umsatz.

BIAGIO FRANCAVILLA - BAUUNTERNEHMUNG GmbH

7700 Singen 18　　　　Burgvogtstr. 1　　　　Tel. 07731-43790 +
48780　　　　　　　　　　　　　　　　　　　　　　Telefax 44218

==

SOLL-/IST-VERGLEICH

Betreff	Stand	Seite
Ferienhaus Dr. Ing.	10.02.97	1

Titel 1: Ferienhaus Rohbauarbeiten

==

1.　　Oberboden abtragen 30 cm

		Mengen	Kosten
Angebot: EP	10,60 DM　　Soll:	65,000 M3	689,00 DM
Rechnung	Ist:	62,800 M3	665,68 DM
	Erbracht % :	96,62 %	96,62 %
	Abweichung % :	-3,38 %	-3,38 %

Einzelkosten	Ist	SOLL	Abweichung
Stunden	3,00 Std.	3,14 Std.	-4,46 %
Lohn	220,02 DM	230,29 DM	-4,46 %
Mat./Ger./Son.	400,00 DM	391,95 DM	2,05 %
G & V: EP	0,73 DM Gesamt:	45,66 DM	6,89 %

11.7 Beispiel VISI-BAU

2. Boden der Kl. 4 Streifenf. + Rohrgräben

			Mengen	Kosten
Angebot: EP	77,75 DM	Soll:	40,000 M3	3110,00 DM
Rechnung		Ist:	38,600 M3	3001,15 DM
		Erbracht %:	96,50 %	96,50 %
		Abweichung %:	-3,50 %	-3,50 %

Einzelkosten	Ist	SOLL	Abweichung
Stunden	30,00 Std.	30,88 Std.	-2,85 %
Lohn	2200,20 DM	2264,74 DM	-2,85 %
Mat./Ger./Son.	540,00 DM	540,11 DM	-0,02 %
G & V: EP	6,76 DM	Gesamt: 260,95 DM	8,69 %

3. Rohrleitungsg. verfül. mit Pos.2 + einsand.

			Mengen	Kosten
Angebot: EP	135,33 DM	Soll:	12,000 M3	1623,96 DM
Rechnung		Ist:	11,700 M3	1583,36 DM
		Erbracht %:	97,50 %	97,50 %
		Abweichung %:	-2,50 %	-2,50 %

Einzelkosten	Ist	SOLL	Abweichung
Stunden	18,00 Std.	17,55 Std.	2,56 %
Lohn	1320,12 DM	1287,12 DM	2,56 %
Mat./Ger./Son.	210,00 DM	192,70 DM	8,98 %
G & V: EP	4,55 DM	Gesamt: 53,24 DM	3,36 %

Für das gesamte Ferienhaus ergibt sich aus den Einzelberechnungen für die Teilleistungen der Gesamtgewinn folgendermaßen:

```
SOLL-/IST-VERGLEICH
Betreff                        Stand                    Seite
Ferienhaus Dr. Ing.           10.02.97                    13

Titel 1: Ferienhaus Rohbauarbeiten
```

			Kosten
Angebot:	Soll:		81459,17 DM
Rechnung	Ist:		80438,75 DM
	Erbracht %:		98,75 %
	Abweichung %:		−1,25 %
Einzelkosten	Ist	SOLL	Abweichung
Stunden	601,00 Std.	618,74 Std.	−2,87 %
Lohn	44077,35 DM	45378,41 DM	−2,87 %
Mat./Ger./Son.	29808,21 DM	29798,97 DM	0,03 %
G & V:	Gesamt:	6553,19 DM	8,15 %

11.8 ipF-Branchenpaket

Die Software-Hersteller streben nach immer eleganteren und schnelleren Programmen, deren Handhabung immer einfacher werden soll. Farbige Felder werden angelegt, um die Übersicht zu steigern. Mit der Einblendtechnik können Dateien oder »Rechenmaschinen« eingefügt werden, die selber wieder verändert werden können und in den ursprünglichen Rechengang übernommen werden. Da sich der große Programmieraufwand nur rentiert, wenn er auf breiter Basis genutzt werden kann, ist die Anwendung für mehrere Handwerksberufe erforderlich. Hierbei ist es wichtig, daß der Zuschnitt auf jeden Beruf gegeben ist. Wenn der Benutzer selbst berufsspezifische Bereiche anlegen müßte, wäre sein Aufwand zu groß, bzw. die Anwendung gar nicht möglich.

Die ipF-GmbH bietet für viele Berufe Programme an, die sich weitgehend ähneln, aber jeweils auf das einzelne Handwerk zugeschnitten sind. Nachstehend wollen wir aus dem ganzen Branchenpaket den Bereich Hoch- und Tiefbau in kurzem Überblick darstellen. Dabei wollen wir uns auf den Bereich der Kalkulation beschränken. Eine Übersicht über Lohnberechnung und die gesamte Finanzbuchhaltung stellt die ipF auf Anforderung zur Verfügung.

Als Grundlage für die Kalkulation werden auch hier Stammdateien angelegt, wie beispielsweise die abgebildeten Material-Stammdaten.

Die Datei »Kalkulations-Katalog« enthält Aufwandswerte für Lohn, Gerät und Material.

Ein Mittellohnberechnungsbeispiel wird dargestellt.

Die Durchführung der Kalkulation wird auf zwei Positionen beschränkt.

Angebot und Rechnung werden dann mit einfachem Befehl automatisch erstellt.

Eine Erfolgskontrolle betriebswirtschaftlicher Art wird abschließend gezeigt.

```
Material-Stammdaten aus DATEI: MATERIAL-
PREISE                                              Blatt: 1
Matr.-Nr. Einh.  Materialbezeichnung    Preis-1  Preis-2  Änd.
Gruppe-O/U       Schl.---%        VP    F---Faktor Sonstig.
102010    M3     Sand                    42,08    47,04   88.08
                                  52,60
102012    M3     Kiessand 8-32           40,58    45,36   88.08
                                  50,73
102013    To     Mineralbeton II Gemisch 11,62    12,99   88.08
                                  14,53
102014    To     Schottergemisch         11,32    12,66   88.08
                                  14,15
102015    M3     Filterkies 8-16         46,09    51,52   88.08
                                  57,61
102020    Stck   Ton-Abdeckhauben         0,70     0,78   88.08
                                   1,23
102022    M1     Kabelschutzrohr NW 100,  4,91     5,49   88.08
                 ND 110            8,59
102030    M1     Steinzeugrohr NW 150    17,23    19,26   88.08
                                  34,46
102035    Stck   Steinzeugrohr-Bogen NW 150 19,84  22,18  88.08
                                  39,68
```

```
Kalkulations-Katalog                                Blatt: 3
Dim. Teilleistungsbezeichnung           Arbg-Nr.  Teilnr.
Zeitvorgaben A-C in Minuten, Stunden und DM / Einheit
Matr-Nr. Dim. Materialbezeichnung bzw. Gerät  Menge und Preis

M3   Lieferung HLZ 300/240/238                231    2786
     D = 24, Mörtel Gr. II a
     0,0 0,0   0,0 0,000 0,000 0,000    0,00   0,00  0,00
     102212 Stck HLZ 300 x 240 x 238          55,00
     102314 Ltr Mörtel IIa                   120,00
                                          Ehp.:

Kg   BSTG-Lagermatten für flächige,           260    2801
     waagerechte Bauteile verlegen
     1,2 0,0   0,0 0,020 0,000 0,000    0,00   0,00  0,00
     102405 Kg  BSTG-Lagermatten IV            1,00
                                          Ehp.:

M2   Deckenschalung bis 100 qm, mit           250    2810
     Schaltafeln herstellen
     51,0 0,0  0,0 0,850 0,000 0,000    0,00   0,00  0,00
     602010 M2  Schaltafel – Deckenschalung    1,00
                                          Ehp.:

M2   Wandschalung, H <= 3,25 m,               250    2814
     mit Komplettschalung
     48,0 0,0  0,0 0,800 0,000 0,000    0,00   0,00  0,00
     602030 M2  System-Komplettschalung, Wand  1,00
                                          Ehp.:
```

11.8 ipF-Branchenpaket

Aufteilung in		Lohn-A	Lohn-B	Lohn-C
(1) Mittellohn in DM/Std.	:	24,20	25,60	
Lohnrisikofaktor (Var.LGK)	:	1,000	1,000	
(2) Zwischenwert DM/Std.	:	24,200	25,60	
Sozialgemeinkosten %	:	96,00	96,00	
(3) Zwischenwert DM/Std.	:	47,43	50,18	
Lohn-Nebenkosten DM/Std.	:(3)	1,40	1,40	
(4) Arbeitskos. = var. Lohnkosten	:	48,83	51,58	
Sonstige Lohn-Gemeinkosten %	:(4)	19,00	8,00	
(5) Herstellkosten-Lohn DM/Std.	:	58,11	55,71	
Techn. Verwaltungskosten %	:	4,00	4,00	
Kaufm. Verwaltungskosten %	:	10,00	10,00	
(6) Selbstkosten-Lohn DM/Std.	:	66,25	63,51	
Wagnis und Gewinn %	:	5,00	5,00	
Errechneter Gesamt-Mittellohn	:	69,56	66,69	

	Var. GM	Fixe-GK	T.Verw.GK	K.Verw.GK	Wag+Gew
auf Material 1 %	2,00	1,00	4,00	7,00	5,00
auf Material 2 %	3,00	2,00	4,00	7,00	5,00
auf Rüstung, Schalung %	2,00	4,00	1,00	2,00	2,00
Auf Geräte %	1,00	4,00	3,00	2,00	5,00
auf Fremdleistung %				7,00	3,00

Sätze DM/Std.		A	B	C
Errechneter Gesamt-Mittellohn	:	69,56	66,69	
Deckungsbeitrag	:	20,73	15,10	

Faktoren	Material 1	Material 2	Rüst/Schal	Geräte	Fremdl.
Gruppenfaktor Gesamt :	1,200465	1,223775	1,113636	1,157625	1,102100
auf Fertig.-Kost. bez.:	1,020000	1,030000	1,020000	1,010000	1,000000
Deck. Beitrag auf Gr. :	0,180465	0,193775	0,093636	0,147625	0,102100
%-Deck. Beitr. auf Gr.:	15,032925	15,834202	8,408133	12,752403	9,264132

```
ipF INTEGRA Bau GmbH
4702 BV ipF. - Beispiel Hoch- und Tiefbau*****                          Blatt: 7

3 Maurerarbeiten
Titel-Nr.    Menge      Dim   Positions-
Pos-Nr.                 KZ    beschreibung           Einheits- Posit-
                                                     Preis     Preis
**  3        75,000 M3        HLZ-Mauerwerk D = 24 cm
    1                  N      liefern und herstellen
                       L =  214,74    M =  158,40    S =
                                                     373,14    27985,50
Lohn-Std.    5,160                                   5,160       387,000
Lohn-Kost.   214,74                                  214,74    16105,50
Material 1                          131,95           158,40    11880,00

T       2701    75,000 M3     Mauerwerk in HLZ 300/240/238, MG II  1,0000
                              wenig gegliedert, 10 ... 100 cbm, D = 24
        Vorg.Min: 288,0   0,0    0,0    Std:   360,0      0,00    0,00
M     102212    55,00 Stck    HLZ 300 x 240 x 238                 2,05
M     102314   120,00 Ltr     Mörtel IIa                          0,16

T       2780   180,00 M2      Zuschlag f. Arbeitsgerüst ...       2,4000
                              H = 2 ... 4 m
        Vorg.Min:   9,0   0,0    0,0    Std:    27,00      0,00    0,00
------------------------------------------------------------------------

**  3       350,000 M2        Mauerwerk aus Kalksandsteinen
    2                  N      für Zwischenwände herstellen
                       L =   47,94    M =   37,11    S =
                                                      85,05    29767,50
Lohn-Std.    1,152                                    1,152      403,200
Lohn-Kost.   47,94                                   47,94     16779,00
Material 1                           30,91           37,11     12988,50

T       2702    84,000 M3     Ziegel- +KS-Mauerwerk, 300/240/238  0,2400
                              wenig gegliedert, 10 ... 100 cbm, D = 24
        Vorg.Min: 288,0   0,0    0,0    Std:   403,20      0,00    0,00

T       2785    84,000 M3     Lieferung KSL 300/240/238           0,2400
                              D = 24, Mörtel Gr. II a
        Vorg.Min:   0,0   0,0    0,0    Std:     0,00      0,00    0,00
M     102222    60,00 Stck    KSL 300 x 240 x 238                 1,80
M     102314   130,00 Ltr     Mörtel IIa                          0,16
```

11.8 ipF-Branchenpaket

BWA - AUSWERTUNG BETRIEB: 1 ipF INTEGRA Bau GmbH
Tabelle 22

Erfolgsrechnung

	10.86 DM	%	11.86 DM	%	12.86 DM	%	1.86 - 12.86 DM	%	1.87 - 3.87 DM	%
010 Betriebsleistung	248.472	100,0	202.233	100,0	116.097	100,0	1892.868	100,0	245.397	100,0
020 + A.O. und betriebsfremder Ertrag										
090 = Gesamter Betriebsertrag	248.472	100,0	202.233	100,0	116.097	100,0	1892.868	100,0	245.397	100,0
110 - Lohn- und Gehaltskosten A,P,L	52.012	20,9	47.627	23,6	40.008	34,5	443.109	23,4	77.062	31,4
120 - Gehaltskosten Verwaltung ohne Unternehmerlohn	13.263	5,3	15.639	7,7	111.969	96,4	251.217	13,3	44.219	18,0
130 - Materialkosten	42.181	17,0	39.752	19,7	17.303	14,9	361.438	19,1	7.038	2,9
150 - Fremdleistungen	57.695	23,2	66.726	33,0	37.089	31,9	172.200	9,1	202	0,1
190 = Zwischensumme	83.321	33,5	32.489	16,1	90.272-	77,8-	664.904	35,1	116.876	47,6
210 - Sonstiger Aufwand o. AfA	11.789	4,7	10.547	5,2	35.981	31,0	205.320	10,8	25.444	10,4
230 - Kosten Verwaltung ohne Gehälter, ohne AfA	8.386	3,4	9.685	4,8	22.139	19,1	144.944	7,7	32.790	13,4
290 = Zwischensumme	63.146	25,4	12.257	6,1	148.392-	127,8-	314.640	16,6	58.642	23,9
310 - Steuerliche Abschreibung	4.000	1,6	4.000	2,0	4.000	3,4	48.000	2,5		
390 = Reingewinn	59.146	23,8	8.257	4,1	152.392-	131,3-	266.640	14,1	58.642	23,9
410 - Rückstellung, Wertberichtigung										
430 - Sonstige Abgrenzung										
440 + Sonstige Abgrenzung										
490 = Zwischensumme	59.146	23,8	8.257	4,1	152.392-	131,3-	266.640	14,1	58.642	23,9
510 - Kalk. Unternehmerlohn	1.000	0,4	1.000	0,5	1.000	0,9	12.000	0,6		
530 - Sonst. Kalk. Kosten										
600 = Betriebsergebnis	58.146	23,4	7.257	3,6	153.392-	132,1-	254.640	13,5	58.642	23,9
Betriebsergebnis:										
610 = je Mitarbeiter	3.060,32		381,95		9.023,06-		16.976,00			
620 = je prod. AN	3.876,40		453,56		10.956,57-		19.587,69			
630 = je prod. Stunde	21,65		3,60		137,69-		11,17			
660 = in % der ges. Kosten	30,55		3,72		56,92-		15,54		31,40	

11.9 Beispiel Plümecke

Die Bedeutung der EDV für die Kalkulation und die Angebotserstellung erkennt man sehr gut an der Entwicklung eines der ältesten und bekanntesten Standardwerke, »Plümecke, Preisermittlung für Bauarbeiten«, Verlagsgesellschaft Rudolf Müller. Generationen von Kalkulatoren orientierten sich oft an den umfangreichen Aufwandswerten, die für 17 verschiedene Baubereiche aufgelistet sind. Diese Listen können seit einigen Jahren auf Diskette erworben werden. Mit der seit März 1997 vorliegenden Version 3.0 ist es möglich, die Daten direkt mit der Kalkulation zu verbinden. Das fertige Angebot kann dann mittels einfachem Befehl ausgedruckt werden.

Das Programm »Plümecke – Preisermittlung für Bauarbeiten« ist auf MS-Windows aufgebaut. Nach diesem System wird heute vielfach gearbeitet, so daß die Grundkenntnisse für den Umgang mit dem Programm meistens schon vorhanden sind. Die Bedienung ist übersichtlich und schnell erlernbar.

Datenbanken

Das Programm stellt drei Datenbanken zur Verfügung:

- Zeitwerte   (Plümecke-Datenbank)
- Materialpreise (Material-Datenbank)
- Gerätekosten   (Geräte-Datenbank)

Diese Datenbanken enthalten Richtwerte über den Zeit-, Material- und Geräteaufwand. Diese Richtwerte können den jeweiligen betrieblichen Verhältnissen angepaßt und durch neue Leistungen, Materialien und Geräte ergänzt werden.

Datenbank für Zeitwerte

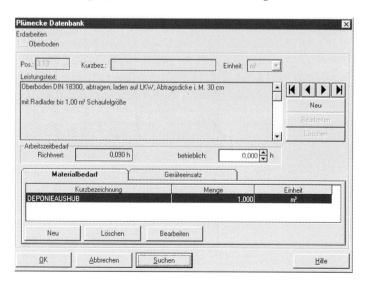

11.9 Beispiel Plümecke

Datenbank für Materialpreise

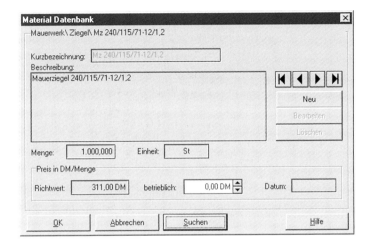

Datenbank für Gerätekosten

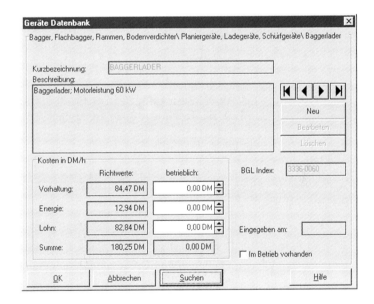

Die Suche in den Datenbanken kann auf verschiedene Arten erfolgen:

- Verzeichnisbaum
- Index
- Volltext
- Positionsnummer

Materialsuche über den Index

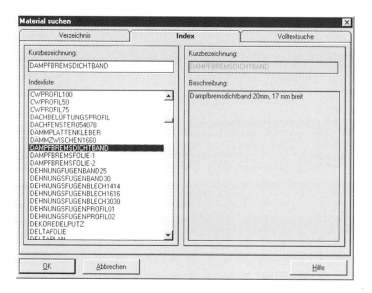

Bedienung

Das Start-Menü gibt die wichtigsten Programmfunktionen an. Diese sind außerdem über die »Werkzeugleiste« abzurufen.

Start-Menü

Aus der »Befehlsmenüleiste« werden die relevanten Untermenüs abgerufen.

Auf dem Monitor verfolgt man die tabellarische Erstellung der einzelnen Leistungspositionen mit ihren Mengen, LV-Text, Einzelkosten, Einheits- und Gesamtpreisen.

11.9 Beispiel Plümecke

**Übersicht-
LV-Positionen**

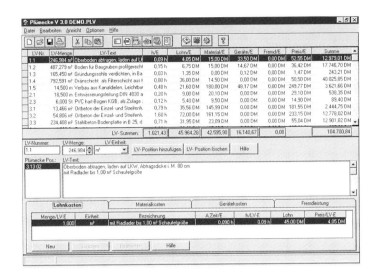

Mittellohn Für einzelne Baustellen oder für den gesamten (kleineren) Betrieb kann der Mittellohn berechnet werden.

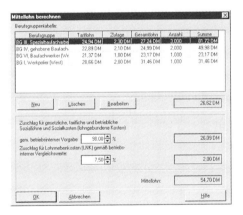

**Kalkulations-
arten** Das Programm bietet die Preisermittlung nach der Zuschlagskalkulation und nach der Endumlagekalkulation an.

**Zuschlags-
kalkulation**

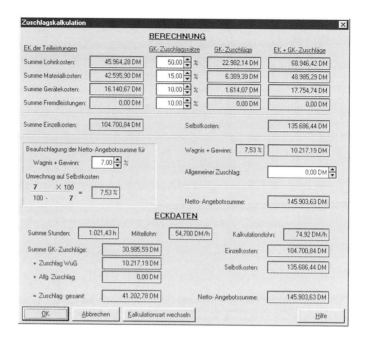

**Umlageverfahren
(Endsummen-
kalkulation)**

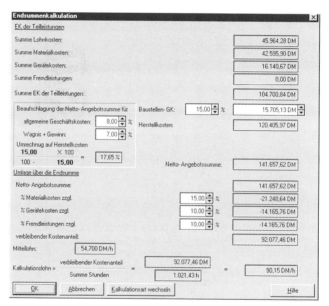

LV und Angebot   Sowohl das Leistungsverzeichnis als auch das Angebot mit den ausgeführten Kalkulationen können ausgedruckt werden.

Das Programm sieht nicht vor, daß Nachkalkulationen und betriebswirtschaftliche Auswertungen vorgenommen werden können.

11.9 Beispiel Plümecke 333

Nachfolgend ein Beispiel für die Erstellung eines kompletten Angebots mit Hilfe des Plümecke-Kalkulationsprogramms.

Die jeweils verwendeten Plümecke-Leistungspositionen sind mit * gekennzeichnet.

		Projekt Wochenendhaus D		
		ANGEBOT		
Pos.	Menge	Leistungstext	Einheitspreis	Gesamtbetrag
1	30,000 m^3	Oberboden DIN 18300, abtragen, seitlich lagern, Abtragsdicke i. M. 30 cm mit Radlager bis 0,50 m^3 Schaufelgröße, Förderweg 50 m *31203*	9,21 DM	276,30 DM
2	24,000 m^3	Boden für Fundamente profilgerecht lösen und beseitigen, mit Bagger, Grabgefäßinhalt bis 0,40 m^3. Aushubquerschnitt des Fundamentes bis 0,50 m^2, samt Abfuhr und Deponiegebühren, in Klasse 5 schwer lösbare Bodenart *328303*	44,54 DM	1.068,96 DM
3	24,000 m^3	Ortbeton der Einzel- und Streifenfundamente aus bewehrtem Beton B 25, 50*50 cm groß, Betonieren mit Transportbeton direkt in die Einbaustelle, samt Rüstzeit je Betonierabschnitt, Schalung des Streifenfundamentes, Höhe bis 1,50 m, aus Schalungsplatten, Ei *71006/7101/72502/72401*	271,05 DM	6.505,20 DM
4	25,000 m^3	Dränschicht als Sickerschicht aus Kies 4/32 mm, 40 cm stark, unter der Bodenplatte einbauen und mit Flächenrüttler verdichten *51005*	79,18 DM	1.979,50 DM

5	85,000 m²	Bodenplatte in Ortbeton herstellen, d = 10 cm, B 25, Betonieren mit Transportbeton und mit Kran mit 250-l-Kübel *71109*	27,63 DM	2.348,55 DM
6	30,000 m³	Mauerwerk der Außenwände, aus Mauerziegel DIN 105-HLz, Stoßfuge vermörtelt oder verzahnt (Nut und Feder) Festigkeitsklasse 12, Rohdichteklasse 1,2, MG II, Mauerwerksdicke 30 cm, aus Steinen des Formats HLz-1,2-10DF-240/300/238 mm herstellen *6834*	412,48 DM	12.374,40 DM
7	55,000 m²	Mauerwerk der Innenwand, Mauerziegel DIN 105–HLz, Stoßfuge vermörtelt oder verzahnt (Nut und Feder) Festigkeitsklasse 12, Rohdichteklasse 1,2, MG II, Mauerwerksdicke 24 cm, HLz-115/240/113 mm *6820*	121,11 DM	6.661,05 DM
8	60,000 m²	Mauerwerk der Innenwand, Mauerziegel DIN 105-HLz, Stoßfuge vermörtelt oder verzahnt (Nut und Feder) Festigkeitsklasse 12, Rohdichteklasse 1,2, MG II, Mauerwerksdicke 11,5 cm, HLz-1,2-2DF-240/115/113 mm *6804*	76,68 DM	4.600,80 DM
9	81,000 m²	Deckenplatte, d = 18 cm, Betonieren mit Transportbeton B 25 mit Kran und 500-l-Kübel. Schalung der Deckenplatte, Neigung bis 15 Grad, Höhe der Betonunterseite bis 3,50 m, Schalungsfläche bis 100 m², aus Schalungsplatten, Einschalen, Ausschalen, Schalung reinigen *71110/76101*	95,03 DM	7.697,43 DM

10	0,300 t	Betonstabstahl, geschnitten und gebogen angeliefert, in waagerechten flächigen Bauteilen (Betonböden, Deckenplatten, Kragplatten, Treppenlaufplatten u. ä.) verlegen. Durchmesser 14 mm.		
		711405	2.490,00 DM	747,00 DM
11	0,500 t	Baustahlgewebe Baustahlmatten in waagerechten flächigen Bauteilen (Betonböden, Deckenplatten, Balkonen u. a.) verlegen. Mattengewicht über 3 bis 4 kg m^2. Betonstahlmatten schneiden von Hand bis 4 kg m^2. Betonstahlmatten als Lager-, Listen- und Zeichnungsmatten mit Kran auf dem Biegeplatz oder auf der Baustelle auf- oder abladen. Betonstahlmatten biegen, mit mechanischer Abkantmaschine; Matten- bzw. Korblänge bis 2,15 m. Für die erste Kantung/Matte über 2 kg m^2, Stück pro Kante.		
		712703/712402/7122/ 712502	2.087,50	1.043,75 DM
			Angebotssumme Netto:	45.302,94 DM
			zzgl. 15 % MwSt.	6.795,44 DM
			Angebotssumme brutto:	52.098,38 DM

Unserem Angebot liegt die am Abgabetag gültige VOB zugrunde. Wir bedanken uns für die Möglichkeit der Beteiligung am Wettbewerb und hoffen, daß Ihnen unsere Preise zusagen und Sie uns den Auftrag zum Bau des Wochenendhauses übertragen werden.

Zusammenfassung

Wir haben gesehen, daß die EDV eine große Hilfe sein kann, um viele Arbeiten schnell und auch freier von Fehlern durchführen zu können. Jeder Handwerksmeister muß mittels Kostenvergleich abwägen, ob die Einführung der EDV in seinem Betrieb sinnvoll ist. Wenn der Entschluß für die EDV gefallen ist, wird die Wahl für die zweckmäßigste Anlage oft schwierig sein.

Grundsatz für jede Entscheidung sollte sein:
 Programm – für meinen Betrieb richtig?
 Installation und Einrichtung?
 Service-Leistungen?
 PC erst danach auswählen!

Zur Entscheidungsfindung können beitragen:
 Kosten des Programms,
 Kosten für PC und Drucker,
 Kosten der Einarbeitung,
 Nähe und Einsatzbereitschaft des Service.

12 Stichwortverzeichnis

A

Abbrucharbeiten 160
Abdeckung 73
Abrechnung 35 f.
Abschreibung 79
AfA 79
Akkordlohn 120
Allgemeine Geschäftskosten 163, 173
Angebot 27, 40 f., 315, 319
Angebotskalkulation 161, 163
Angebotspreis 165, 275, 277
Anschaffungspreis 78
Arbeitsausfall 122
Arbeitsentgeltkonto 135
Arbeitstage 185
Arbeitszeit, flexible 131
Arbeitszeitplan 133
Arbeitszeitstunden 176
Arbeitszeitverteilung 132 f.
Aufmaß 219
Ausgleichskonto 192
Aushub 135
Auslösung 124

B

BAB 46, 195
Bagger 87, 92
Balkenanker 77
Baugeräteliste 78
Baugrubenaushub 139
Bauhof 48
Bauleistung 27, 32
Baupreisverordnung 29
Bauschutt 160, 183
Baustelleneinrichtung 138, 179, 237, 244
Bauwagen 96
Bauzuschlag 118
Berichte 126, 286
Berufsgruppen 119
Besondere Leistungen 36
Beton 63, 66
Betonmischer 94
Betonmischung 64 f.
Betonschacht 73
Betonstahl 67, 154
Betonsteine 57
Betonzuschlag 64
Betonierarbeiten 156
Betriebsabrechnungsbogen 46, 195
Betriebsergebnis 289
Betriebskosten 82, 181, 191, 193
Betriebsleistung 289, 294
Betriebsvergleich 197, 291
Bewehrung 67, 154
Bilanz 46
Bildschirm 299
Bindemittel 60
Bitumenpappe 75
Branchenpaket 323
BRTV = Bundesrahmentarifvertrag 118
Bruch 48
Bruchrechnen 13
Buchführung 45

C

CEM 60
CD ROM 299
Computer 299

D

Dämmstoffe 74
Datenbank 328
Datenträger 300
Deckungsbeitrag 269, 280
Deckungsbeitragsrechnung 162, 269
Dichtungsstoffe 75
Direkte Kosten 131, 162
Diskette 299 ff.
Dreisatz 18
13. Monatseinkommen 124
Drucker 300
Dünnbettmörtel 63

E

EDV = Elektronische Datenverarbeitung 295
EDV-Beispiel 307, 323, 328
EU-Vorschriften 28
Einzelkosten 163
Elektronischer Taschenrechner 15
Energiekosten 82, 86 f., 195
Entgeltfortzahlung 123
Entsorgung 160, 183
Entwässerung 71, 141
Erdarbeiten 138
Erfolgskontrolle 282, 327
Estrich 159

F

Fahrkosten 125
Feiertagsbezahlung 121
Fertigungslohn 131
Fixkosten 162
Formate 50
Formeln 21
Frachtkosten 48, 55, 66, 69

G

Gemeinkosten 163, 172, 179
Geräte 78
Gerüste 98, 114, 158
Gesamttarifstundenlohn GTL 118
Gewichtberechnung 26
Gewinn 46, 198, 204, 281
Gleichung 21
Gleitklausel 199
Grundrechenarten 10

H

Handwerkerspanne 289
Hardware 295
Hochlochziegel 51, 144
Hohlblockstein 56, 147
Holz 76

I

Indirekte Kosten 136, 166
Isolierschornstein 59

J

Jahresabschluß 282

K

Kalk 60
Kalksandstein 53, 145
Kalkulationsarten 161
Kalkulationsbeispiele 205
Kalkulationsprogramm 300
Kalkulationsschema 170, 210
Kalkulationsverfahren 162
Kalkulatorische Kosten 79
Kfz-Kosten 83
Kies 64
Klammerrechnen 12
Kleingeräte 96
Kompressoren 96
Kontenrahmen 45
Kran 85, 90
Künstliche Steine 50

L

Lager 48
Laderaupe 92
Leichtbetonstein 56, 147
Leichtmörtel 63
Leistungsbeschreibung 32
Leistungslohn 120
Leistungsprogramm 38
Leistungsverzeichnis 33
Liquidität 43
Lkw-Kosten 83
Lohnabhängige Kosten 122, 185
Lohnarten 118, 125
Lohngemeinkosten 194
Lohnkosten 118
Lohnnebenkosten 124
Lohnfortzahlung 123

M

Marktlage 275
Maschinenkosten 78
Maschinengemeinkosten 196
Massenermittlung 38
Materialkosten 47
Materialgemeinkosten 194
Mauerarbeiten 143
Mauersteine 49
Mauerziegel 51, 144
Mehrwertsteuer 204
Mischer 94
Mischungen 24, 62, 65
Mikroprozessor
Mittellohn 126, 209, 308, 331
Mörtel 59
Mörtelgruppen 61
Monatsbericht 126

N

Nachfrage 27
Nägel 77
Nachkalkulation 162, 282, 284, 287, 320
Nebenangebot 40
Nebenleistung 36

P

Pauschalpreis 217, 231
Personal Computer = PC 299
Planierraupe 92
Plotter 300
Porenbetonsteine 56, 146
Prämienlohn 121
Preisgestaltung 275
Preisindex 82
Preisuntergrenze 279
Produktiver Lohn 131, 180
Profil-Stahl 71
Programmierbarer Taschenrechner 18, 296
Prozent 19

R

Rabatt 47
Radlader 92
Raupenlader 92
Rechnersystem 16
Rechnungswesen 42
Rechnung 320
Rechtsgrundlagen 28
Reparaturkosten 81
Rohre 71f.
Rolladenkästen 149
Rüttler 92, 94

S

Sand 60
Schächte 73, 235
Schalung 102, 115, 150, 224
Schornstein 59, 148
Selbstkosten 165
Selbstkostenrechnung 162
Sichtmauerwerk 148
Software 295
Sozialkassen 123
Sozialkosten 122
Spanne 289
Speicher 17, 299
Stahl 67, 71
Stahlrohrstützen 108
Standardleistungsbuch 38
Steinbedarf 57
Steine, natürliche 49, 129
Stundenlohnarbeit 25
Stundenverrechnungs-
  satz 169, 209, 308
Stundenverrechnungssatz-
  kalkulation 169
Subunternehmer 281

T

Taschenrechner 15
Tariflohn 118
Teilkostenrechnung 162
Transportbeton 66, 156
Treppe 227
Turmkran 85, 90

U

Überstunden 132
ULAK = Urlaubs- und
  Lohnausgleichskasse 123
Umlagefaktoren 174
Umlageverfahren 172, 263
Umsatzsteuer 204
Unproduktiver Lohn 131, 180
Unternehmerlohn 182
Urlaubsregelung 123

V

Variable Kosten 162
Verhältnisrechnung 23
Verhau / Verschnitt 48
Vermögensbildung 124
Verrechnungssatz 169, 209, 261, 308
Vertrag 27, 31
Verwaltungskosten 181, 191, 193
Verzinsung 80
VOB = Verdingungsordnung
  für Bauleistungen 28, 31, 34
Vollkostenrechnung 163 f.
Vorhaltekosten 78, 81
Vorkalkulation 161

W

Wagnis 198, 281
Werkmörtel 63
Wiederbeschaffungspreis 82
Winkelfunktion 17
Winterbau 124
Witterung 133

Z

Zement 60
Zeitausgleich 132
Zeitlohn 118
Zeitwerte 137
Ziegel, porosierte 52, 145
Zinsen 20, 80
Zulagen 121
Zusätze 60
Zusatzversorgungskasse = ZVK 123
Zuschlag 121
Zuschlagskalkulation 164, 169, 332
Zuschlagssatz 184 f.
ZVK 123
Zwischenkalkulation 161

Quellennachweis

Materialpreise	Örtliche und regionale Baustoffhandlungen, Kataloge und Preislisten von Herstellerwerken.
Maschinen und Geräte	Baugeräteliste 1991, Bauverlag GmbH, Wiesbaden Baumaschinenhandel Herstellerwerke für Gerüste und Schalungen
Arbeitszeit-Richtwerte	Plümecke, Preisermittlungen für Bauarbeiten, 24. Aufl., Verlagsgesellschaft Rudolf Müller Bau-Fachinformationen GmbH & Co. KG, Köln 1995 ARH-Tabellen, ztv-Zeittechnik-Verlag, Neu-Isenburg Bauunternehmungen in Süddeutschland
Kalkulations-programme	ipF-Gesellschaft für elektronische Datenverarbeitung mbH & Co. KG Köln Biagio Francavilla Bauunternehmung GmbH Singen mit VISI-GmbH Korschenbroich Plümecke, Preisermittlung für Bauarbeiten, Version 3.0, Verlagsgesellschaft Rudolf Müller Bau-Fachinformationen GmbH & Co. KG, Köln 1997
Allgemeine Grundlagen	VOB Tarifverträge für das Baugewerbe 1997 Verlagsgesellschaft Rudolf Müller Bau-Fachinformationen GmbH & Co. KG, Köln Schröer, Arbeits- und Tarifrecht für den Bauunternehmer, Verlagsgesellschaft Rudolf Müller Bau-Fachinformationen GmbH & Co. KG, Köln 1997